MANUEL DE PHYSIQUE

(Terminales C, D et E)

5-7, rue de l'Ecole polytechnique ; 75005 Paris

http://www.librairieharmattan.com
diffusion.harmattan@wanadoo.fr
harmattan1@wanadoo.fr

ISBN : 978-2-296-04299-5
EAN : 9782296042995

Jean-Claude TCHASSE

MANUEL DE PHYSIQUE

(Terminales C, D et E)

L'HARMATTAN

Ce que nous attendons de celui qui s'engage à écrire dans notre collection, c'est une volonté de vulgarisation. Elle ne voit pas le jour pour viser les seuls accros-connaisseurs de la haute science et des technologies : de nombreuses personnes veulent pénétrer l'univers hermétique que les traités rédigés par de savants scientifiques maintiennent inaccessible ; sans vouloir transformer le lecteur lambda en spécialiste chevronné de la logique, de la mathématique et des sciences, elle ambitionne de toucher un large lectorat désireux de se familiariser avec les branches qui nourrissent les évolutions dont notre siècle s'honore.

L'aventure de l'activité cognitive mérite d'être connue : elle a tout pour passionner ceux que ses présentations traditionnelles rebutent. Nos auteurs feront l'effort de porter au niveau du lecteur leurs analyses des questions parfois complexes que leurs écrits développent. La démocratisation que prêche la philosophie des sciences n'est pas verbiage : elle est l'un des défis avec lesquels la collection 'Logique et philosophie des sciences' a la prétention de se mesurer.

S. MOUGNOL
Directeur de la collection 'Logique, Science et Philosophie des sciences'

A Gogne Floriane,
grâce à qui cet ouvrage a pu être réalisé.

PRÉFACE

Ce manuel de physique est conforme à l'esprit des nouveaux programmes voulus en 2005 par l'administration de l'Education Nationale. Il met à la disposition des élèves et des maîtres des classes de terminales scientifiques non seulement de la matière mais aussi de la méthode, ainsi que des conseils. Les candidats au bac ne peuvent que s'en réjouir. Exigeant envers lui-même, l'auteur a préféré cette option à celle qui consiste à laisser les utilisateurs de son manuel et surtout les jeunes élèves de terminale se battre contre le désarroi, l'amertume, la certitude de l'échec.

Monsieur Tchassé est un exemple : en s'employant à rédiger un manuel digne de ce nom, l'auteur veut casser une spirale ; nos pays qui préfèrent tendre la main, appeler au secours, introduisent dans les têtes de leur jeunesse cette disquette qui la renvoie, en toutes occasions, au mot aide et tous ses synonymes. Il est un exemple surtout parce qu'il montre le chemin à nombre de ses collègues des différents domaines : ils savent désormais qu'ils peuvent solliciter les éditions de l'Harmattan et la collection « Logique, sciences et philosophie des sciences » qui se chargeront d'éditer leurs tapuscrits.

Au-delà du vide que comble cette publication, nous osons insister sur son exemplarité. Au lieu donc de décourager l'initiative d'un collègue, que chacun lui apporte, après l'avoir fréquentée, des remarques constructives et mieux, que de brillants émules se lèvent, non pour dénigrer, avilir et excommunier, mais pour proposer autre chose de plus porteur. Ce ne seront pas nos jeunes compatriotes qui s'en plaindront : ils n'auront alors que l'embarras du choix, la bonne fortune de disposer d'une profusion de textes enrichis d'un prolifique parc d'exercices. Et les voilà passant de la misère de chétifs polycops difficilement trouvables au foisonnement des exos.

La critique doit toujours être constructive, sinon elle devient inutile et même contre-productive. C'est l'occasion pour nous d'indiquer que les remises en question formulées par ceux du corps enseignant contre les gouvernants et les Occidentaux ne sortiront pas les nôtres de là où ils croupissent ; il vaudrait mieux éviter cette dispersion et déperdition d'énergie, car elle ne fera pas obtenir le bac à ceux qui y aspirent. Le maître a autre chose à proposer, d'autres préoccupations qui l'éloignent des querelles stériles. Il serait bien inspiré de laisser aux contradicteurs politiques la mission, noble, de contester le pouvoir et ses orientations de gouvernement. Le rôle du maître s'écrit avec d'autres lettres : contribuer à former l'homme.

À sa façon, le maître dans sa classe ou en dehors peut apporter sa pierre à la politique s'il sait se cantonner à l'exercice de son métier : il ne doit pas accepter de se laisser distraire comme le lui suggèrent les propos irresponsables qui l'incitent à perdre de vue sa mission. Cette mission est si vaste et si prenante qu'il devient déraisonnable de s'entêter à lui ajouter des tâches qui ne figurent pas dans son cahier des charges.

Sans peut-être comprendre qu'il était en train de poser un acte hautement politique (sens étymologique), le rédacteur a porté sur le papier les trois grands axes qui font d'un simple travail un grand manuel :

- révision : ce livre confronte son usager à un souci, omniprésent chez l'auteur, de rappel des concepts. Il est notoirement connu que certains sont mal et/ou peu fixés. Seule une bonne revue aide l'apprenant à éviter la démultiplication des lacunes. Pour réussir au mieux ici, l'auteur a joué discrètement : la révision a été judicieusement distillée, car disséminée dans le texte et apparaissant à bon escient ;
- étude et approfondissement : présentation bien menée des nouveaux concepts, dans un langage et avec des exemples simples, lisibles et toujours accompagnés en fins de sections d'exercices nombreux et variés ;
- méthode : l'auteur ne se prive jamais de désigner le chemin que l'élève, même sans soutien, aurait peu de mal à suivre. Ce qui est visé, c'est une maîtrise des notions et des contenus que les concepteurs du nouveau programme de physique souhaitaient voir les candidats au baccalauréat atteindre.

Simon Mougnol

SOMMAIRE

AVANT PROPOS

Cet ouvrage, fruit de 18 ans d'expérience professionnelle est conforme aux nouveaux programmes (arrêté n° 8291/B1/1464/MINEDUC/IGP/SC du 19 décembre 2003 définissant les programmes de physique pour second cycle scientifique de l'enseignement secondaire général), qui sont en vigueur depuis l'année scolaire 2006/2007 dans les classes de Terminales scientifiques.

Approche originale et novatrice

Par souci d'efficacité pédagogique nous avons procédé à un réaménagement qui a abouti :

- au regroupement, dans un chapitre à part, des notions de cinématique qui figurent dans les chapitres relatifs à l'application des lois de Newton;
- au déroulement suivant un ordre cohérent ;
- à l'étude du noyau atomique, de la relation d'Einstein, du défaut de masse, de l'énergie de liaison, qui sont des pré-requis indispensables pour bien aborder les désintégrations nucléaires ;
- à l'étude du moment cinétique dans le chapitre sur les lois de Newton, ce qui permettra de mieux attaquer la deuxième loi de Newton appliquée aux solides en rotation.

L'étude à part du chapitre de cinématique permet de consacrer à ces notions importantes le temps nécessaire à une bonne assimilation. En effet, il n'est pas souhaitable d'enseigner les lois de Newton où l'on parle d'accélération, à des élèves qui ne savent pas de quoi il s'agit ; par ailleurs tel que préconisé, la partie cinématique occupe une portion trop importante de chacun des deux chapitres sur l'application des lois de Newton, et risque même de faire de l'ombre aux notions essentielles, objet de ces chapitres. Les lois de Newton sont présentées dans l'ordre ; ainsi le principe d'inertie est la première loi, le principe fondamental de la dynamique la deuxième loi, le principe des actions réciproques, la troisième loi.

Outre qu'il rend possible de faire dès la première séquence des devoirs portant sur toutes les parties du programme, le découpage proposé ici permet de voir chaque fois un chapitre sur chaque thème. Ainsi on passera du premier chapitre du thème I au premier chapitre du thème II, puis au premier chapitre du thème III, après quoi, on reviendra au deuxième chapitre du thème I, et ainsi de suite.

Les exercices sont nombreux et variés. Puisque la première loi a été travaillée en classe de seconde, la grande majorité de nos exercices sur les lois de Newton concernent la deuxième loi.

Nouveaux programmes

Les chapitres et/ou les parties suivants ont été supprimés du programme des Terminales C et D: la quantité de mouvement et le moment cinétique, l'énergie mécanique, la chaleur et le travail, les forces d'inertie, les ondes stationnaires, l'effet thermoélectronique, les courants de haute fréquence et la propagation des ondes électromagnétiques, les rayons X, la dynamique relativiste. En série D en particulier, le chapitre sur les oscillateurs mécaniques a été réduit à l'étude du pendule simple.

Dans le chapitre concernant l'application des lois de Newton aux mouvements dans les champs, l'étude du mouvement d'une particule chargée dans un champ électrique uniforme est au programme en Tle D, alors que pour ce qui est des mouvements circulaires uniformes, le mouvement d'une particule chargée dans un champ magnétique uniforme n'est pas au programme en Tle D.

La quantité de mouvement, la chaleur et le travail sont étudiés en seconde, tandis que l'énergie mécanique est étudiée en première. Les autres parties non étudiées en seconde et première sont tout simplement supprimées du programme.

En revanche, des notions initialement étudiées en première sont introduites en terminale ; on peut citer par exemple l'électrostatique, la force de Laplace.

En électricité on n'étudiera plus seulement les oscillations forcées, mais aussi les oscillations libres qui ont lieu lors de la décharge d'un condensateur dans une bobine.

Le nombre de chapitres a diminué ; on est passé de 21 à 10 chapitres en série C, et à 09 chapitres en série D ; mais dans le nouveau programme, certains chapitres sont assez denses. L'allocation horaire aussi a changé : 4 h hebdomadaire en Tle C au lieu de 5, 3h hebdomadaire en Tle D au lieu de 4.

Les travaux pratiques posent toujours problème : peu d'établissements sont dotés de laboratoires et, là où il en existe, le matériel n'est pas toujours disponible.

Comment faire pour réussir en physique ?

Le succès dépend de trois facteurs : le talent, le travail et la chance.

La Physique et la Chimie sont des disciplines scientifiques : elles font appel au raisonnement logique ; ce qui est sollicité, ce qui doit être le plus mis à contribution, c'est moins votre mémoire, votre capacité de retenir, que votre aptitude à raisonner, à réfléchir, votre sens de l'induction, d'inférence, et de synthèse, votre esprit d'observation et d'analyse. Les exercices sont proposés pour vous aider à acquérir des réflexes, des méthodes et des attitudes appropriées. Plus vous en ferez, plus vous pourrez en faire. En effet, le plaisir que vous éprouvez lorsque vous arrivez par vous-même à résoudre tel exercice qui vous a paru difficile au premier abord est une stimulation pour en faire davantage. La crainte de tomber à l'examen sur un exercice nouveau par rapport à tout ce que vous avez déjà fait ne se justifie donc pas ; tant il est vrai qu'il n'est ni possible, ni souhaitable de traiter tous les exercices qui existent. Il vous faudra donc être méthodique, méticuleux, rigoureux, appliqué et soigné.

L'épreuve à l'examen est en principe conçue pour l'élève moyen.

Remerciements

Nos remerciements vont aux collègues KAMNANG Alphonse et FOKWA Charles qui ont bien voulu relire la première épreuve de ce travail, et dont les remarques nous ont permis de l'améliorer. Nous attendons avec impatience les autres remarques des autres utilisateurs qui nous permettront de perfectionner les prochaines éditions.

Je suis le seul responsable de toutes les insuffisances qui apparaîtront malgré toutes mes précautions, et je voudrais d'ores et déjà solliciter votre indulgence.

L'auteur

PROGRAMMES DE PHYSIQUE TERMINALE C, D ET E

(Arrêté n° 8291/B1/1464/MINEDUC/IGP/SC du 19 décembre 2003 définissant les programmes de physique pour second cycle scientifique de l'enseignement secondaire général)

SÉRIES C ET E	THÈMES ET CHAPITRES	HORAIRES			
		TP	Cours	TD	TOTAL
THÈME I : MOUVEMENTS DANS LES CHAMPS DE FORCE	Chap. 1 : forces et champs	03	07	03	13
	Chap. 2 : les lois de Newton	01	03	01	05
	Chap. 3 : application des lois de Newton à l'étude de quelques mouvements dans un champ uniforme	02	05	03	10
	Chap. 4 : application des lois de Newton aux mouvements circulaires uniformes	01	05	02	08
THÈME II : LES SYSTÈMES OSCILLANTS	Chap. 1 : généralités sur les systèmes oscillants.	02	04	02	08
	Chap. 2 : les oscillateurs mécaniques	02	08	03	13
	Chap. 3 : les oscillateurs électriques	03	07	04	14
THÈME III : PHÉNOMÈNES CORPUSCULAIRES ET ONDULATOIRES	Chap. 1 : les ondes mécaniques	02	02	01	05
	Chap. 2 : la lumière	02	07	03	12
	Chap. 3 : la radioactivité	01	04	03	08
		19	**52**	**25**	**96**

SÉRIE D	THÈMES ET CHAPITRES	HORAIRES			
		TP	Cours	TD	TOTAL
THÈME I : MOUVEMENTS DANS LES CHAMPS DE FORCE	Chap. 1 : forces et champs	03	07	03	13
	Chap. 2 : les lois de Newton	02	03	01	06
	Chap. 3 : application des lois de Newton à l'étude de quelques mouvements dans un champ uniforme	02	04	02	08
	Chap. 4 : application des lois de Newton aux mouvements circulaires uniformes	00	04	02	06
THÈME II : LES SYSTÈMES OSCILLANTS	Chap. 1 : généralités sur les systèmes oscillants.	02	04	02	08
	Chap. 2 : application aux cas du pendule simple.	01	03	02	06
THÈME III : PHÉNOMÈNES CORPUSCULAIRES ET ONDULATOIRES	Chap. 1 : les ondes mécaniques	02	02	01	05
	Chap. 2 : la lumière	02	07	03	12
	Chap. 3 : la radioactivité	01	04	03	08
		15	**38**	**19**	**72**

LES CHIFFRES SIGNIFICATIFS

Les chiffres significatifs traduisent l'impossibilité d'accéder à la valeur exacte de la grandeur que l'on mesure. Lorsqu'on donne les résultats d'une mesure, il convient de préciser la marge d'erreur dont elle est entachée. L'incertitude porte sur le dernier chiffre.

Règles à observer pour déterminer le nombre de chiffres significatifs :

- tout chiffre différent de zéro est significatif ; exemple : 845 cm comporte 3 chiffres significatifs ; 1,234 en comporte 4 ;
- les zéros compris entre les chiffres différents de zéro sont significatifs ; exemple : 6064 a 4 chiffres significatifs, 40,501 en a 5 ;
- les zéros à gauche du 1er chiffre différent de zéro ne sont pas significatifs ; exemple : 0,08 contient un seul chiffre significatif ; 0,000349 en a 3 ;
- pour un nombre supérieur à 1, tous les zéros à droite de la virgule sont des chiffres significatifs ; ainsi, par exemple, 2,00 a trois chiffres significatifs, et 3,040 en a 4 ;
- pour un nombre inférieur à 1, seuls les zéros à la fin du nombre et les zéros compris entre les chiffres différents de zéro sont les chiffres significatifs ; ainsi, par exemple, 0,0902 a trois chiffres significatifs ; 0,00420 en a aussi 3 ;
- pour les nombres sans virgule, les zéros à droite du dernier chiffre différent de zéro peuvent être ou ne pas être significatifs.

Le résultat d'un calcul ne peut pas être plus précis que les données qui ont permis de l'obtenir. Il doit comporter au maximum autant de chiffres significatifs que la donnée qui en a le moins, c'est-à-dire la donnée la moins précise.

- Dans l'addition ou la soustraction, le nombre de chiffres significatifs à droite de la virgule dans le résultat est indiqué par le plus petit nombre de chiffres significatifs à droite de la virgule dans les données.
- En multiplication ou en division, le nombre de chiffres dans le résultat est déterminé par la donnée qui a le moins de chiffres significatifs.
- Les nombres obtenus par définition ou en comptant des objets peuvent être considérés comme ayant un nombre infini de chiffres significatifs.

On arrondit le dernier chiffre significatif à l'unité supérieure quand le premier chiffre non significatif est supérieur ou égal à 5 ; sinon il est maintenu tel quel.

Exemple :

- Addition 89,332 + 1,1 = 90,432, que l'on arrondit à 90,4.
- Soustraction 2,97 – 0,12 = 1,977 que l'on arrondit à 1,98.
- Multiplication 2,8 x 4,5039 = 12,61092 que l'on arrondit à 13.
- Division 6,85/112,04 = 0,0611388789 que l'on arrondit à 0,0611.

Exercices d'application :

11254,1 + 0,1983 ;
66,59 – 3,113 ;
8,16 x 5,1355 ;
0,0154/883 ;
5,6792 + 4,33 ;
3,70 – 2,9133 ;
4,51 x 3,6666 ;
7,310/5,70 ;
$3{,}26\times10^{-3} - 7{,}88\times10^{-5}$;
$4{,}02\times10^{6} + 7{,}74.10^{7}$.

QUELQUES CONSTANTES PHYSIQUES

	Désignation	valeur
1.	Célérité de la lumière c	$2{,}997925.10^{8}$ m/s
2.	Constant des gaz parfait R	8,314510
3.	Constante gravitationnelle G	$6{,}67259.10^{-11}$ $N.m^{2}.kg^{-2}$.
4.	Champ de gravitation g	9,806650 $N.kg^{-1}$
5.	Perméabilité du vide μ_0	$1{,}256637.10^{-6}$
6.	Permittivité du vide ε_0	$8{,}854188.10^{-12}$ $C^{2}/(N.m^{2})$
7.	Constante de Planck h	$6{,}626075.10^{-34}$ J.s
8.	Unité de masse atomique u	$1{,}660540.10^{-27}$ kg
9.	Masse de l'électron m_e	$9{,}109390.10^{-31}$ kg
10.	Masse du proton m_p	$1{,}672623.10^{-27}$ kg
11.	Masse du neutron m_n	$1{,}67492910^{-27}$ kg
12.	Constante électrostatique k	$8{,}987552.10^{9}$
13.	Charge de l'electron e	$-1{,}60217710^{-19}$ C.
14.	Nombre d'Avogadro N_A	$6{,}022137.10^{23}$
15.	Faraday F	96487 C

20 CONSEILS POUR BIEN ABORDER LES ÉPREUVES DE PHYSIQUE ET DE CHIMIE À L'EXAMEN

1. Se munir d'une bonne calculatrice, acquise au plus tard un mois avant l'examen, afin de s'y habituer, d'en maîtriser le fonctionnement.
2. Se munir du matériel de dessin (règle, équerres, compas, rapporteur, crayon, gomme, etc.…)
3. Avoir une montre pour bien gérer le temps alloué.
4. Lire entièrement l'épreuve au début; cela vous permet de classer les exercices en fonction de leur difficulté apparente, du plus facile au plus difficile, et puis commencer naturellement par le plus facile.
5. Attention à la présentation de votre copie : en effet vous n'avez pas intérêt à énerver le correcteur par une copie mal présentée, avec des ratures, des réponses littérales et numériques non encadrées, ou encadrées à la hâte ; soignez-la, encadrez les réponses littérales et numériques avec soin.
6. Le mot « exo » n'existe pas encore dans le dictionnaire; éviter donc de l'utiliser.
7. Les unités : ne pas oublier d'accompagner vos réponses numériques des unités correspondantes ; ce sont les unités qui distinguent les Mathématiques des Sciences Physiques en général ; ce sont elles qui traduisent le caractère concret et matériel des Sciences Physiques, par opposition au caractère abstrait des mathématiques.
8. Si vous êtes libre de commencer par l'exercice qui vous inspire, il vous est déconseillé de traiter les questions d'un exercice choisi dans le désordre.
9. Si vous êtes bloqué alors que vous n'avez pas achevé l'exercice que vous traitiez, prévoyez un espace sur lequel vous pourrez revenir traiter la question difficile, avant de commencer le prochain exercice.
10. Allouer à chaque exercice une durée en fonction de l'impression que vous aura laissée la première lecture. Un exemple de découpage :

	Epreuve de 2 h (120 min)	Epreuve de 3 h (180 min)	Epreuve de 4 h (240 min)
Lecture intégrale de l'épreuve	15 min	20 min	30 min
Traitement des exercices	Environ 22 min par exercice (4)	35 min par exercice (4)	Environ 35 min par exercice (5)
Relecture copie entière	15 min.	20 min.	30 min.

Ne pas passer à l'exercice suivant tant que vous n'avez pas épuisé le temps imparti à l'exercice que vous traitez. Dès que vous avez épuisé le temps consacré à un exercice, passez au suivant, même si vous n'avez pas fini. Un exercice qui vous a semblé difficile à la première lecture peut s'avérer plus facile que vous ne le croyiez, et vice versa. Cette méthode vous évitera de perdre du temps sur des exercices trop difficiles, et de traiter à coup sûr ceux qui sont à votre portée.

11. Ne jamais remettre votre copie avant d'avoir épuisé le temps qui vous est imparti. Le tableau suivant vous rappelle les durées des épreuves suivant les séries.

	P A	PC	PD	TC	TD
Physique	**1h**	**2 h**	**2 h**	**4 h**	**3 h**
Chimie		**2 h**	**2 h**	**3 h**	**3h**

Si vous procédez comme indiqué ci - dessus, vous risquez plutôt d'être surpris par la fin de l'épreuve. Ne vous laissez pas impressionner par ceux qui sortent vite ; bien souvent ce sont des aventuriers et autres cancres pour qui faire l'examen est devenu une profession. Certains prétendent qu'ils ne savent pas quoi écrire : bien souvent il arrive qu'ils soient inspirés quand ils ont déjà remis leurs copies, c'est-à-dire quand il est trop tard. Vous ne pouvez pas passer neuf mois à préparer un examen et vous payer le luxe de sortir avant la fin d'une épreuve, sans l'avoir traitée entièrement, alors que rien ne vous y oblige.

12. Lire attentivement chaque exercice avant de le traiter ; en effet cela pourrait ressembler à un exercice que vous avez déjà traité, avec des différences.
13. Certains exercices de physique (électricité, mécanique, optique, etc.…) nécessitent un schéma ; le faire, même quand ce n'est pas expressément demandé.
14. Ne pas confondre vitesse et précipitation. Il vaut mieux traiter une partie de l'épreuve avec attention, concentration et application, plutôt que la traiter entièrement avec empressement et tout ce que cela comporte comme oublis, erreurs, ratures, etc.
15. Eviter de parachuter les réponses, qu'elles soient littérales ou numériques : cela ne correspond pas à l'esprit des sciences physiques : en effet

toute réponse doit découler d'un raisonnement convaincant par sa rigueur.

16. Apprécier la vraisemblance de votre réponse numérique. Des élèves à qui on demandait l'arête d'un cube de glace contenu dans un verre à boire, ont trouvé 3 mètres comme réponse numérique; d'autres à qui on demandait la hauteur d'un liquide dans une éprouvette, on trouvé 20 mètres ; un peu de bon sens leur aurait évité une telle absurdité.
17. Quand c'est possible, vérifier vos calculs ; s'il existe plusieurs méthodes pour parvenir au même résultat refaites le calcul par une deuxième méthode. Si cela peut se faire graphiquement, ne pas hésiter.
18. Éviter de donner des réponses numériques sous forme de fraction, avec des racines, des logarithmes ou des exponentielles.
19. Utiliser les notations de l'énoncé. Si c'est nécessaire d'en introduire de nouvelles, les définir.
20. Ne pas oublier que vous ne rencontrerez jamais le correcteur de votre copie pour lui expliquer de vive voix ce que vous vouliez dire ou écrire; exprimez donc votre idée sur votre copie avec clarté, précision et concision.

BONNE CHANCE !!!

1. NOTIONS DE CINÉMATIQUE

1. GÉNÉRALITÉS SUR LES MOUVEMENTS

a. Caractéristiques d'un mouvement

i. Position du mobile

Qu'il s'agisse d'un électron, d'une automobile, d'un ballon de football, d'un obus ou d'une planète, ce sont des mobiles lorsqu'ils sont en mouvement. Un *mobile*, c'est tout objet en mouvement. On peut étudier le mouvement des mobiles ; c'est le but de la cinématique.

L'état de mouvement ou de repos d'un corps est relatif ; cela dépend de la position de l'observateur ; un passager assis dans une voiture est immobile pour son voisin de siège, alors qu'il est en mouvement pour un observateur situé au bord de la route, et qui voit passer la voiture. Pour étudier le mouvement d'un corps, on définit à partir de quel référentiel l'étude se fait. Un *référentiel* est un système de repérage permettant de situer un phénomène dans l'espace et le temps. Un référentiel est constitué d'un repère d'espace et d'un repère de temps. Le repère d'espace comprend une origine O et des vecteurs de bases. Exemple de référentiel :

- *le référentiel héliocentrique* encore appelé référentiel de Copernic (l'origine du repère associé est le centre du soleil) ;
- *le référentiel géocentrique* encore appelé référentiel de Coriolis (l'origine du repère associé est le centre de la terre) ;
- *le référentiel du laboratoire* ou encore référentiel terrestre.

Dans le repère d'espace associé au référentiel, on peut repérer le mobile de plusieurs façons :

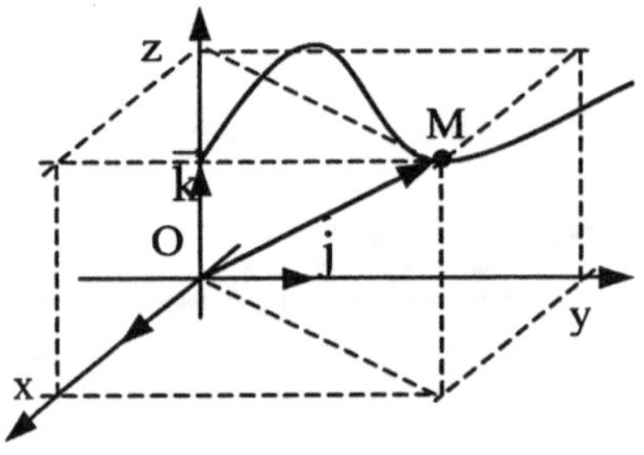

Coordonnées cartésiennes

- *les coordonnées cartésiennes* : si le mobile est en M, on a $\overrightarrow{OM} = x\vec{i} + y\vec{j} + z\vec{k}$. Ce vecteur détermine la position du mobile à chaque instant. Les coordonnées x, y et z sont des fonctions du paramètre temps. L'ensemble des fonctions x = f(t) ; y = g(t) ; z = h(t) constituent *les équations horaires du mouvement*; on les appelle aussi *équations paramétriques* ;
- *l'abscisse curviligne* : considérons par exemple un mobile se déplaçant le long d'une trajectoire donnée. Il est en M à la date t. Une origine des espaces A ayant été fixée sur la trajectoire et un sens de parcours ayant été choisi, on définit l'abscisse curviligne s du mobile par la valeur s = $\text{mes}\,\overset{\frown}{AM}$; c'est la valeur algébrique de la portion de trajectoire comprise entre A et M.
- les *cordonnées cylindriques* et les *cordonnées sphériques.*

La *trajectoire* est la courbe décrite dans l'espace par le mobile ; c'est aussi l'ensemble des positions successives occupées par le mobile au cours de son mouvement ; sa forme dépend du référentiel choisi ; ainsi par exemple, le cycliste voit la valve de sa roue avant décrire un cercle, tandis que pour un observateur au bord de la route, cette même valve décrit une *cycloïde. L'équation de la trajectoire* s'obtient par élimination du paramètre temps dans les équations horaires.

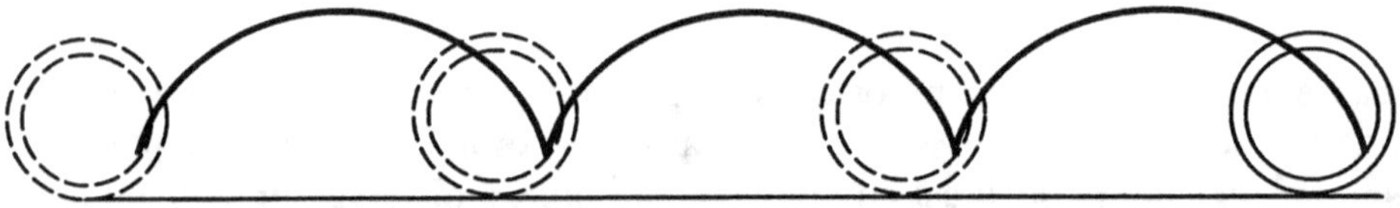

La cycloïde décrite par la valve de la roue par rapport au sol

Dans le repère de temps, on parle d'instant là où l'on parlait de position dans le repère d'espace ; à chaque instant correspond une date, qui est l'intervalle de temps entre l'instant d'origine et l'instant considéré ; une durée est l'espace temporel entre deux dates. La correspondance entre les grandeurs spatiales et les grandeurs temporelles peut se résumer dans le tableau qui suit :

	Grandeurs ou notions spatiales	*Grandeurs ou notions temporelles*	*remarques*
1.	Position, point	Instant	
2.	Cordonnées (x, y, z)	Date	Les coordonnées sont des grandeurs algébriques, alors que la date est toujours positive.
3.	Distance, norme	Durée	Grandeurs toujours positives

Le repère de temps qu'une seule dimension, alors que le repère d'espace peut avoir jusqu'à trois dimensions.

ii. Vecteur vitesse d'un mobile

Soit M_1 la position du mobile à l'instant t_1, et M_2 la position du mobile à l'instant t_2. Le vecteur vitesse moyenne s'écrit :

$$\overrightarrow{V_M} = \frac{\overrightarrow{M_1M_2}}{t_2 - t_1} = \frac{\overrightarrow{OM_2} - \overrightarrow{OM_1}}{t_2 - t_1} = \frac{\Delta\overrightarrow{OM}}{\Delta t}$$

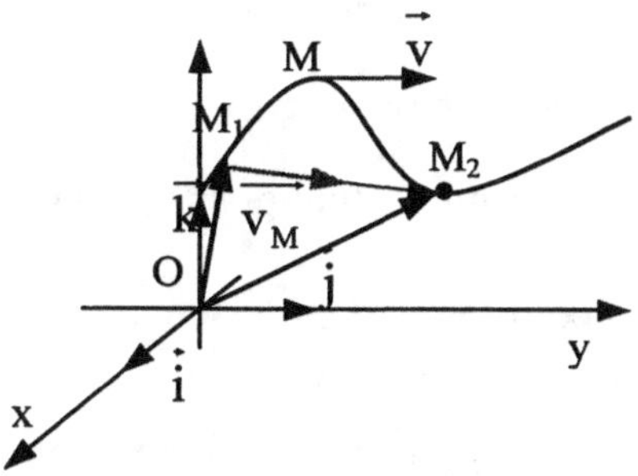

Vitesse moyenne et vitesse instantanée

La vitesse du mobile à chaque instant est appelée sa vitesse instantanée ; elle est obtenue à partir de la vitesse moyenne, lorsque Δt tend vers 0 :

$$\vec{v} = \lim_{t_2 \to t_1} \frac{\overrightarrow{M_1M_2}}{t_2 - t_1} = \lim_{\Delta t \to 0} \frac{\Delta\overrightarrow{OM}}{\Delta t} = \frac{d\overrightarrow{OM}}{dt}$$; le vecteur vitesse instantanée est donc la *dérivée* du vecteur position par rapport au temps. Ce vecteur est *tangent* à la trajectoire à chaque instant.

En coordonnées cartésiennes, on a

$\vec{v} = \frac{d\overrightarrow{OM}}{dt} = \frac{dx}{dt}\vec{i} + \frac{dy}{dt}\vec{j} + \frac{dz}{dt}\vec{k} = \dot{x}\vec{i} + \dot{y}\vec{j} + \dot{z}\vec{k}$; on pose, pour simplifier l'écriture, $\frac{dx}{dt} = \dot{x}; \frac{dy}{dt} = \dot{y}; \frac{dz}{dt} = \dot{z}$. Avec cette notation, la norme du vecteur vitesse s'écrit : $v = \sqrt{\dot{x}^2 + \dot{y}^2 + \dot{z}^2}$.

Lorsque la norme du vecteur vitesse est constante, le mouvement est *uniforme*, sinon il est varié. Lorsque la norme du vecteur vitesse croît avec le temps, le mouvement est dit *accéléré* ; il est dit *retardé* dans le cas contraire.

iii. Vecteur accélération

Le vecteur accélération caractérise la variation du vecteur vitesse au cours du mouvement.

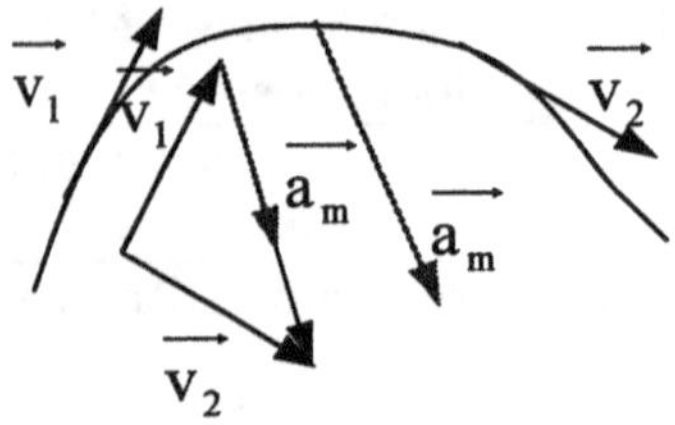

Accélération moyenne

Soit $\vec{v_1}$ le vecteur vitesse du mobile à l'instant t_1 et $\vec{v_2}$ son vecteur vitesse à l'instant t_2 ; l'accélération moyenne du mobile s'écrit $\vec{a_m} = \frac{\vec{v_2} - \vec{v_1}}{t_2 - t_1}$; le vecteur accélération instantanée est donnée par la relation $\vec{a} = \lim_{t_2 \to t_1} \frac{\vec{v_2} - \vec{v_1}}{t_2 - t_1} = \lim_{\Delta t \to 0} \frac{\Delta \vec{v}}{\Delta t}$; le vecteur accélération est la *dérivée par rapport au temps du vecteur vitesse*, et comme le vecteur vitesse est la dérivée du vecteur position, on peut écrire : $\vec{a} = \frac{d\vec{v}}{dt} = \frac{d^2\overrightarrow{OM}}{dt^2}$. Le vecteur accélération est la *dérivée seconde* du vecteur position par rapport au temps.

En coordonnées cartésiennes, cela s'écrit : $\vec{a} = \frac{d^2x}{dt^2}\vec{i} + \frac{d^2y}{dt^2}\vec{j} + \frac{d^2z}{dt^2}\vec{k}$, ou encore $\vec{a} = \ddot{x}\vec{i} + \ddot{y}\vec{j} + \ddot{z}\vec{k}$ avec la notation suivante : $a_x = \frac{d^2x}{dt^2} = \ddot{x}$; $a_y = \frac{d^2y}{dt^2} = \ddot{y}$; $a_z = \frac{d^2z}{dt^2} = \ddot{z}$; la norme du vecteur accélération s'écrit : $a = \sqrt{\ddot{x}^2 + \ddot{y}^2 + \ddot{z}^2}$.

Exercice d'application.

Les équations horaires des coordonnées cartésiennes d'un mobile sont : $x(t) = t^2 + 1$; $y(t) = t - 1$; $z(t) = 0$.

1. Montrer que la trajectoire du mobile est contenue dans un plan et préciser lequel.
2. Quelle est l'équation de la trajectoire du mobile ?
3. Donner les caractéristiques (composantes, module) du vecteur vitesse $\vec{v}$ du mobile à l'instant t.
4. Donner les caractéristiques (composantes, module) du vecteur accélération $\vec{a}$ du mobile à l'instant t.

Réponses : 2) $x = (y + 1)^2 + 1$, ou $y = \sqrt{x-1} - 1$; 3) $v_x = 2t$; $v_y = 1$; $v = \sqrt{4t^2 + 1}$; 4) $a_x = 2$; $a_y = 0$; $a = 2\ m.s^{-2}$.

Mouvement accéléré, mouvement retardé

Quand les vecteurs vitesse et accélération ont le même sens, le produit scalaire $\vec{a}.\vec{v}$ est positif ; le mouvement est dit *accéléré*.

Quand les vecteurs vitesse et accélération sont de sens contraires, le produit scalaire $\vec{a}.\vec{v}$ est négatif ; le mouvement est dit *retardé* ou *décéléré*.

Le mouvement est uniforme lorsque $\vec{a}.\vec{v} = 0$.

b. Exemple de mouvements

i. Mouvement rectiligne uniforme

La trajectoire d'un mobile M animé d'un mouvement rectiligne est une droite. Soit Δ cette droite munie d'un repère d'espace $(O, \vec{i})$.

Les vecteurs position $\overrightarrow{OM}$, vitesse $\vec{v}$ et accélération $\vec{a}$ s'écrivent respectivement : $\overrightarrow{OM} = x\vec{i}$; $\vec{v} = \frac{d\overrightarrow{OM}}{dt} = \frac{dx}{dt}\vec{i} = \dot{x}\vec{i}$; $\vec{a} = \frac{d^2x}{dt^2}\vec{i} = \ddot{x}\vec{i}$.

Le mouvement est rectiligne uniforme lorsque la trajectoire est une droite, et le vecteur vitesse constant ; dans ce cas, $\vec{a} = \frac{d\vec{v}}{dt} = \vec{0}$. L'accélération d'un mouvement rectiligne uniforme est nulle.

<u>Equation horaire :</u> $\frac{dx}{dt} = v = cte \Rightarrow x = vt + x_o$; x_o est l'élongation initiale du mobile (à $t = 0$, $x = x_o$); il s'agit, pour écrire l'équation horaire, de trouver, dans une opération inverse de la dérivation, une fonction dont la dérivée est la vitesse constante ; c'est une fonction du premier degré du temps.

ii. Mouvement rectiligne uniformément varié

Un mobile est animé d'un mouvement rectiligne uniformément varié si sa trajectoire est une droite et si son vecteur accélération est constant.

Dans le repère $(O, \vec{i})$ de la droite Δ, on aura $\vec{a} = a\vec{i}$, avec a constant ; $a = \frac{dv}{dt} = cte \Rightarrow v = at + v_o$; v_o est la valeur de la vitesse à l'instant initial ; et $v = \frac{dx}{dt} \Rightarrow x = \frac{1}{2}at^2 + v_o t + x_o$; l'élongation est une fonction du second degré du temps. Comme ci-dessus, pour écrire les l'expression de v et l'équation horaire, respectivement à partir de l'accélération et de la vitesse, on effectue chaque fois l'opération inverse de la dérivation.

Relation indépendante du temps entre x et v

La vitesse et l'élongation d'un mobile s'écrivent respectivement : $v = at + v_o$ et $x = \frac{1}{2}at^2 + v_ot + x_o$; si on tire t de l'expression de v, on obtient $t = \frac{(v - v_o)}{a}$; on remplace dans l'expression x : cela donne $x = \frac{1}{2}a\frac{(v - v_o)^2}{a^2} + v_o\frac{(v - v_o)}{a} + x_o$; après simplification, on obtient : $v^2 - v_o^2 = 2a(x - x_o)$.

Un mouvement est accéléré si sa vitesse, en valeur absolue augmente. Le produit scalaire $\vec{a}.\vec{v}$ est positif.

Un mouvement est retardé si sa vitesse, en valeur absolue diminue. Le produit scalaire $\vec{a}.\vec{v}$ est négatif.

Exercice d'application :

Un automobiliste roule sur un tronçon d'autoroute rectiligne à la vitesse de 130 km/h. Soudain, un obstacle fixe apparaît sur la voie à une distance D = 120 m. Le conducteur freine immédiatement et réduit sa vitesse à 105 km/h au bout de $\theta = 1$s.

1. Calculer la valeur de la décélération (accélération négative, supposée constante).
2. Si l'on suppose que la décélération de l'automobile reste constante, à quelle distance de l'obstacle la voiture va – t – elle s'arrêter ?
3. On envisage maintenant cette éventualité : le conducteur ne réagit pas tout de suite et commence à freiner une seconde après l'apparition de l'obstacle. Il impose alors à son véhicule la décélération calculée à la première question. À quelle distance de l'obstacle, l'automobile va-t-elle s'arrêter ?

Réponses. 1) $a = \Delta v/\Delta t = 6{,}94$ m.s^{-2} ; 2) D - $(v^2)/2a = 26{,}06$ m ; 3) 36,11 + 93,94 = 130,5 >120: choc.

Exercice d'application :

Un mobile décrit une trajectoire rectiligne. On donne la représentation graphique de sa vitesse en fonction du temps (voir figure).

1. Calculer son accélération au cours des trois phases du mouvement.
2. Calculer la distance parcourue par le mobile jusqu'à son arrêt à la date 35s.

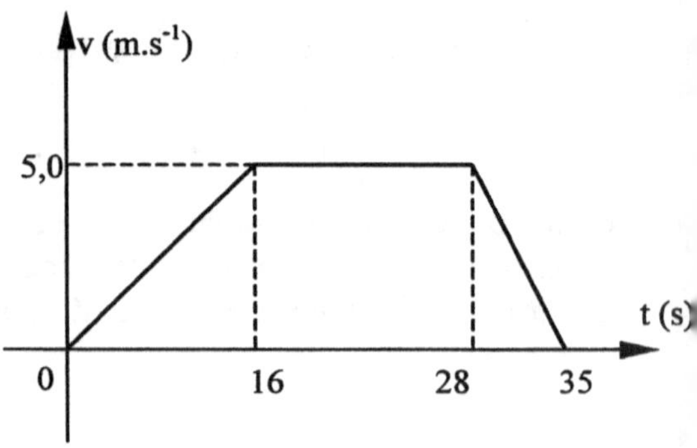

Rép: 1) $a = \Delta v/\Delta t = 0{,}31\ m/s^{-2}$; 2) $D_1 = v^2/2a = 40$ m ; $d_2 = v\Delta t = 5x(28-16) = 60$ m; $a' = -0{,}71\ m/s^{-2}$; $d_3 = -v^2/2a' = 17{,}50$ m; $D = 117{,}50$ m

2. MOUVEMENTS CURVILIGNES

a. Coordonnées du vecteur accélération dans le repère de Frenet

Dans le repère de Frenet, dont la base est composée d'un vecteur unitaire $\vec{T}$ tangent à la trajectoire et un autre vecteur unitaire $\vec{N}$ normal à $\vec{T}$ au point choisi. Le vecteur accélération s'écrit : $\vec{a} = a_T\vec{T} + a_N\vec{N}$; ses deux composantes sont : $a_T = \frac{dv}{dt}$ et $a_N = \frac{v^2}{\rho}$; a_N est la composante normale, et a_T la composante tangentielle ; v est le module du vecteur vitesse, et ρ le rayon de courbure de la trajectoire.

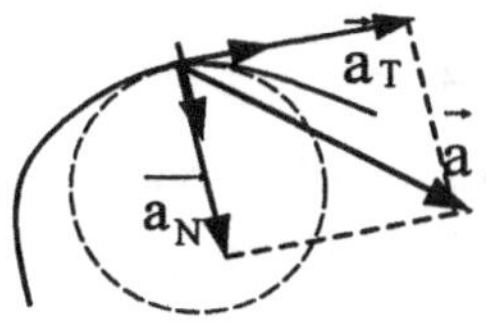

Repère de Frenet

b. Mouvements circulaires

Un mobile animé d'un mouvement circulaire a pour trajectoire un cercle. On peut repérer un tel mobile de trois façons :

- les *coordonnées cartésiennes* dans le repère $(O, \vec{i}, \vec{j})$ dont l'origine est le centre du cercle de rayon OM = R. $\overrightarrow{OM} = x\vec{i} + y\vec{j}$;
- *l'abscisse curviligne* s(t) qui est la valeur algébrique de l'arc $\overset{\frown}{M_0M}$ à l'instant t ;
- *l'abscisse angulaire* θ encore appelé angle polaire ; c'est la valeur de l'angle $(\overrightarrow{OM_0}, \overrightarrow{OM})$ à chaque instant ;

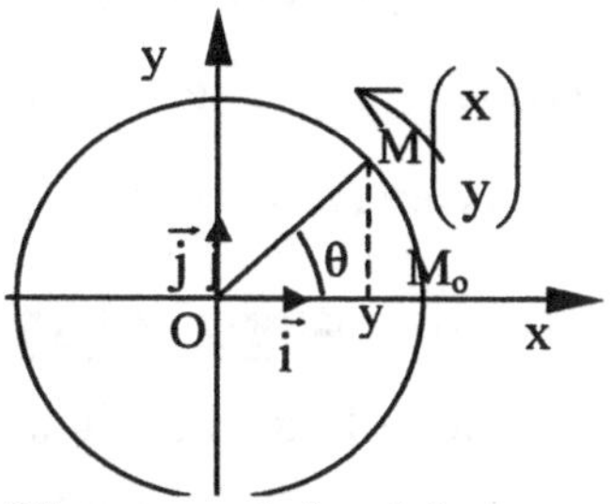

Mouvement circulaire

Entre les coordonnées cartésiennes et l'abscisse angulaire θ, on peut écrire

$$\begin{cases} x = R\cos\theta \\ y = R\sin\theta \end{cases}.$$

Entre l'abscisse curviligne s et l'abscisse angulaire θ, on a la relation s = Rθ.

La vitesse linéaire v du mobile M s'écrit $v = \frac{ds}{dt} = \frac{d(R\theta)}{dt} = R\frac{d\theta}{dt} = R\dot{\theta}$; $\dot{\theta}$ est la *vitesse angulaire* du mobile M ; elle s'exprime en radians par seconde (*rad.s⁻¹*).

Les composantes normale et tangentielle de l'accélération s'expriment de la manière suivante en fonction des grandeurs angulaires :

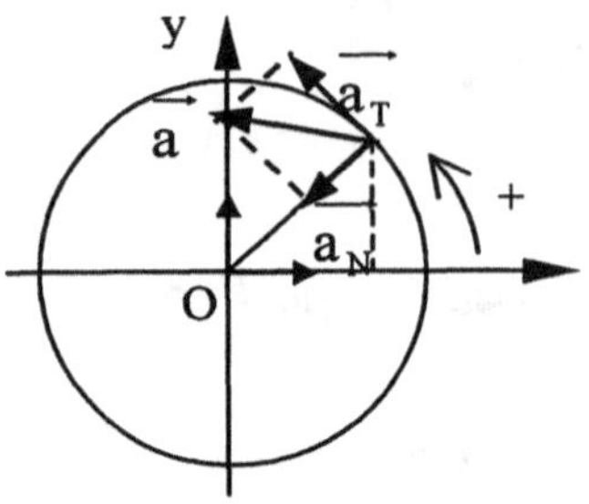

Accélération d'un mouvement circulaire

- accélération normale $a_N = \frac{v^2}{R} = \frac{(R\dot{\theta})^2}{R}$:

  $a_N = R\dot{\theta}^2$;
- accélération tangentielle

  $a_T = \frac{dv}{dt} = \frac{d(R\dot{\theta})}{dt} = \frac{d(R\dot{\theta})}{dt} = R\frac{d\dot{\theta}}{dt} = R\ddot{\theta}$;

  $\ddot{\theta}$ est *l'accélération angulaire* ;

  elle s'exprime en *rad.s^{-2}*.

L'accélération d'un mouvement circulaire s'écrit $\vec{a} = R\dot{\theta}^2\vec{N} + R\ddot{\theta}\vec{T}$.

Pour le mouvement circulaire uniforme, la vitesse v est constante ; dans ces conditions, $a_T = \frac{dv}{dt} = 0$ et $\ddot{\theta} = 0$: l'accélération tangentielle est nulle, l'accélération angulaire aussi.

L'accélération d'un mobile animé d'un mouvement circulaire uniforme n'a qu'une seule composante : l'accélération normale portée par le rayon et orienté vers le centre de la trajectoire circulaire : on dit qu'elle est *centripète.*

La *période* T du mouvement est le temps mis par le mobile pour effectuer un tour complet et la *fréquence* N, le nombre de tours effectués par le mobile par seconde. $T = \frac{2\pi}{\dot{\theta}}$ et $\dot{\theta} = 2\pi N$. La période s'exprime en *seconde* (s) et la fréquence en *Hertz (Hz).*

Exercice d'application.

On donne l'équation horaire d'un mobile M par rapport au repère $(O, \vec{i}, \vec{j})$: ($x = A\cos\omega t$; $y = A\sin\omega t$) avec A = 10 cm et ω = 10 rad.s^{-1}.

1. Montrer que la valeur de la vitesse du mobile est constante et la calculer.
2. Montrer que la valeur de son accélération est constante et la calculer.
3. Quelle est la trajectoire du mobile, que représente A ?
4. Quels sont la direction et le sens du vecteur accélération ?

Réponses : 1) 1 m.s^{-1} ; 2) 10 m.s^{-2} ; 3) Cercle de rayon A ; 4) Centripète.

Exercice d'application.

Le plateau d'une platine de tourne disque de disc-jockey (DJ) est animé d'un mouvement circulaire uniforme, à raison de 33,3 tr.min^{-1}.

1. Exprime les coordonnées du vecteur accélération dans la base de Frenet pour un point P du plateau situé à une distance r du centre du plateau.
2. a) Montrer que le vecteur accélération est centripète pour le point P.
   b) Calculer la valeur de l'accélération pour r = 10 cm.

3. Le DJ freine le plateau. Lorsque la vitesse angulaire (vitesse de rotation) du plateau est égale à 10 $tr.min^{-1}$, l'accélération tangentielle du point P est égale à $2{,}0.10^{-5}$ $m.s^{-2}$. Calculer la valeur de l'accélération à cet instant.

Réponses : 2. b) : 1,22 $m.s^{-2}$; 3. 0,33 $m.s^{-2}$.

EXERCICES

Exercice 1.

Un mobile M décrit une trajectoire rectiligne munie d'un repère d'espace $(O, \vec{i})$; son vecteur accélération est constant pendant toute la durée du mouvement qui est fixée à $t_F = 5$ s. A l'instant $t_o = 0$, le mobile part du point M_o, d'abscisse $x_o = -0{,}5$ m, avec une vitesse $v_o = -1$ m.s^{-1}. Puis, il passe au point M_1, d'abscisse $x_1 = +5$ m, avec la vitesse $v_1 = +4{,}7$ m.s^{-1}.

1. Calculer l'accélération a du mobile.
2. Calculer la date t_1 à laquelle le mobile passe par le point M_1.
3. Donner l'équation horaire du mobile.
4. À la date T = 2s, un deuxième mobile M' part de l'abscisse $x_1 = +5$ m, avec un mouvement rectiligne uniforme dont la vitesse est v' = 4 m.s^{-1}.
   a. Calculer la date t_r de la rencontre des deux mobiles.
   b. Calculer l'abscisse x_r où aura lieu cette rencontre.
5. Vérifier ces deux résultats à l'aide des représentations graphiques des équations horaires des deux mobiles.

Réponses : 1) 1,92 m.s^{-2} ; 2) 2,97 s ; 3) $0{,}96t^2 - t - 0{,}50$; 4) 4,65 s ; 15,6 m.

Exercice 2.

Les équations paramétriques (en unités SI) du mouvement d'un mobile se déplaçant dans un plan muni d'un repère $(O, \vec{i}, \vec{j})$ sont ($x = 3t$; $y = -4t^2 + 5t$).

1. Rechercher l'équation cartésienne de la trajectoire.
2. Donner les caractéristiques du vecteur vitesse lorsque le mobile passe par son ordonnée maximale y_{max}.
3. Calculer l'abscisse du mobile lorsque celui – ci repasse par l'ordonnée y = 0.
4. Calculer la valeur de la vitesse à la date t = 6s.

Exercice 3.

Les équations paramétriques (en unités SI) du mouvement d'un mobile se déplaçant dans un plan muni d'un repère $(O, \vec{i}, \vec{j})$ sont ($x = 5t$; $y = 3t^2 - 4t$).

1. Rechercher l'équation cartésienne de la trajectoire.
2. Calculer l'abscisse du mobile lorsque celui – ci repasse par l'ordonnée y = 0.
3. Calculer la valeur de la vitesse du mobile en ce point.

4. Déterminer les coordonnées du mobile à l'instant t = 4s ; quelle est alors sa vitesse ?
5. Déterminer l'accélération du mobile aux points O, A et B dont les abscisses sont : $x_O = 0$, $x_A = 2$ m ; $x_B = 4$ m. Conclusion.

Exercice 4.

Un satellite de communication tourne à vitesse constante autour de la terre, dans le même sens que cette dernière, à une altitude z = 35 800 km. Le mouvement a lieu dans le plan de l'équateur. Il effectue un tour complet par rapport à un repère géocentrique en une durée de 24 h. On donne la valeur du rayon de la Terre : R = 6370 km.

1. Quel est le mouvement relatif du satellite par rapport à la surface terrestre ?
2. Calculer la vitesse du satellite par rapport au repère géocentrique.
3. Calculer son accélération par rapport à ce même repère.
4. Reprendre la question 1 ; en supposant que la rotation du satellite s'effectue en sens inverse.

Exercice 5.

Une automobile démarre lorsque le feu passe au vert avec une accélération $a = 2{,}5\ m.s^{-2}$ pendant une durée $\theta = 7{,}0$ s ; ensuite le conducteur maintient sa vitesse constante. Lorsque le feu passe au vert, un camion roulant à la vitesse v = 45 km/h, est situé à une distance d = 20 m du feu, avant celui-ci. Il maintient sa vitesse constante. Dans un premier temps, le camion va doubler l'automobile, puis dans une deuxième phase, celle ci va le dépasser. En choisissant comme origine des dates, l'instant où le feu passe au vert, et comme origine des espaces, la position des feux tricolores, déterminer :

1. les dates des dépassements ;
2. les abscisses des dépassements ;
3. les vitesses de l'automobile à ces instants.

Exercice 6.

Un voyageur arrive sur le quai de la gare à l'instant où son train démarre ; le voyageur, qui se trouve à une distance d = 25 m de la portière, court à la vitesse v_1 = 24 km/h. Le train est animé d'un mouvement rectiligne d'accélération constante $a = 1{,}20\ m.s^{-2}$.

1. Le voyageur pourra-t-il rattraper le train ?
2. Dans le cas contraire, à quelle distance minimale de la portière parviendra-t-il ?

Exercice 7.

Une rame de métro effectue un trajet entre deux stations. Partant de la première station, le conducteur lance sa rame avec une accélération de valeur $a_1 = 0{,}85$ $m.s^{-2}$. Au bout d'une durée θ_1, lorsqu'il juge la vitesse suffisante pour pouvoir atteindre l'autre station, le conducteur coupe définitivement le courant. Différentes causes ralentissent le mouvement qui s'effectue alors avec une accélération constante de valeur absolue : $|a_2| = 0{,}05 m.s^{-2}$. La rame s'arrête à la deuxième station séparée de la première par la distance d = 1500 m.

1. Calculer :
   a. les durées θ_1 et θ_2 des deux phases du parcours ;
   b. les longueurs ℓ_1 et ℓ_2 de ces deux phases ;
   c. la vitesse maximale de la rame entre les deux stations.
2. Sans justifier le tracé, et en utilisant les résultats des trois premières questions, représenter graphiquement les fonctions x = f(t), équation des espaces ; v = g(t), équation des vitesses ; a = h(t), équation des accélérations.

Exercice 8.

1. Quel repère utilise-t-on pour étudier le mouvement du soleil autour du noyau de notre Galaxie, la Voie lactée, constituée d'une dizaine de milliards d'étoiles ?
2. Le mouvement du soleil est supposé circulaire uniforme autour du noyau de notre Galaxie ; sa vitesse est 250 $km.s^{-1}$. Le rayon du cercle décrit est 33 000 années-lumière (a.l.). Calculer la durée nécessaire pour que le soleil effectue un tour.
3. Calculer la valeur de l'accélération à laquelle le Soleil est soumis.

On donne : une année = 365,25 jours ; célérité de la lumière dans le vide : $c = 3.10^5$ $km.s^{-1}$.

Exercice 9.

Sur l'axe X'X d'origine O, l'équation horaire de l'abscisse x d'un point mobile M est x(t) = 2t + 1 en cm.

1. Déterminer le module v de la vitesse du mobile ; le module a de l'accélération ; l'équation de la trajectoire du mobile.

Exercice 10.

Les équations horaires des coordonnées cartésiennes d'un mobile sont : $x(t) = t^2 + 1$; $y(t) = t - 1$; $z(t) = 0$.

1. Quelle est l'équation de la trajectoire du mobile ?
2. Donner les caractéristiques (composantes, module) du vecteur vitesse $\vec{v}$ du mobile à l'instant t.

3. Donner les caractéristiques (composantes, module) du vecteur accélération $\vec{a}$ du mobile à l'instant t.

Exercice 11.

À l'instant t = 0, un mobile se trouve en un point de coordonnées x_o et y_o (en cm). Sa vitesse est donnée par : $v_x(t) = v_o$ et $v_y(t) = 2t$ (en cm/s).

1. Donner les équations horaires x(t) et y(t).
2. En déduire l'équation de la trajectoire y = f(x), ainsi que le module de la vitesse de M.

A.N. $x_o = 1$ cm ; $y_o = 0$; $v_o = 1$ cm/s.

Exercice 12.

Un mobile décrit une trajectoire rectiligne. On a représenté sur la figure les variations de la vitesse v en fonction du temps t.

1. Décrire qualitativement le mouvement du mobile.
2. Pour chaque phase du mouvement, déterminer l'expression de v(t) et la valeur de l'accélération.

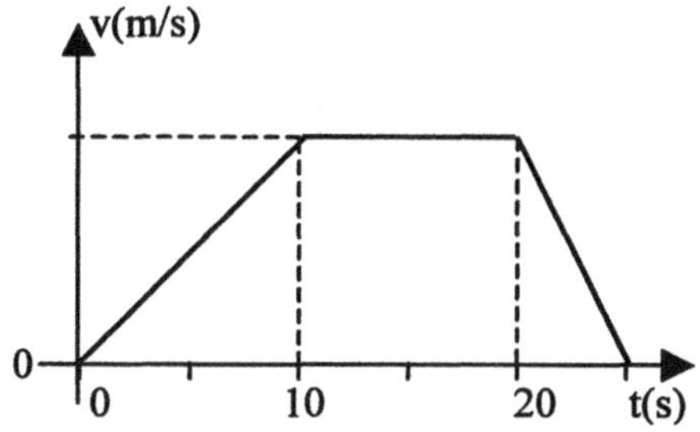

2. FORCES ET CHAMPS

1. LES FORCES DE GRAVITATION ET LE CHAMP GRAVITATIONNEL
   a. Forces de gravitation
   b. Le champ gravitationnel
2. LES FORCES ÉLECTRIQUES ET LE CHAMP ÉLECTRIQUE
   a. Forces électriques
   b. Le champ électrique
3. LES FORCES MAGNÉTIQUES ET LE CHAMP MAGNÉTIQUE
   a. Forces magnétiques
   b. Le champ magnétique
   c. Actions d'un champ magnétique sur un courant et sur une charge

OBJECTIFS : expliquer les comportements des systèmes matériels dans les champs de force ; introduire les notions permettant de développer la mécanique des particules.

Les forces étudiées dans ce chapitre sont celles qui s'exercent à distance. Elles font partie des quatre grandes catégories de forces de l'univers: la force forte, la force électromagnétique, la force faible, la force de gravitation.

1. LES FORCES DE GRAVITATION ET LE CHAMP GRAVITATIONNEL

a. Les forces de gravitation

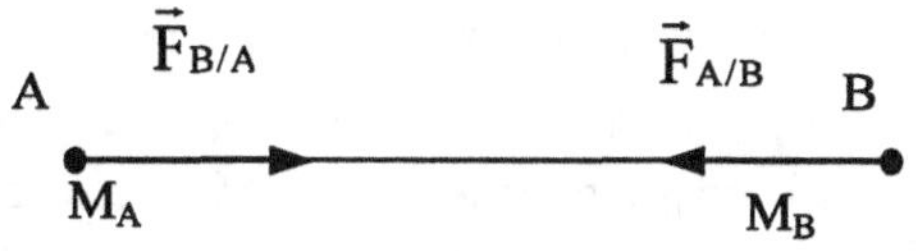

Les corps matériels subissent des interactions les uns de la part des autres ; plus précisément, si l'on considère deux masses ponctuelles placées respectivement aux points A et B distantes de d, et de masses respectives M_A et M_B, ils exercent entre eux une attraction mutuelle, concrétisée par une action appelée force de gravitation, régie par la loi de Newton encore appelée loi d'attraction universelle.

La loi de Newton s'énonce : deux masses ponctuelles M_A et M_B placées respectivement en deux points A et B, distants de d, sont soumises à des forces d'attraction mutuelle $\vec{F}_{B/A}$, $\vec{F}_{A/B}$ telles que :

- leur direction est commune ;
- leurs sens sont toujours opposés (il y a toujours attraction) ;
- leur intensité commune est proportionnelle aux masses M_A et M_B et inversement proportionnelle au carré de la distance d = AB entre les deux masses.

Deux objets peuvent être considérés comme masses ponctuelles si leurs dimensions propres sont faibles par rapport à la distance qui les sépare.

La loi de Newton s'exprime vectoriellement ainsi qu'il suit :

$\vec{F}_{B/A} = -\vec{F}_{A/B} = \varepsilon \frac{M_A M_B}{d^2} \vec{u}$. $\vec{u}$ est un vecteur unitaire porté par $\overrightarrow{AB}$ et orienté de A vers B ; $\vec{u} = \frac{\overrightarrow{AB}}{\|\overrightarrow{AB}\|}$. On peut donc écrire : $\vec{F}_{B/A} = \varepsilon \frac{M_A M_B}{d^2} \vec{u}$ et $\vec{F}_{A/B} = -\varepsilon \frac{M_A M_B}{d^2} \vec{u}$. En intensité, on a : $F_{B/A} = F_{A/B} = \varepsilon \frac{M_A M_B}{d^2}$; d = AB. Les masses M_A et M_B en kg ; d en m, ε est la constante gravitationnelle ; elle s'exprime en $N.m^2.kg^{-2}$; sa valeur est $\varepsilon = 6,67.10^{-11}\ N.m^2.kg^{-2}$.

Exercice d'application :

Calculer la force d'interaction entre la Terre et la Lune, sachant que la masse de la Terre M_T est égale à 6.10^{24} kg, celle de la lune $M_L = 7,3.10^{22}$ kg. La distance moyenne Terre – Lune vaut d = 384 000 km.

Réponse : $F_{T/L} = F_{L/T} = 1,98.10^{20}$ N.

b. Le champ gravitationnel

On dit qu'il existe un champ gravitationnel en un point de l'espace, si une masse ponctuelle placée en ce point subit une force gravitationnelle. Dans le voisinage de la terre, il règne un champ gravitationnel parce que toute masse y est soumise à des forces gravitationnelles.

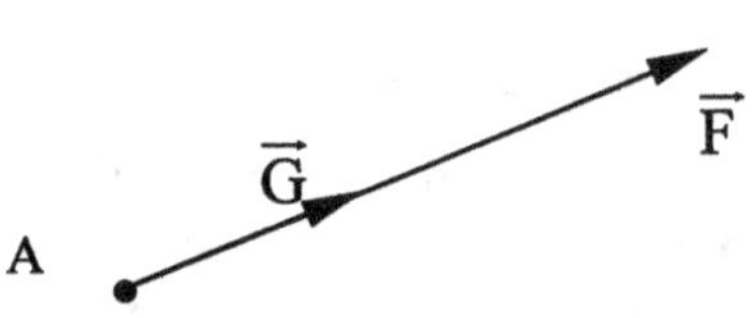

Le champ gravitationnel

En un point A où existe un champ gravitationnel, on place une masse M ; celle-ci est alors soumise à une force gravitationnelle $\vec{F}$. Le vecteur champ gravitationnel est défini par la formule $\vec{G} = \frac{\vec{F}}{M}$; M étant toujours positif, le vecteur $\vec{G}$ a la même direction et le même sens que la force $\vec{F}$; son intensité s'écrit : $G = \frac{F}{M}$; F en N ; M en kg et G en *N/kg*.

c. Champ gravitationnel créé par une masse ponctuelle

On se propose de déterminer le champ gravitationnel créé en A par la masse m située à la distance d. Pour cela, on suppose que l'on place en A une masse ponctuelle M. D'après la loi de Newton, la Masse M placée en A subit la force gravitationnelle

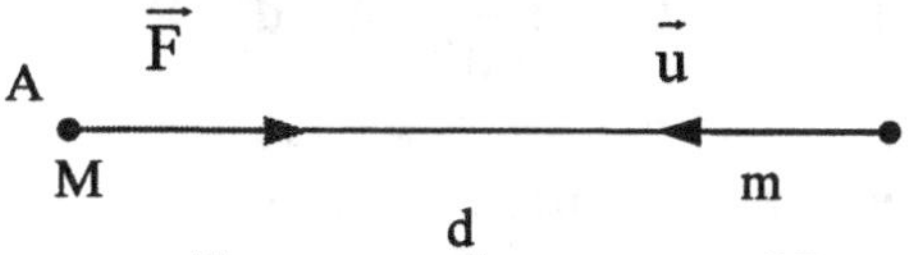

Force exercée par m sur M

$\vec{F} = -\varepsilon \frac{mM}{d^2}\vec{u}$; $\vec{u}$ étant le vecteur unitaire dirigé de m vers M. par définition de $\vec{G}$, on a $\vec{F} = M\vec{G}$ d'où $M\vec{G} = -\varepsilon \frac{mM}{d^2}\vec{u}$; on en tire $\vec{G} = -\varepsilon \frac{m}{d^2}\vec{u}$. Le Champ $\vec{G}$ est toujours dirigé vers le la masse m. On dit qu'il est *radial* et *centripète*. Son intensité est $G = \varepsilon \frac{m}{d^2}$. m en Kg, d en m, $\varepsilon = 6{,}67.10^{-11}$ $N.m^2.kg^{-2}$. G en *N/kg*.

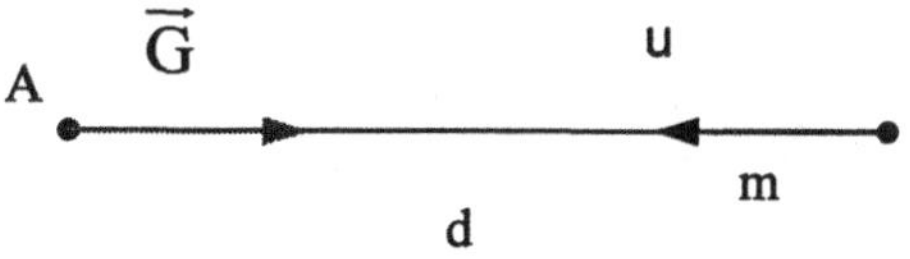

Champ $\vec{G}$ créé par la masse m

L'intensité du champ diminue lorsqu'on s'éloigne de la masse m.

Les *lignes de champ* sont des lignes tangentes en chaque point au vecteur $\vec{G}$. Pour une masse ponctuelle m, ce sont des droites passant par la masse m ; ces lignes sont orientées conventionnellement dans le sens de $\vec{G}$. Sur toute sphère de centre m l'intensité du champ est constante.

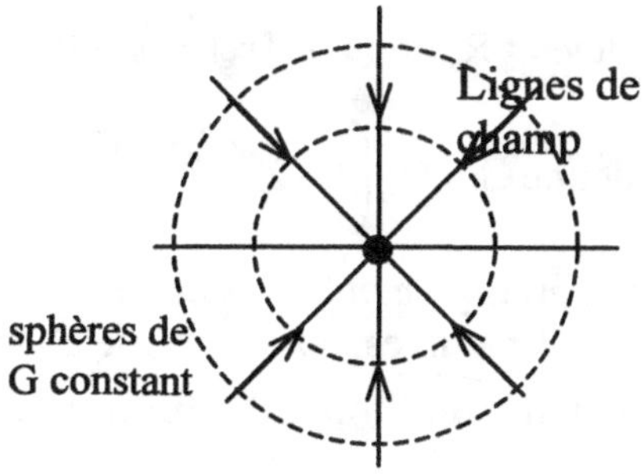

Lignes de champ gravitationnel

Exercice d'application.

Le Soleil a une masse de 2.10^{30} kg. La Terre gravite autour du Soleil à une distance moyenne d = 150 millions de km. En supposant le soleil ponctuel, donner les caractéristiques du champ gravitationnel solaire sur l'orbite terrestre.

Réponse: G = G' = $5{,}9.10^{-3}$ N/kg.

d. Champ gravitationnel de la Terre

On montre qu'un objet dont la répartition de la masse est à symétrie sphérique créé à l'extérieur de lui-même un champ $\vec{G}$ identique à celui qui serait créé si toute la masse était concentrée en son centre. Un tel objet se comporte donc comme un point matériel.

La Terre peut être assimilée à une sphère ; l'intensité de son champ gravitationnel, s'écrit $G = \varepsilon\frac{M_T}{d^2}$. Ici d = R + z, donc $G = \varepsilon\frac{M_T}{(R+z)^2}$. A la surface de la Terre, z = 0 donc, $G_o = \varepsilon\frac{M_T}{R^2}$. Avec $M_T = 5{,}98.10^{24}$ kg, et R = 6370 km, G_o = 9,83 N/kg. La valeur de G_o varie avec la latitude. A l'équateur, G_o = 9,7799 N/kg.

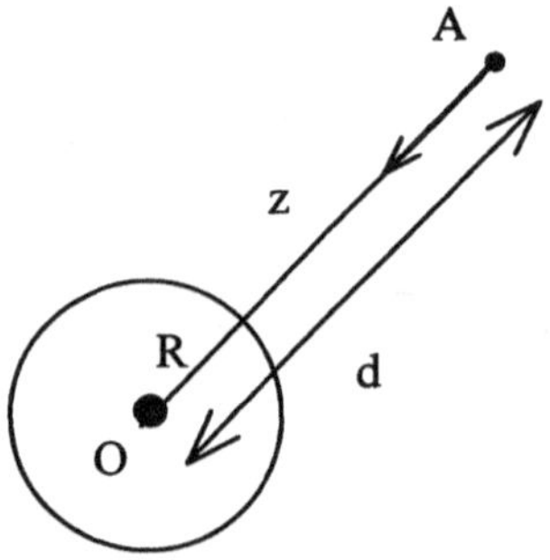

Champ gravitationnel de la Terre

Champ gravitationnel à l'altitude z. A l'altitude z, $G = \varepsilon\frac{M_T}{(R+z)^2}$. Lorsqu'on compare cette relation avec $G_o = \varepsilon\frac{M_T}{R^2}$, on en déduit $G = G_0\frac{R^2}{(R+z)^2}$. Au voisinage de la Terre, on a $G = G_0\frac{1}{(1+z/R)^2} = G_0\left(1+\frac{z}{R}\right)^{-2}$; z est très petit devant R, donc $\frac{z}{R} \ll 1$; on utilise la formule $(1+\varepsilon)^n = 1 + n\varepsilon$ lorsque $\varepsilon \ll 1$ cela donne $G = G_0\left(1-2\frac{z}{R}\right)$.

G reste pratiquement constant égal à G_o jusqu'à des altitudes de plusieurs kilomètres. Dans un espace réduit, le champ de gravitation terrestre peut être considéré comme uniforme ; la direction de $\vec{g}$ est alors verticale, et son sens va du haut vers le bas.

On confond généralement le champ de gravitation terrestre et le champ de pesanteur, mais en réalité il y a une différence.

Un corps placé à la surface de la Terre est soumis à une force de gravitation dirigée vers le centre de la Terre et à *une force centrifuge* due à la rotation de la Terre; la *résultante* de ces deux forces est la *force de pesanteur*, dont le module

F, appelé *poids* de ce corps, est égal au produit de la masse m du corps par l'intensité g de l'accélération de la pesanteur: F = mg (F s'exprime en newtons, m en kilogrammes et g en m/s^2).

2. LES FORCES ÉLECTRIQUES ET LE CHAMP ÉLECTRIQUE

a. Notions sur l'électrisation

L'électrisation, c'est la production de charges électriques statiques à la surface d'un corps. Elle peut être produite par le *frottement* (triboélectricité), par *effet photoélectrique*, par *influence* (électroscope : instrument qui sert à détecter et à mesurer les charges électriques), en approchant une charge d'un corps, par *contact.* Un corps électrisé a la propriété d'attirer de petits morceaux de papier, des poussières, etc.

Il existe *deux espèces* de charges électriques : les charges électriques positives (verre frotté avec un morceau de drap) et les charges électriques négatives [bâton d'*ébonite* (Caoutchouc vulcanisé avec de 20 à 40 % de soufre. Solide noir, dur et cassant utilisé comme isolant électrique) frotté avec de la laine]; l'interaction entres ces charges est régie par la loi suivante : les charges de même signe se repoussent, tandis que les charges de signes contraires s'attirent.

Sur certains corps, les charges électriques produites peuvent se répandre : ce sont les *conducteurs* ; sur d'autres, ces charges demeurent où elles sont apparues ; ce sont des *isolants.*

b. Les forces électriques

Les charges électriques interagissent entre elles selon une loi dite *loi de Coulomb* qui s'énonce :

La force d'attraction ou de répulsion qui s'exerce sur deux charges ponctuelles Q_A et Q_B placées respectivement en A et en B est :

- dirigée suivant la droite AB ;
- proportionnelle à Q_A et Q_B ;
- inversement proportionnelle au carré de la distance entre les charges.

L'expression vectorielle de la Loi de Coulomb est la suivante :

$\vec{F}_{B/A} = -\vec{F}_{B/A} = -k\frac{Q_A Q_B}{d^2}\vec{u}$. $\vec{u}$ est un vecteur unitaire porté par $\overrightarrow{AB}$ et orien-

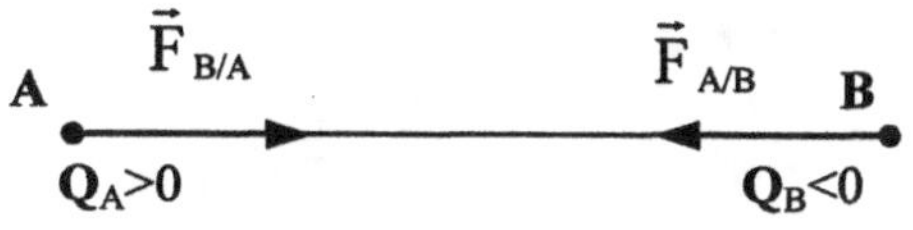

Les deux charges sont de signes contraires

Forces électrostatiques.

té de A vers B ; $\vec{u} = \dfrac{\overrightarrow{AB}}{\|\overrightarrow{AB}\|}$. On peut donc écrire :

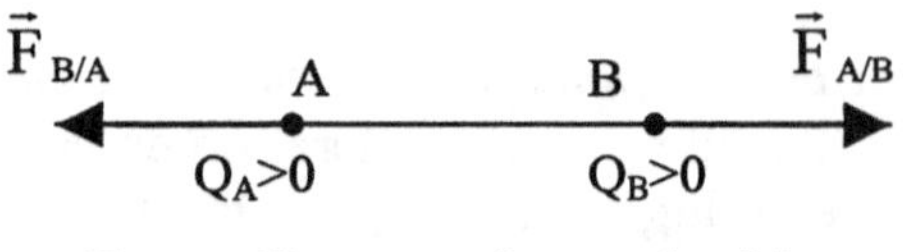

Forces électrostatiques répulsives

$\vec{F}_{B/A} = -k\dfrac{Q_A Q_B}{d^2}\vec{u}$ et $\vec{F}_{A/B} = k\dfrac{Q_A Q_B}{d^2}\vec{u}$. En intensité, on a :

$F_{B/A} = F_{A/B} = k\dfrac{|Q_A||Q_B|}{d^2}$; d = AB. Les charges Q_A et Q_B en *Coulomb* ; d en m, k est la constante électrostatique; elle s'exprime en $N.m^2.C^{-2}$; sa valeur est $k = 9.10^9\ N.m^2.C^{-2}$. On peut aussi écrire $k = \dfrac{1}{4\pi\varepsilon_o}$; ε_o étant la *permittivité du vide* de valeur $8{,}854.10^{-12}\ C^2/(N.m^2)$.

N.B. Eviter d'écrire l'expression vectorielle de la loi de Newton avec les valeurs absolues des charges.

Exercice d'application :

Calculer l'intensité des forces qui s'exercent sur deux charges ponctuelles de valeurs respectives $Q_A = 10^{-2}\mu C$, et $Q_B = -10^{-2}\mu C$ distantes de 10 cm.

Réponse : $F = 9.10^{-5}$ N.

Exercice résolu :

Aux sommets A, B et C d'un triangle équilatéral dont le côté a pour longueur 10 cm, on place respectivement des charges électriques ponctuelles de valeurs $+10^{-7}$ C, $+10^{-7}$ C, -10^{-7} C. Déterminer les forces électriques résultantes s'exerçant sur chacune de ces trois charges.

Solution.

1. Charge placée en A :

elle est soumise à 2 forces : $\vec{F}_{B/A}$, la force répulsive exercée par la charge positive placée en B et $\vec{F}_{C/A}$, la force attractive exercée par la charge négative placée en C. La résultante de ces deux forces s'écrit $\vec{F}_A = \vec{F}_{B/A} + \vec{F}_{C/A}$. Si Q est la charge et d le coté du triangle, on a

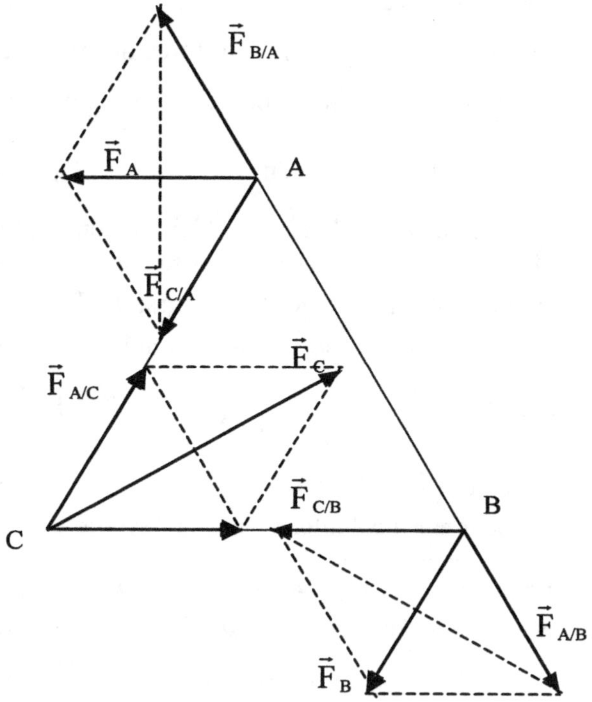

$F_{B/A} = F_{C/A} = k\frac{Q^2}{d^2}$; les deux forces qui s'exercent sur la charge en A ont la même intensité et font entre eux un angle de 120°. Le parallélogramme construit sur ces deux vecteurs pour trouver leur somme est un losange dont la petite diagonale est la somme recherchée ; $\vec{F}_A$ est la bissectrice de l'angle en A. On peut donc écrire : $\cos 60° = \frac{1}{2} = \frac{F_A}{2F_{B/A}} \Rightarrow F_A = F_{B/A} = k\frac{Q^2}{d^2}$.

A.N. $F_A = 9.10^{-3}$ N.

On peut aussi calculer F_A par la formule

$F_A = \sqrt{F_{B/A}^2 + F_{C/A}^2 + 2\vec{F}_{B/A}.\vec{F}_{C/A}} = \sqrt{F_{B/A}^2 + F_{C/A}^2 + 2F_{B/A}.F_{C/A}\cos\alpha}$; α est l'angle entre les deux forces ; dans le cas d'espèce, elles ont la même intensité et l'angle vaut 120° ; $F_A = \sqrt{2F_{B/A}^2 - F_{B/A}^2} = F_{B/A}$.

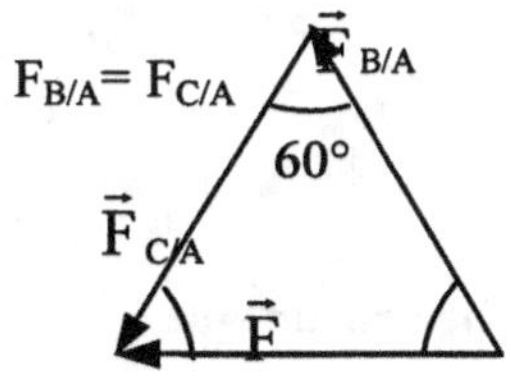

Dynamique des forces

Une troisième méthode consiste à construire le **dynamique des forces** $\vec{F}_A = \vec{F}_{B/A} + \vec{F}_{C/A}$. On obtient un triangle isocèle avec un angle de 60°, ce qui est un triangle équilatéral, donc $\vec{F}_A$ a la même intensité que chacune des deux forces.

2. Charge positive placée en B ; on procède de la même façon qu'avec la charge en A.

3. Charge négative placée en C :

elle est soumise à 2 forces : $\vec{F}_{B/C}$, la force attractive exercée par la charge positive placée en B et $\vec{F}_{A/C}$, la force attractive exercée par la charge positive placée en C. La résultante de ces deux forces s'écrit $\vec{F}_C = \vec{F}_{B/C} + \vec{F}_{A/C}$. Si Q est la charge et d le coté du triangle, on a $F_{B/C} = F_{A/C} = k\frac{Q^2}{d^2}$; les deux forces qui s'exercent sur la charge en C ont la même intensité et font entre eux un angle de 60°. Le parallélogramme construit sur ces deux vecteurs pour trouver leur somme est un losange dont la grande diagonale est la somme recherchée ; $\vec{F}_C$ est la bissectrice de l'angle en C. On peut donc écrire : $\cos 30° = \frac{\sqrt{3}}{2} = \frac{F_A}{2F_{B/A}} \Rightarrow F_A = F_{B/A}.\sqrt{3} = k\frac{Q^2}{d^2}.\sqrt{3}$.

A.N. $F_C = 1{,}56.10^{-2}$ N.

On peut aussi calculer F_C par la formule

$F_C = \sqrt{F_{B/C}^2 + F_{A/C}^2 + 2\vec{F}_{B/C}.\vec{F}_{A/C}} = \sqrt{F_{B/C}^2 + F_{A/C}^2 + 2F_{B/C}.F_{A/C}\cos\alpha}$; α est l'angle entre les deux forces ; dans le cas d'espèce, elles ont la même intensité et l'angle vaut 60° ; $F_C = \sqrt{2F_{B/A}^2 + F_{B/A}^2} = F_{B/A}.\sqrt{3}$.

Exercice 2 :

La petite sphère d'un pendule électrisé ayant une masse de 0,1 g, on demande l'intensité de la force électrique, supposée horizontale, s'exerçant sur la sphère chargée quand le pendule dévie d'un angle de 17°. On donne : intensité de la pesanteur g = 10 N/Kg.

Réponse : $F = 3.10^{-4}$ N.

c. Le champ électrique

On dit qu'il existe un champ électrostatique en un point de l'espace, si une charge ponctuelle placée en ce point subit une force électrostatique. Dans le voisinage de toute charge électrique, il règne un champ électrostatique parce que toute charge y est soumise à des forces électrostatiques.

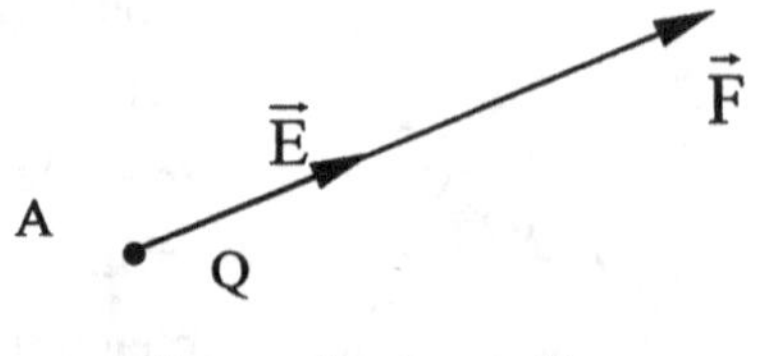

Champ électrostatique

En un point A où existe un champ électrostatique, on place une charge Q ; celle-ci est alors soumise à une force électrostatique $\vec{F}$. Le vecteur champ électrostatique est défini par la formule. $\vec{E} = \frac{\vec{F}}{Q}$; les vecteurs $\vec{E}$ et $\vec{F}$ ont la même direction ; ils ont le même sens si $Q > 0$, et sont de sens contraires si $Q < 0$; l'intensité du champ électrique s'écrit : $E = \frac{F}{Q}$; F en N, Q en Coulomb, E en *N/C*.

d. Champ électrostatique créé par une charge ponctuelle

On se propose de déterminer le champ électrostatique créé en A par la charge q située à la distance d. Pour cela, on suppose que l'on place en A une charge ponctuelle $Q > 0$. D'après la loi de Coulomb, la charge Q placée en A subit la force électrostatique $\vec{F} = k\frac{qQ}{d^2}\vec{u}$. $\vec{u}$ étant le vecteur unitaire dirigé de q vers Q. Par définition de $\vec{E}$, on a $\vec{F} = Q\vec{E}$ d'où $Q\vec{E} = k\frac{qQ}{d^2}\vec{u}$;

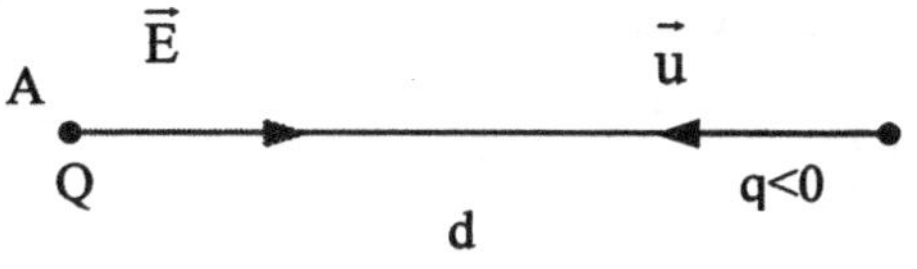

Champ créé par une charge négative

on en tire $\vec{E} = k\frac{q}{d^2}\vec{u}$. Le sens du Champ $\vec{E}$ dépend du signe de la charge q, mais sa direction passe toujours par q ; On dit qu'il est *radial*. Si $q > 0$, le champ est centrifuge (il s'éloigne du centre); si $q < 0$, le champ est centripète (qui se rapproche du centre). Son intensité est $E = k\frac{|q|}{d^2}$. q en C ; d en m ; $k = 9.10^9$ $N.m^2.C^{-2}$; E en *N/C*. L'intensité du champ diminue lorsqu'on s'éloigne de la charge q. Les *lignes de champ* sont des lignes tangentes en chaque point au vecteur $\vec{E}$ pour une charge ponctuelle q, ce sont des droites passant par cette charge q ; ces lignes sont orientées conventionnellement dans le sens de $\vec{E}$. Sur toute sphère de centre q l'intensité du champ $\vec{E}$ est constante.

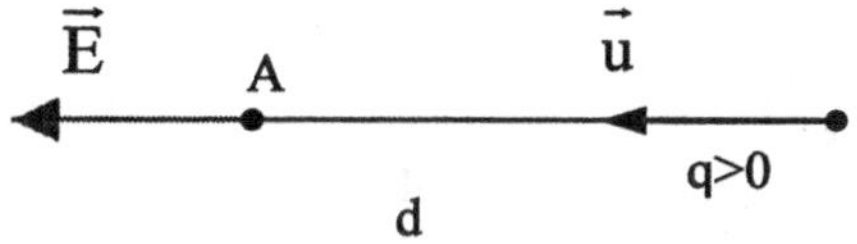

Champ créé par une charge positive

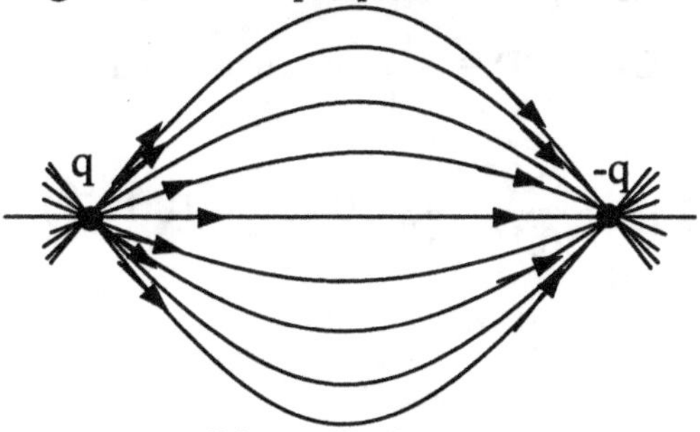

Lignes de champ

e. Champ électrique créé par un ensemble de charges ponctuelles

Le vecteur champ créé en un point M par une distribution de charges ponctuelles est égal à la somme vectorielle des vecteurs champs créés par chacune de ces charges. $\vec{E} = \Sigma \vec{E}_i$ avec $\vec{E_i} = k\frac{q_i}{r_i^2}\vec{u_i}$. La charge q_i est à la distance r_i du point M. Par exemple le champ résultant créé par les trois charges q_1, q_2 et q_3 en un point M est $\vec{E} = \vec{E_1} + \vec{E_2} + \vec{E_3} =$

$$k\frac{q_1}{r_1^2}\vec{u_1} + k\frac{q_1}{r_2^2}\vec{u_2} + k\frac{q_1}{r_3^2}\vec{u_3}.$$

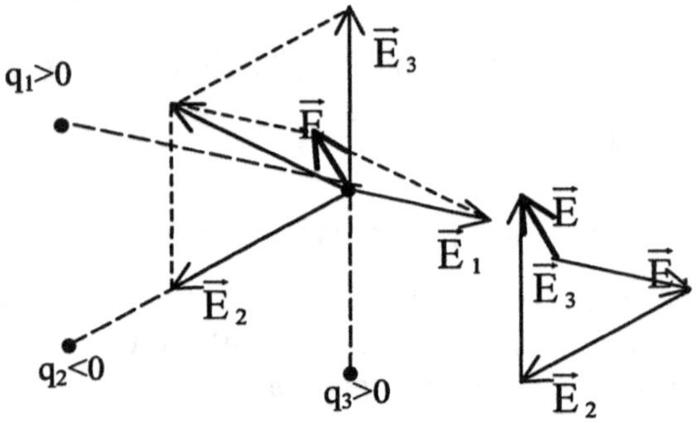

Construction de la résultante des champs créés par des charges ponctuelles

Exercice résolu.

Aux sommets A, B, C, D d'un carré de coté a = 50 cm, on place respectivement des charges ponctuelles, ayant pour valeur, en microcoulombs, +10, +20, +30, et −10. Déterminer le vecteur champ créé par l'ensemble de ces charges au centre du carré et la force que subit en ce point une charge de −1 μC.

Solution.

Le champ cherché s'écrit : $\vec{E} = \vec{E_A} + \vec{E_B} + \vec{E_C} + \vec{E_D}$; sur le schéma, $\vec{E_A}$ et $\vec{E_C}$ d'une part, $\vec{E_B}$ et $\vec{E_D}$ d'autre part, sont alignés ; posons $\vec{E_2} = \vec{E_A} + \vec{E_C}$ et $\vec{E_1} = \vec{E_B} + \vec{E_D}$. La résultante cherchée sera donc $\vec{E} = \vec{E_1} + \vec{E_2}$. $\vec{E_A}$ et $\vec{E_C}$ ont la même direction et sont de sens opposés : on peut écrire $E_2 = E_C - E_A$. Avec $E_A = k\frac{Q_A}{OA^2}$ et $E_C = k\frac{Q_C}{OC^2}$; le triangle ABO est rectangle en O et isocèle puisque OA = OB= OC = OD. Si a est le coté du carré, AB = a. On a donc $a^2 = OA^2 + OB^2 = 2OA^2$ soit $OA = OB = OC = OD = \frac{a}{\sqrt{2}}$; en fin de compte

$$E_2 = 2k\frac{Q_C}{a^2} - 2k\frac{Q_A}{a^2} = \frac{2k}{a^2}(Q_C - Q_A) = \frac{2x910^9}{(50.10^{-2})^2}(30.10^{-6} - 10.10^{-6})$$

$=1,44.10^6$ N/C.

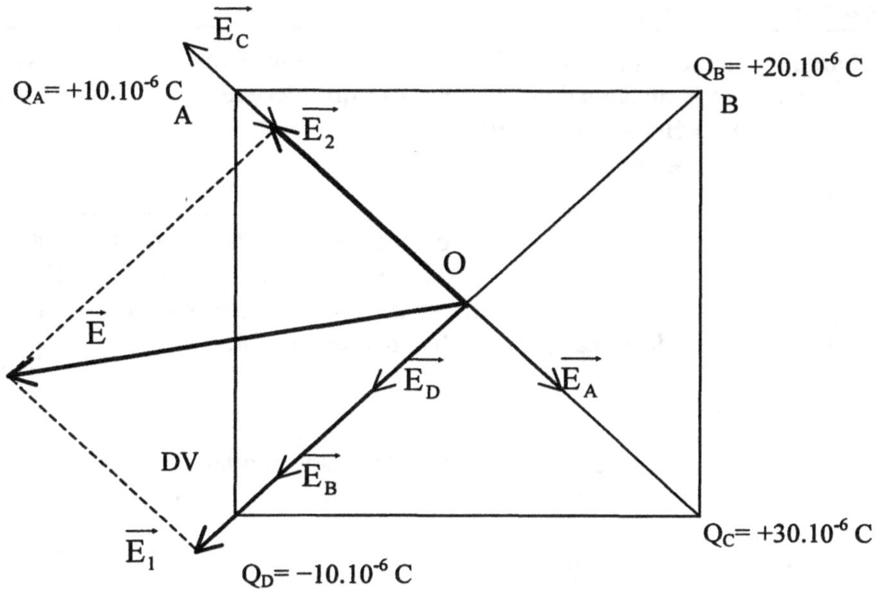

$\overrightarrow{E_B}$ et $\overrightarrow{E_D}$ ont la même direction et le même sens donc on peut écrire $E_1 = E_B + E_D$ soit

$$E_1 = 2k\frac{Q_B}{a^2} + 2k\frac{|Q_D|}{a^2} = \frac{2k}{a^2}\left(Q_B + |Q_D|\right) = \frac{2x910^9}{(50.10^{-2})^2}(20.10^{-6} + 10.10^{-6}) =$$

$2{,}16.10^6$ N/C.

$\vec{E} = \overrightarrow{E_1} + \overrightarrow{E_2}$; ces deux vecteurs dont il faut trouver la résultante sont perpendiculaires.

$$E = \sqrt{E_1^2 + E_2^2} = 2{,}60.10^6 \text{ N/C}.$$

$F = qE = 2{,}59$ N.

EXERCICES D'APPLICATION

Exercice 1 :

Des charges ponctuelles, respectivement égales à $+10^{-6}$ C, -5.10^{-6}C, $+2.10^{-6}$C sont placées aux sommets A, B, C d'un triangle équilatéral dont le coté a pour longueur 2 m. Déterminer le champ électrique créé par ces trois charges au milieu M du coté AC. On précisera en particulier l'orientation du vecteur champ électrique par rapport à la diagonale MB.

Exercice 2 :

Deux charges ponctuelles de même espèce +1 et +4 microcoulomb sont placées en deux points A et B distants de 8 cm. Montrer qu'il existe sur la droite AB un point M où le champ électrique est nul.

Exercice 3 :

Deux charges ponctuelles +q et −q sont placées en deux points A et B distants de AB = d. Déterminer le champ électrique créé par ces charges au point P situé sur le prolongement de AB à la distance r du milieu M de AB et au point Q situé sur la médiatrice de AB à la même distance de r de M.

f. Champ uniforme

Un champ est dit *uniforme* dans une région de l'espace quand en tout point de cette région, tous les vecteurs ont la même direction, la même intensité et le même sens. C'est le cas entre deux plaques parallèles planes, auxquelles on applique une tension continue. Les lignes de champ sont des droits parallèles de direction perpendiculaire aux plaques.

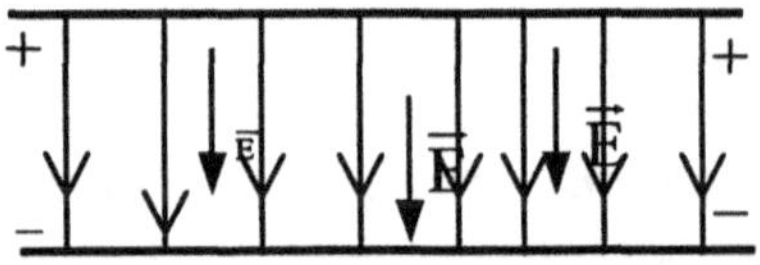

Champ uniforme

g. La différence de potentiel

On considère une charge électrique positive entre deux plaques parallèles, planes et chargées, et qui se déplace du point A au point B. Cette charge est soumise à la force électrostatique $\vec{F} = q\vec{E}$. Déterminons le travail de la force $\vec{F}$ au cours du déplacement de la charge du point A au point B ; comme le chemin suivi n'est pas rectiligne, on le découpe en une infinité de déplacements rectilignes $\delta\vec{\ell}$; pour trouver le travail de $\vec{F}$ on fait la somme des travaux élémentaires sur les petits déplacements $\delta\vec{\ell}$. $W_{AB} = \sum \vec{F}.\delta\vec{\ell} = \vec{F}.\sum\delta\vec{\ell} = \vec{F}.\overrightarrow{AB}$ avec $\vec{F} = q\vec{E} \Rightarrow W_{AB} = q\vec{E}.\overrightarrow{AB}$. Le travail de la force électrostatique ne dépend pas du chemin suivi pour aller de A à B. C'est une force conservative.

Par convention, on appelle le rapport $\frac{W_{AB}}{q} = \vec{E}.\overrightarrow{AB}$ différence de potentiel (d.d.p) entre A et B. On le note $V_A - V_B = \frac{W_{AB}}{q} = \vec{E}.\overrightarrow{AB}$. Il ne dépend que de $\vec{E}$ et de la position des points A et B ; en remplaçant, on obtient $W_{AB} = q\,(V_A - V_B)$. La d.d.p s'exprime en Volts (V). Si $\vec{E}$ et $\overrightarrow{AB}$ ont la même direction et le même sens, $V_A - V_B = E.AB \Rightarrow E = \frac{V_A - V_B}{AB}$. $V_A - V_B$ s'exprime en V, AB en m donc E s'exprime en $V.m^{-1}$.

L'énergie potentielle électrostatique dont le travail de la force électrostatique traduit la variation s'écrit E = qV + cte.

COMPARAISONS ENTRE FORCES ÉLECTROSTATIQUES ET FORCES GRAVITATIONNELLES

La force d'interaction gravitationnelle, caractérisée par la loi de Newton et l'interaction électrostatique caractérisée par la loi de Coulomb, présentent de grandes similitudes ; ce sont toutes les deux des forces:

- centrales (la direction de chacune d'elles passe par les objets ponctuels en interaction) ;
- proportionnelles à $1/r^2$ (fonction linéaires de $1/r^2$) ;
- conservatives car le travail de ces forces ne dépend pas du chemin suivi.

Il y a deux grandes différences : les forces de gravitation sont uniquement attractives, alors que les forces électrostatiques peuvent être répulsives, et d'autre part, les masses sont *arithmétiques*, alors que les charges électriques sont des grandeurs *algébriques*.

Exercice d'application.

Comparer les intensités de la force de gravitation $\vec{F}_g$ et de la force électrique $\vec{F}_e$ qui s'exercent entre un proton et un électron décrivant une trajectoire circulaire de rayon r = 0,53 Å, centré sur le proton. On donne les caractéristiques du proton et de l'électron.

particule	*caractéristiques*
électron	Charge : $-1,6.10^{-19}$C
	Masse : $0,91.10^{-30}$ kg
proton	Charge : $+1,6.10^{-19}$C
	Masse : $1,67.10^{-27}$ kg

Réponse : $F_e = 8,2 .10^{-8}$ N ; $F_g = 3,6 .10^{-47}$ N.

3. LES FORCES MAGNÉTIQUES ET LE CHAMP MAGNÉTIQUE

Les interactions magnétiques sont celles qui ont pour origine un champ magnétique. Un champ magnétique peut être créé par un aimant ou par un conducteur parcouru par un courant (conducteur rectiligne, bobine plate, solénoïde, etc.) Un aimant possède deux pôles : le pôle Nord et le pôle Sud. Une bobine, un solénoïde possèdent chacun une face Nord et une face Sud. Les lignes de champ sortent par le pôle Nord et rentrent par le pôle Sud.

Les interactions magnétiques sont régies par la loi suivante : les pôles ou faces de même nom se repoussent, tandis que les faces ou pôles de noms différents s'attirent.

a. Action d'un champ magnétique sur une charge. La force de Lorentz

Une charge électrique en mouvement dans un champ magnétique subit une force. Soit q la charge de la particule, $\vec{v}$ sa vitesse et $\vec{B}$ le champ magnétique ; la force magnétique $\vec{F}$ exercée est appelée force de Lorentz ; ses caractéristiques sont données par la formule suivante : $\vec{F} = q.\vec{v} \wedge \vec{B}$. $q.\vec{v} \wedge \vec{B}$ est le *produit vectoriel* de $q\vec{v}$ par le vecteur $\vec{B}$.

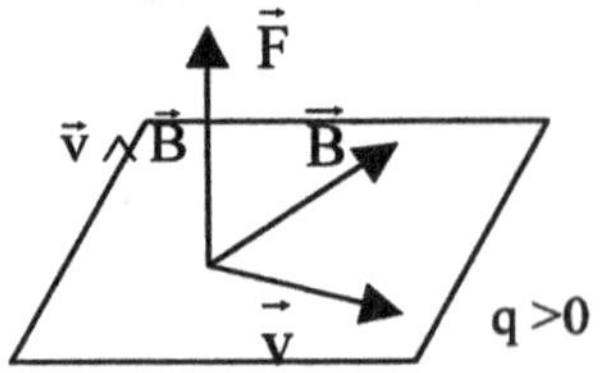

Force de Lorentz

Caractéristiques de la force de Lorentz :

- direction : perpendiculaire au plan formé par $\vec{v}$ et $\vec{B}$;
- sens : il dépend du signe de q :
  - si $q > 0$, $\vec{F}$ a le même sens que $\vec{v} \wedge \vec{B}$; trièdre $(\vec{v}, \vec{B}, \vec{F})$ direct ;
  - si $q < 0$, $\vec{F}$ est de sens contraire à $\vec{v} \wedge \vec{B}$; trièdre $(\vec{v}, \vec{B}, \vec{F})$ indirect ;
- intensité $F = |qvB\sin\alpha|$; F en N, q en C, v en m/s, B en T ; $\alpha = (\vec{v}, \vec{B})$.

Deux cas particuliers méritent d'être signalés :

- si $\alpha = 0$, $\vec{v}$ parallèle à $\vec{B}$, alors, $F = 0$;
- si $\alpha = \frac{\pi}{2}$, alors $F = |qvB|$.

Un vecteur perpendiculaire au plan, et qui va de l'observateur vers le plan est appelé vecteur entrant, et on le note $\otimes$; quant au vecteur perpendiculaire au plan, et qui va du plan vers l'observateur, il est appelé vecteur sortant ; on le note $\odot$.

On peut retrouver la direction et le sens de la Force de Lorentz par la *règle des trois doigts de la main droite.* ($\vec{v}$: index ; $\vec{B}$: majeur ; $\vec{F}$ pouce quand q>0)

Exercice d'application :

Une particule ayant une charge électrique de valeur $q = 3{,}2.10^{-19}$ C est introduite dans un champ magnétique B = 0,10 T avec une vitesse de $3{,}0.10^{6}$ m/s.

1. Si le vecteur vitesse de la particule est perpendiculaire à la direction du champ magnétique, quelle est la force subie par la particule ?
2. Calculer l'intensité du champ électrique capable d'exercer une force de même intensité sur la particule.

La puissance instantanée d'une force $\vec{F}$ est donnée par la relation $P = \vec{F} \cdot \vec{v}$, $\vec{v}$ étant la vitesse du point d'application de cette force. Comme la force de Lorentz est toujours perpendiculaire au vecteur vitesse, le produit $\vec{F} \cdot \vec{v}$ est nul. Par conséquent, la puissance de la Force de Lorentz est toujours nulle.

Le travail élémentaire dW effectué par une force est dW = Pdt. Pour la force de Lorentz la puissance est nulle, donc dW = 0. Conséquence : le travail de la force de Lorentz est toujours nul.

Si on applique le théorème de l'énergie cinétique, on a $\Delta Ec = W_F$, puisqu'on néglige le poids de la particule. Le travail de la force magnétique étant nul, il en résulte que la variation d'énergie cinétique et nulle. Donc l'énergie cinétique d'une particule en mouvement dans un champ magnétique est constante ; ce qui signifie que la vitesse d'une telle particule aussi reste constante.

Le champ magnétique ne modifie pas la vitesse d'une particule chargée ; elle a un mouvement uniforme ; le champ ne peut modifier que la direction du vecteur vitesse.

b. Action d'un champ magnétique sur un courant. La force de Laplace

i. Observations expérimentales

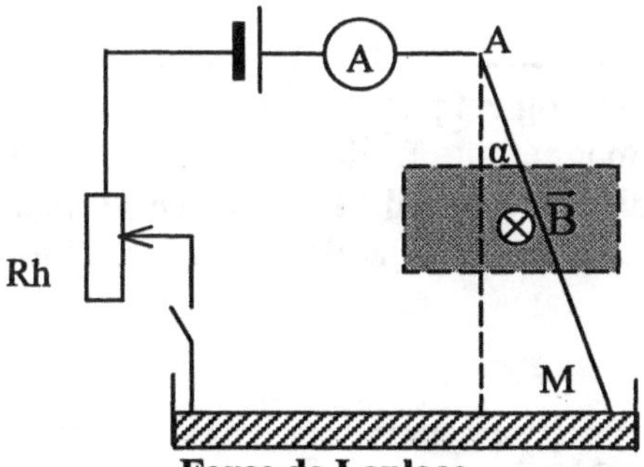

Force de Laplace

- On réalise le circuit ci-contre : AM est une tige de cuivre. Son extrémité plonge dans une cuvette de mercure. Le champ $\vec{B}$ uniforme est créé par un aimant. Lorsqu'on ferme l'interrupteur, la tige AM dévie vers la droite ; et si on coupe le courant, AM revient à sa position initiale.
- L'interrupteur étant fermé, si change le sens du courant, AM dévie vers la gauche.
- L'interrupteur étant toujours fermé, si on augmente l'intensité du courant à l'aide du rhéostat, on constate que l'angle de déviation augmente.
- Si on change le sens du champ magnétique en maintenant celui du courant, AM dévie plutôt vers la gauche.

- L'angle de déviation diminue si on diminue l'intensité de B en maintenant celle de I.
- Si $\vec{B}$ est parallèle à AM, la tige ne dévie pas.

Un conducteur placé dans un champ magnétique uniforme et parcouru par un courant est soumis à une force électromagnétique.

La loi de Laplace s'énonce : une portion de conducteur rectiligne de longueur ℓ entièrement plongé dans un champ magnétique uniforme $\vec{B}$ subit une force magnétique $\vec{F} = I(\vec{\ell} \wedge \vec{B})$; $\vec{F}$ est le *produit vectoriel* de $\vec{\ell}$ par $\vec{B}$. Le vecteur $\vec{\ell}$ a le sens du courant et une norme égale à ℓ. Les caractéristiques de $\vec{F}$ sont :

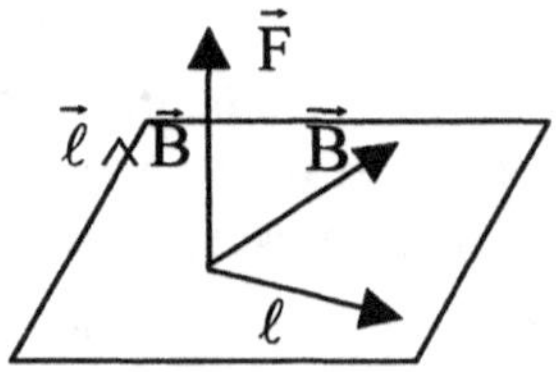

Trièdre direct

- Direction : perpendiculaire au plan formé par $\vec{\ell}$ et $\vec{B}$;
- Sens : le trièdre ($\vec{\ell}$, $\vec{B}$, $\vec{F}$) est direct, ce qui se peut se traduire par la règle des trois doigts de la main droite.
- Intensité $F = B.I.\ell \sin\alpha$; F en N, I en A, ℓ en m, B en T ; $\alpha = (\vec{\ell}, \vec{B})$.

Deux cas particuliers méritent d'être signalés ici :

- si $\alpha = 0$, $\vec{v}$ est parallèle à $\vec{B}$; alors, $F = 0$;
- si $\alpha = \frac{\pi}{2}$, alors $F = BI\ell$.

La Force de Laplace est une conséquence de la Force de Lorentz.

Exercice d'application I:

Un fil de 0,50 m de longueur et de masse m= 10g est posée sur un plan horizontal dans une région où règne un champ magnétique uniforme d'intensité B= $1{,}0.10^{-3}$ T. Le vecteur champ est perpendiculaire au fil et une force verticale dirigée vers le haut quand un courant parcourt le fil. Quelle est la force minimale nécessaire pour soulever le fil ?

Exercice d'application II

Un fil conducteur rectiligne OA peut prendre toutes les positions autour du point fixe O. Le contact en A étant assuré par un bain de mercure, le fil est placé dans un champ magnétique uniforme horizontal dont l'intensité vaut 0,05 T. il fait alors un angle de 30° avec la verticale, et sa longueur « utile » est OA = 20 cm. Calculer l'intensité du courant qui passe dans le fil, sachant que la masse m de ce fil est de 20 g.

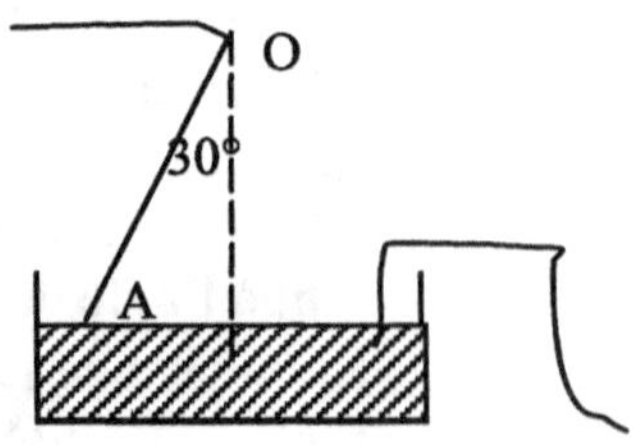

EXERCICES

Exercice 1.

1. Enoncer la loi de Newton. Donner l'expression du champ de gravitation créé par une masse m ponctuelle en un point P situé à la distance r de cette masse.

On suppose que la Terre est exactement sphérique, de rayon R, de masse M, et qu'elle possède une répartition des masses à symétrie sphérique.

2. Écrire l'expression de la force qu'elle exerce sur une masse ponctuelle de 1 kg placée à sa surface. En déduire le champ de gravitation G_o de la Terre à l'altitude z = 0. Trouver enfin la valeur de M.
3. Montrer qu'à l'altitude z au dessus de la Terre, le champ de gravitation G est donné par la relation $G = G_o \dfrac{R^2}{(R+z)^2}$.

On donne constante de gravitation $\varepsilon = 6{,}67.10^{-11}$ S.I. ; rayon de la Terre : R = 6400 km ; $G_o = 9{,}8$ N.kg^{-1}.

Exercice 2. Champ gravitationnel de Saturne

Saturne est assimilable à un corps à répartition sphérique de masse, de rayon $R_{sat} = 57500$ km masse $M_{sat} = 5{,}69.10^{26}$ kg.

1. Écrire l'expression littérale de la valeur de g_{osat} du champ gravitationnel à la surface de Saturne.
2. Calculer cette valeur.
   2.1. Comparer les valeurs des champs gravitationnels créés par la Terre et saturne à leur surface.
3. La distance minimale entre les centres de ces planètes est voisine de $1{,}20.10^9$ km.
   3.1. Évaluer le champ gravitationnel créé par Saturne au centre de la Terre pour cette distance.
   3.2. Évaluer le champ gravitationnel créé par le Soleil au centre de la Terre.

Exercice 3.

On admet que le champ est à répartition sphérique de masse. Données : rayon $R_T = 6380$ km et $M_T = 5{,}98.10^{24}$ kg.

1. Pour une altitude $z << R_T$ au dessus du sol, établir la relation donnant la valeur g(z) du champ en fonction de g_o, R_T et z.

2. Calculer la hauteur maximale z_m si l'on veut que la variation relative $\frac{g_o - g(z)}{g_o}$ ne dépasse pas 0,1%.

3. Calculer l'angle θ entre les deux directions du vecteur champ de gravitation $\overrightarrow{g_o}$, pour deux points situés sur la terre et distants de 10 km.

Exercice 4.

L'un des satellites de Jupiter, Ganymède, a une trajectoire quasi circulaire, de rayon r = 1 070 000 km. Données : $M_{Ganymède} = 1{,}49.10^{23}$ kg et $M_{Jupiter} = 1{,}9.10^{27}$ kg.

1. Calculer la valeur de la force d'interaction gravitationnelle entre ces deux astres.
2. La sonde VOYAGER I passait, en 1979, à 115 000 km de Ganymède. Calculer le rapport des forces d'interaction gravitationnelle, dues, d'une part à Jupiter et à Ganymède d'autre part, subies par cette sonde lorsqu'elle est passée entre ces deux planètes.

Exercice 5.

La valeur du champ gravitationnel terrestre à l'altitude h est donnée par la relation $g(h) = g_o \frac{R_T^2}{(R_T + h)^2}$, avec $g_o = 9{,}8$ m.s^{-2}.

1. Avec quelle hypothèse cette formule est – elle établie ?
2. Pour $h \ll R_T$, donner une valeur approchée de g(h). En déduire la valeur relative $\frac{g_o - g(h)}{g_o}$.
3. Calculer cette valeur relative pour h = 4070 m, altitude du Mont Cameroun. Donnée : $R_T = 6380$ km.
4. Calculer la variation relative du poids d'un objet de 1 kg lorsqu'il passe du niveau de la mer au sommet du mont Cameroun.

Exercice 6.

La lune est considérée comme un corps à répartition sphérique de masse, de rayon $R_L = 1740$ km et de masse $M_L = 7{,}34.10^{22}$ kg.

1. Donner l'expression du vecteur champ de gravitation de la lune à une distance $r \geq R_L$ de son centre.

   2.1. Calculer la valeur du champ de gravitation lunaire à la surface de la Lune.

   2.2. La comparer à la valeur du champ de gravitation terrestre g_{oT} à la surface de la Terre. Données : $G = 6{,}67.10^{-11}$m^3.kg^{-1}.s^{-2} et $g_{oT} = 9{,}8$ m.s^{-2}.

3. Lors de la dernière mission lunaire (APPOLO XVII), les astronautes ont ramené 117 kg de roches. Quel était le poids de ces roches :

3.1. À la surface de la lune ?

3.2. À la surface de la terre ?

Exercice 7.

Les étoiles à neutrons sont plus denses que le Soleil. Pour une étoile à neutrons, de masse double de la masse du Soleil, on évalue son rayon R_N à 10 km. Donnée : masse du Soleil $M_S = 2.10^{30}$ kg.

1. Calculer la valeur du champ de gravitation à la surface de l'étoile à neutrons.
2. Calculer la valeur de la force exercée sur 1 kg de matière au voisinage de la surface de l'étoile.

Exercice 8.

Le Soleil a une masse MS = $1{,}99.10^{30}$ kg. La Terre a une masse $M_T = 5{,}98.10^{24}$ kg. Le rayon moyen de l'orbite de la Terre autour du Soleil est $1{,}49.10^{11}$ m.

1. Pourquoi peut-on utiliser la loi d'interaction gravitationnelle entre deux corps ponctuels, dans le cas du Soleil et de la Terre ?
2. Calculer la valeur de la force d'interaction entre le Soleil et la Terre.

Données : $G = 6{,}67.10^{-11} m^3.kg^{-1}.s^{-2}$

Exercice 9.
Comparaison entre forces gravitationnelles et forces électriques

La molécule de diazote est constituée de deux atomes d'azote dont les noyaux comportent 7 protons. Ces noyaux sont à la distance d = 0,14 nm l'une de l'autre. Donnée : la masse de chaque noyau est $2{,}3.10^{-26}$ kg.

1. Déterminer la valeur des forces d'interaction électrique entre les deux noyaux. Ces forces sont-elles attractives ou répulsives ?
2. Déterminer la valeur des forces d'interaction gravitationnelle entre les deux noyaux. Ces forces sont-elles attractives ou répulsives ?
3. Comparer les valeurs de ces deux forces d'interaction. Conclure.

Données $\varepsilon_o = 8{,}84.10^{-12}$ SI ; $k = \dfrac{1}{4\pi\varepsilon_o} = 910^9$ SI ; $G = 6{,}67.10^{-11}$ SI et $e = 1{,}6.10^{-19}$C.

Exercice 10. Lignes de champ électrique et champ de gravitation

1. Une charge ponctuelle de 1nC est placée en un point O.
   a. Calculer les valeurs du champ électrique créé en divers points P d'une demi-droite [Ox) tels que $OP_1 = 5$ cm ; $OP_2 = 10$ cm ; $OP_3 = 20$ cm.

b. Représenter à l'échelle le vecteur champ en chacun de ces points.
c. Quelle est la forme des lignes de champ ? comment peut-on qualifier ce champ ?
2. Un solide ponctuel de masse 0,1 kg est placé en un point O.
a. Calculer la valeur du champ de gravitation créé en divers points d'une demi-droite[Ox) tels que $OM_1 = 5$ cm ; $OM_2 = 10$ cm ; $OM_3 = 20$ cm.
b. Représenter à l'échelle le vecteur champ en chacun de ces points.
c. Quelle est la forme des lignes de champ ? comment peut-on qualifier ce champ ?
d. En déduire l'allure des lignes de champ de gravitation de la Terre. Ce champ est-il uniforme ?
3. Établir les comparaisons entre le champ électrique et le champ de gravitation

On donne $G = 6{,}67.10^{-11}$ SI.

Exercice 11.

On donne : masse de la Lune $M_L = 7{,}35.10^{22}$ kg ; masse du soleil : $M_S = 1{,}99.10^{30}$ kg ; distance entre les centres d'inertie Terre-Lune : $D_L = 3{,}85.10^{8}$ m ; Terre-Soleil : $D_S = 1{,}50.10^{11}$ m.

Quelles sont les positions relatives de la terre, de la Lune et du Soleil, pour que le champ gravitationnel créé par la Lune et par le Soleil au centre de la Terre soit :

- soit minimal ;
- soit maximal ?

Dans les deux cas, calculer la valeur du champ gravitationnel résultant de la superposition des deux champs.

Exercice 12.

On considère un système constitué de deux plaques verticales A et B, parallèles, distantes de d = 10 cm, soumises respectivement à un potentiel V_A et V_B, tel que la tension entre elles soit $U = V_A - V_B$ ($U > 0$). A égale distance de ces deux plaques, en un point O', est suspendu un fil isolant de longueur $\ell = 5$ cm, qui maintient à l'autre extrémité une petite boule de masse m = 1 g. Lorsque la boule est neutre, le fil est vertical. On électrise la boule, elle est alors attirée par la plaque A et le fil fait avec la verticale un angle $\alpha = 30°$ et s'y maintient lorsque U = 500 V.

1. Quelles sont les caractéristiques du champ électrique $\vec{E}$ régnant entre les plaques ?

2. Faire le bilan des forces appliquées à la boule et exprimer la charge de la boule en fonction de m, g, d, U et α. Faire l'application numérique pour g = 10 N/kg.
3. Quel est le signe de la charge q ? Déterminer le nombre d'électrons en excès ou en défaut qu'elle possède. $|e| = 1{,}6 \times 10^{-19}$ C.

Exercice 13.

Deux pendules électriques identiques dont les fils ont une longueur de 80 cm sont suspendus en deux points A et B. La droite AB est horizontale et mesure 8 cm. Après avoir électrisé les deux sphères, on constate que leurs centres sont distants de 4 cm. Sachant que la masse de chaque sphère est de 0,3 g, on demande :

1. le signe des charges des deux sphères ;
2. l'intensité de la force s'exerçant sur chaque sphère ;
3. les valeurs algébriques des charges pour $|q| = |q'|$.

On donne g = 9,8 N/kg.

Exercice 14.

Trois petites boules identiques de masse m sont suspendues à un même point, par les fils de même longueur ℓ. Elles portent des charges électriques de même valeur q et de même signe. En appelant R le rayon de la circonférence qui passe par les trois boules, trouver la relation qui existe entre m, l, q et R.

Application numérique : trouver q sachant que R = 10 cm ; l = 20 cm ; m = 1,3 g ; g = 10 N/kg.

Exercice 15.

Des charges ponctuelles respectivement égales à $+10^{-6}$ C, -5×10^{-6} C, $+2 \times 10^{-6}$ C sont placés aux sommets A, B et C d'un triangle équilatéral dont le côté a pour longueur 2 cm. Déterminer le champ électrique créé par ces trois charges au milieu M du côté AC. On précisera en particulier l'orientation du vecteur champ électrique par rapport à la diagonale MB.

Exercice 16.

Deux charges électriques ponctuelles de $+10^{-8}$ C et de -10^{-8} C sont placées en deux points A et B distants de 16 cm. Déterminer les caractéristiques du champ électrique qu'elles créent :

1. au milieu de AB ;
2. en un point situé à 10 cm de chacune des charges.

Exercice 17.

Deux charges ponctuelles de même espèce +1 et +4 microcoulomb sont placées en deux points A et B distants de 8 cm. Montrer qu'il existe sur la droite AB un point M où le champ électrique est nul.

Exercice 18.

Trois charges ponctuelles sont placées sur trois sommets d'un carré d'arête a.

1. Déterminer le champ électrostatique créé au milieu du quatrième sommet.
2. Déterminer la force à exercer sur une quatrième charge pour la maintenir immobile sur le quatrième sommet.

On donne a = 10 cm ; $q = 2.10^{-6}$ C.

Exercice 19.

Deux charges q_1 et $q_2 = -q_1$ sont distantes de d l'une et l'autre.

1. Existe-t-il un point de l'espace pour lequel le champ électrostatique résultant est nul ?
2. Montrer que le champ électrostatique garde une direction constante en tous points de la médiatrice du segment limité par les charges.

Exercice 20.

Dans l'expérience de Millikan on cherche à mesurer la charge négative q portée par une goutte d'huile de masse m maintenue en équilibre par l'action du champ électrostatique.

1. Donner les caractéristiques des forces qui s'exercent sur la goutte.
2. Le champ électrostatique est créé par deux plaques parallèles. Faire un schéma indiquant la position des plaques.
3. La goutte de masse m et de charge q est maintenue en équilibre par un champ $E = 3{,}0.10^{8}\ V.m^{-1}$. Quel est le rapport q/m ?
4. La goutte porte 20 fois la charge élémentaire. Quelle est sa masse ? En déduire son rayon sachant que sa masse volumique est 890 $kg.m^{-3}$.

On donne $e = 1.6\ 10^{-19}$ C.

Exercice 21.

Un dipôle est un ensemble de deux charges opposées. On dispose deux charges $q = 10^{-6}$ C au point (−a) et −q au point (a), avec a = 1 cm, d'un axe x'Ox.

1. Quels sont la direction et le sens du champ électrostatique créé par q en tout point de l'axe Ox. Exprimer son module en un point M de coordonnées x et le représenter pour x compris entre −10 cm et +10 cm.
2. Même question pour – q agissant seule.
3. En déduire le champ électrostatique créé sur l'axe Ox par le dipôle.

Exercice 22.

Un proton émis par le soleil pénètre verticalement dans le champ magnétique terrestre à la vitesse $v = 1{,}4.10^7$ m.s^{-1}. Le vecteur champ magnétique terrestre $\vec{B}$ a pour intensité B= 4,8 10^{-5} T. L'angle aigu que forment les directions des vecteurs $\vec{B}$ et $\vec{v}$ est égal à $\alpha = 50°$.

1. Calculer la force magnétique agissant sur le proton.
2. Le poids du proton est-il négligeable devant cette force ?

Données : masse du proton : $1{,}67.10^{-27}$ kg ; charge du proton : $e = 1.6\ 10^{-19}$ C ; accélération de la pesanteur $g = 9{,}8$ m.s^{-2}.

Exercice 23. Exprimer la force de Lorentz

Un électron pénètre à l'instant = 0 dans un champ magnétique uniforme, de valeur B = 0,1 T, avec une vitesse de valeur $v_o = 1{,}0.10^7$ m.s^{-1}.

1. Donner les caractéristiques de la force de Lorentz qui s'exerce à cet instant sur la particule dans les trois cas suivants :
   a. $\overrightarrow{v_o}$ est parallèle à $\vec{B}$;
   b. $\overrightarrow{v_o}$ est perpendiculaire à $\vec{B}$;
   c. $\overrightarrow{v_o}$ fait un angle $\alpha = 30°$ par rapport à $\vec{B}$.
2. Comparer dans les cas b) et c) la valeur de la force magnétique à celle du poids de l'électron. Conclure.

Exercice 24. La balance de Cotton

MOA' est un levier coudé qui porte une plaquette isolante AA'C'C ; un fil conducteur est appliqué le long de OA'ACC'O ; AA' et CC' sont des arcs de cercle de centre O. La balance est mobile autour de l'axe O, perpendiculaire au plan de la figure et en équilibre en l'absence du courant. On donne AC = 2 cm ; g = 9,8

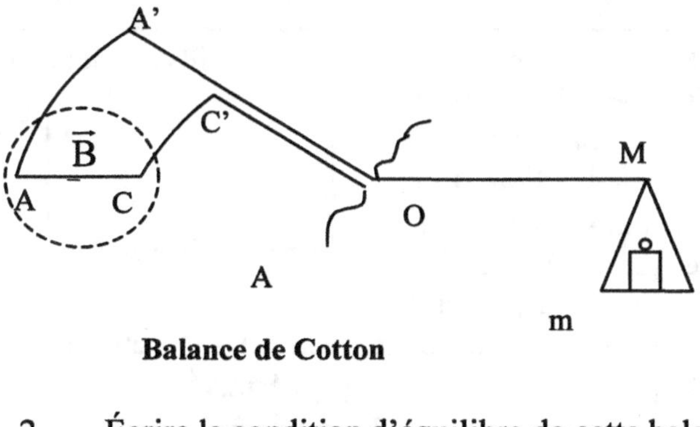

Balance de Cotton

g = 9,8 N/kg ; ℓ' = ℓ. Le champ magnétique B est uniforme, horizontal, perpendiculaire à AC.

1. Préciser sur la figure les forces agissant sur la balance, ainsi que le sens du courant circulant dans le fil conducteur.
2. Écrire la condition d'équilibre de cette balance.

3. Afin de déterminer la valeur de B, on a fait les mesures suivantes pour les différentes valeurs de l'intensité du courant :

I(A)	0	1	2	3	4	5
m(g)	0	0,2	0,4	0,6	0,8	1

Tracer la représentation graphique de la fonction m = f(I) en choisissant une échelle appropriée. Déterminer à l'aide du graphique le coefficient directeur de la droite obtenue. En déduire B.

Exercice 25.

Un conducteur rectiligne et homogène OA, de masse m = 12 g et de longueur ℓ = OA = 36 cm, est suspendu par son extrémité supérieure O à un point fixe. Le conducteur peut tourner librement autour de O. (voir figure). Les bornes C et D sont reliées à un générateur qui maintient dans le conducteur un courant d'intensité I = 7,5 A.

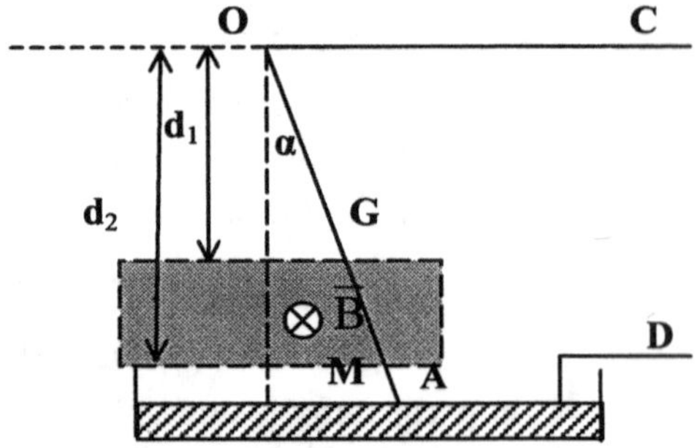

1. Un champ magnétique uniforme est créé comme l'indique la figure. La direction de $\vec{B}$ est horizontale et le sens de l'arrière vers l'avant. Le conducteur OA s'écarte de sa position d'équilibre d'un angle α = 5°30'. On suppose que A est situé au voisinage de la surface du mercure. Donner la polarité des bornes C et D.
2. Calculer la valeur B du champ magnétique.

On donne d_1 = 20 cm ; d_2 = 25 cm.

Exercice 26.

Un fil de cuivre rectiligne CD, horizontal est suspendu par deux fils conducteurs AC et DE très flexibles et de masses négligeables. Grâce à un électroaimant, le fil CD peut être soumis, sur toute sa longueur, à l'action d'un champ magnétique uniforme $\vec{B}$, qui s'exerce dans toute région de l'espace où le fil peut être amené à se déplacer. Un courant d'intensité I parcourt l'élément de circuit dans le sens ACDE. On donne : CD = ℓ = 10 cm ; masse linéique du fil CD : $\mu = 1{,}5.10^{-2}$ kg.m^{-1} ; B = 40 mT ; g = 9,8 m.s^{-2}.

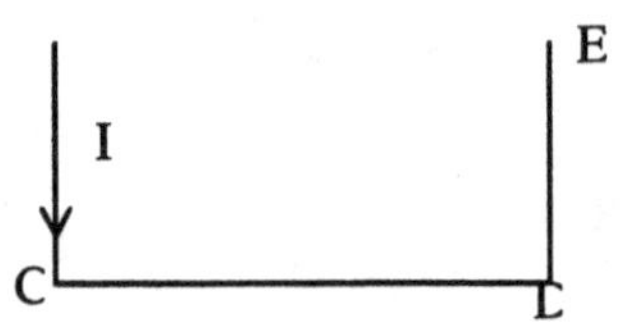

Indiquer la direction et le sens du vecteur champ magnétique $\vec{B}$ pour que :

1. Le fil soit déplacé verticalement vers le haut ; quelle est alors l'intensité minimale I_m nécessaire ?
2. Le fil s'écarte d'un angle α du plan vertical, sous l'action d'une force électromagnétique horizontale. Calculer α si l'intensité I vaut I = 1 A ;
3. Le fil CD ne subisse aucune action magnétique.

Exercice 27.

Un conducteur rigide en cuivre MN, de longueur ℓ = 70 mm et de diamètre d = 2 mm est suspendu par l'intermédiaire de deux conducteurs très souples AM et CN, de longueur L = 1 m et de masse négligeable (voir figure). Un courant d'intensité I circule dans le sens AMNC. On dispose d'un aimant en U qui crée entre ses deux branches un champ magnétique uniforme $\vec{B}$, d'intensité 0,12 T ; champ que l'on suppose limité à la largeur de ses branches : D = 40 mm.

1. Indiquer sur un schéma comment il faut placer l'aimant pour que le conducteur MN soit soulevé. Calculer l'intensité minimale I qui permet ce soulèvement. On donne : g = 9,8 m.s^{-2} ; masse volumique du cuivre μ = 8900 kg.m^{-3}.
2. Indiquer comment il faut placer l'aimant pour que le conducteur MN soit soumis à une force de Laplace $\vec{F}$ horizontale dirigée d'arrière en avant sur la figure.
3. Calculer alors la mesure α de l'angle que font, à l'équilibre, les conducteurs AM et CN avec la verticale, lorsque l'intensité du courant électrique est celle de la question 1.

Exercice 28.

Deux rails de cuivre AA' et EE' parallèles, sont inclinés par rapport au plan horizontal d'un angle α. Une tige en cuivre CD peut se déplacer sans frottement le long de ces deux rails. L'ensemble est plongé dans un champ magnétique uniforme $\vec{B}$, vertical, dont le sens est de bas en haut. (Voir figure) la tige CD reste perpendiculaire à AA'.

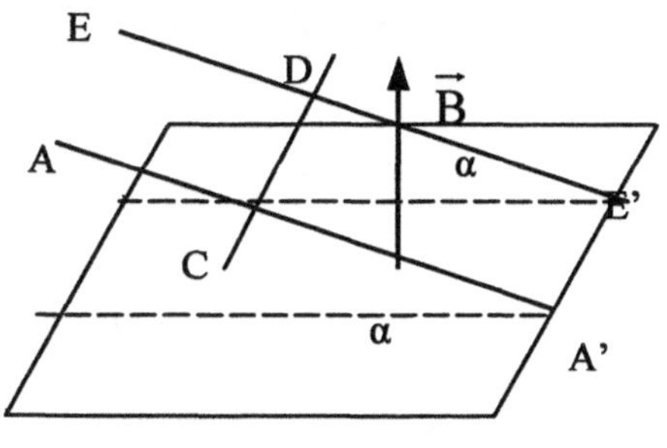

1. Donner la polarité des bornes A et E pour que la tige CD puisse rester immobile lorsqu'un courant passe dans le circuit.

2. Calculer alors l'intensité du courant. On désigne par m la masse de CD et on donne : CD = ℓ = 18 cm ; α = 15°; m = 10 g ; B = $9,3.10^{-3}$ T ; g = 9,8 $m.s^{-2}$.

Exercice 29.

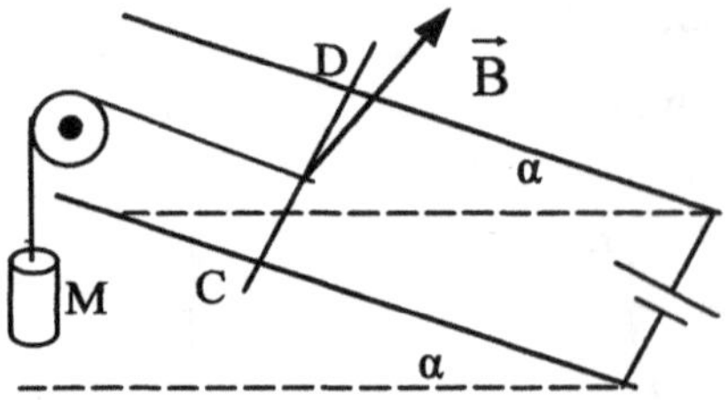

Un générateur produit un courant électrique d'intensité I = 10 A dans un circuit comprenant une barre de cuivre CD de longueur ℓ = 10 cm et de masse m = 100 g. Cette barre est mobile sans frottement sur deux rails conducteurs inclinés de α = 30° par rapport à l'horizontale ; CD est perpendiculaire aux rails et horizontal. L'ensemble est placé dans un champ magnétique $\vec{B}$ dont la valeur est B = 0,1 T ; $\vec{B}$ est perpendiculaire au plan des rails. A l'aide d'un contrepoids de masse M, on maintient CD en équilibre. Calculer la valeur de M. g = 10 $m.s^{-2}$.

3. GÉNÉRALITÉS SUR LES SYSTÈMES OSCILLANTS

OBJECTIFS : Introduire les notions de base nécessaires à l'étude des systèmes oscillants et des phénomènes vibratoires.

1. DÉFINITIONS ET EXEMPLES

Un système oscillant est un système qui effectue un mouvement de va et vient autour d'une position d'équilibre. On dit que ce système effectue des oscillations. Une oscillation est la variation répétitive d'un phénomène physique autour d'une position moyenne, dite position d'équilibre.

Exemple : la vibration d'une corde de guitare, vibration d'une lame, oscillation d'un corps suspendu à un fil ou à un ressort, le mouvement d'un pendule, les radiations électromagnétiques, le son, etc.

2. LES CARACTÉRISTIQUES DU MOUVEMENT D'UN SYSTÈME OSCILLANT

A tout phénomène oscillant on peut associer une grandeur physique variable au cours du temps ; la *grandeur physique associée* peut être *l'abscisse linéaire* x(t), *l'abscisse angulaire* θ(t), l'intensité i(t), la tension u(t), etc.

L'oscillation est *périodique* si la grandeur physique associée reprend des valeurs identiques, à des intervalles de temps égaux, en variant dans le même sens à chaque fois.

La *période* d'un phénomène est le plus petit intervalle de temps constant au bout duquel il se reproduit identique à lui-même. La période s'exprime en seconde (s). Si f(t) est une fonction périodique de période T, on peut écrire $f(t + kT) = f(t)$ avec $k \in \square^{*}$.

La *fréquence* f de l'oscillation périodique représente le nombre de périodes par seconde, c'est-à-dire le nombre de fois que l'oscillation se reproduit en 1 seconde. C'est l'inverse de la période T. On exprime f en *hertz (Hz)*. Lorsqu'une grandeur oscille autour d'une valeur moyenne non nulle au cours d'une période, elle est dite *ondulée*. Si cette valeur moyenne est nulle au cours d'une période (elle oscille autour de zéro), la grandeur est dite *alternative* : elle présente des alternances positives et des alternances négatives.

Une oscillation périodique et alternative est *sinusoïdale* ; dans ce cas, la grandeur physique associée est une fonction sinusoïdale du temps qui peut s'écrire $y = a \sin(\omega t + \varphi)$; a est l'amplitude : c'est l'écart entre la valeur maximale et la valeur moyenne (généralement nulle) de la grandeur physique associée ; c'est la moitié de la différence entre la valeur maximale et la valeur minimale de l'ordonnée.

- ω est la pulsation ; $\omega = 2\pi f = \frac{2\pi}{T}$ où f et T sont respectivement la fréquence et la période ; la pulsation s'exprime en rad/s ;
- φ est la phase à l'origine ;
- $\omega t + \varphi$ est la phase à l'instant t ; la phase s'exprime en radians.

Une *vibration* est une oscillation rapide (de fréquence supérieure à une dizaine de Hertz); mouvement périodique d'un système matériel autour de sa position d'équilibre. Une *alternance* est une demi-période.

Tout phénomène oscillant est sujet à un *amortissement*. Ainsi, un pendule en oscillation libre finit par s'arrêter en raison des *forces de frottement*. Au cours de cet amortissement progressif, le nombre de ses oscillations par seconde demeure inchangé, tandis que leur amplitude diminue peu à peu jusqu'à l'arrêt définitif du pendule. En mécanique classique, l'amortissement d'un système correspond à la *dissipation de son énergie* par les forces de frottement. En électricité, les phénomènes oscillants sont amortis par la résistance électrique du circuit qui les produit.

Un Oscillateur harmonique est un système soumis à une force de rappel proportionnelle à son déplacement. On parle dans ce cas de mouvement oscillatoire harmonique. Exemple: une bille accrochée à un ressort. En physique quantique, l'oscillateur harmonique a une énergie quantifiée.

3. ÉTUDE EXPÉRIMENTALE

L'étude des systèmes oscillants se fait soit avec l'enregistrement graphique, soit avec l'oscilloscope électronique, soit avec un stroboscope.

a. L'enregistrement graphique

Un enregistreur graphique peut être constitué d'un cylindre, sur lequel est fixée une feuille de papier, et qui est entraîné par un moteur dans un mouvement de rotation ; un stylet, en contact avec le papier, y inscrit sa trajectoire. On peut ainsi obtenir une courbe représentant les variations de la grandeur étudiée. C'est le cas de la courbe ci-dessus. Les électrocardiogrammes, et les électroencéphalogrammes sont des exemples d'enregistrement graphiques.

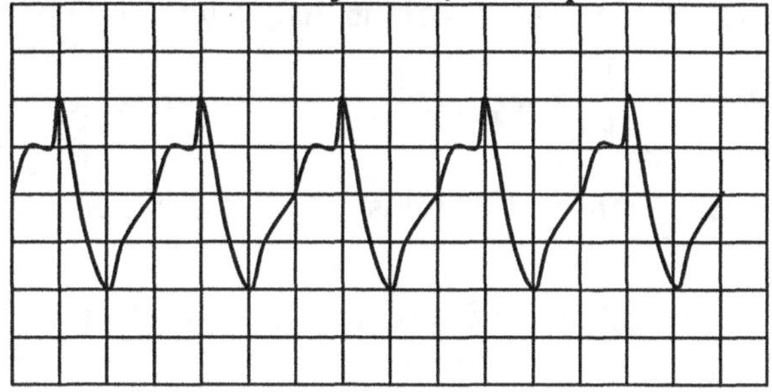

Enregistrement graphique

b. L'oscillographe électronique

L'oscillographe électronique est l'un des appareils utilisés pour étudier par exemple les variations d'une tension variable. On en reparlera dans la leçon sur les oscillateurs électriques.

c. La stroboscopie

Le stroboscope est une source de lumière intermittente qui émet périodiquement des éclairs très brefs. C'est un appareil qui produit des éclairs lumineux très brefs à intervalles réguliers et réglables, et qui permet de décomposer les phases d'un mouvement. Les stroboscopes sont particulièrement utiles à l'observation des objets qui décrivent un mouvement périodique. Soit f_a la fréquence du mouvement observée. Si la fréquence des éclairs f_e est égale à f_a, l'objet semble immobile puisqu'il est toujours éclairé à la même phase de son mouvement. Si f_e est un peu supérieure (ou inférieure) à f_a, l'objet semble avancer ou reculer lentement. Les stroboscopes mécaniques sont constitués d'un disque percé d'un trou qui tourne devant une lampe. Actuellement, on utilise des stroboscopes électroniques, qui permettent d'obtenir plusieurs centaines d'éclairs intenses par seconde.

On considère un disque portant un rayon noir ; soit f_e la fréquence des éclairs, T_e la période des éclairs, f la fréquence du disque (le nombre de tours effectués par seconde), et T sa période.

Lorsque $f_e = \frac{f}{k}$ ou $T_e = kT$ avec $k \in \mathbb{N}^*$, le disque effectue k tours entre deux éclairs ; le rayon noir est toujours éclairé dans la même position, le disque paraît immobile.

Lorsque $f_e = fk$ ou $T = kT_e$ $k \in \mathbb{N}^*$, entre deux éclairs consécutifs, le disque effectue 1/k tours ; le rayon est éclairé dans k positions différentes à chaque tour ; l'observateur voit un disque immobile portant k rayons.

Pour $f_e \approx \frac{f}{k}$, avec $f_e < \frac{f}{k}$, le disque effectue un peu plus de k tours entre deux éclairs consécutifs, plus précisément pour $k + \frac{1}{n}$ tours, on a $T_e = \left(k + \frac{1}{n}\right)T$.

L'observateur a l'impression qu'il a effectué $\frac{1}{n}$ tour dans le sens réel du mouvement. $T_e = \frac{1}{n}T_a$ où Ta est la période apparente. $\Rightarrow T_e = \left(k + \frac{T_e}{T_a}\right)T$; en divisant les deux membres par $T.T_e$, on obtient $\frac{1}{T} = \frac{k}{T_e} + \frac{1}{T_a}$ soit $f = kf_e + f_a \Rightarrow$ $f_a = -kf_e + f$.

Pour $f_e \approx \frac{f}{k}$, avec $f_e > \frac{f}{k}$, le disque effectue un peu moins de k tours entre deux éclairs consécutifs, plus précisément pour $k - \frac{1}{n}$ tours, on a $T_e = \left(k - \frac{1}{n}\right)T$.

L'observateur a l'impression qu'il a effectué $\frac{1}{n}$ tour dans le sens inverse du mouvement. $T_e = \frac{1}{n}T_a$ Où T_a est la période apparente. $\Rightarrow$ $T_e = \left(k - \frac{T_e}{T_a}\right)T$; en divisant les deux membres par $T.T_e$, on obtient $\frac{1}{T} = \frac{k}{T_e} - \frac{1}{T_a}$ soit $f = kf_e - f_a \Rightarrow$ $f_a = kf_e - f$. On peut généraliser en écrivant $f_a = |kf_e - f|$.

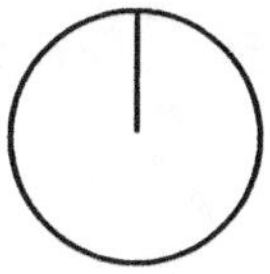

a. $f_e = f/k$

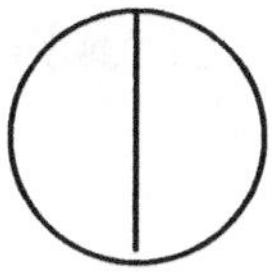

b. $f_e = 2f$

c. $f_e = 3f$

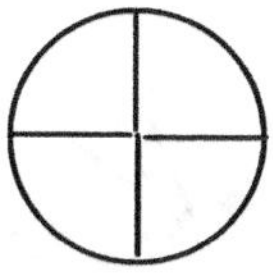

d. $f_e = 4f$

e. $f_e \approx \frac{f}{k}$

Ces figures montrent l'aspect du disque en rotation sous éclairage stroboscopique.

a) $f_e = \frac{f}{k}$ l'observateur voit un seul rayon immobile. b) 2 rayons immobiles ; c) 3 rayons immobiles ; d) 4 rayons immobiles ; e) $f_e < \frac{f}{k}$: mouvement apparent ralenti dans le sens réel.

4. REPRÉSENTATION DE FRESNEL

A toute fonction sinusoïdale on peut associer un vecteur, dit vecteur de Fresnel ; ainsi par exemple, à la fonction $x = a\cos(\omega t + \varphi)$, on associe le vecteur $\overrightarrow{OA}$ tel que $\|\overrightarrow{OA}\| = a$, $(Ox, OA) = \varphi$ à $t = 0$, et à un instant quelconque, $(Ox, OA) = \omega t + \varphi$. Le vecteur $\overrightarrow{OA}$ tourne à la vitesse angulaire constante ω. La projection du vecteur $\overrightarrow{OA}$ sur l'axe Ox à un instant quelconque vaut $OH = x = a\cos(\omega t + \varphi)$. La projection de l'extrémité du vecteur tournant sur l'axe x'Ox a un mouvement rectiligne sinusoïdal, d'amplitude a, qui est la norme de $\overrightarrow{OA}$, de pulsation ω, qui est la vitesse angulaire de $\overrightarrow{OA}$.

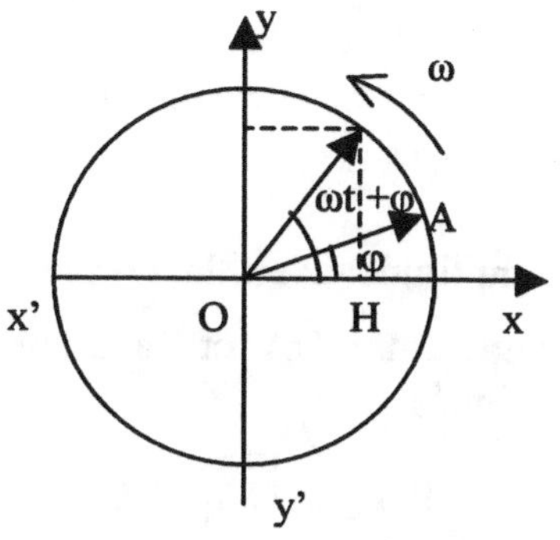

Représentation de Fresnel

La projection du vecteur tournant sur l'axe y'y donne la fonction sinusoïdale $y = a\sin(\omega t + \varphi)$.

4.1. Somme de deux fonctions sinusoïdales de même fréquence.

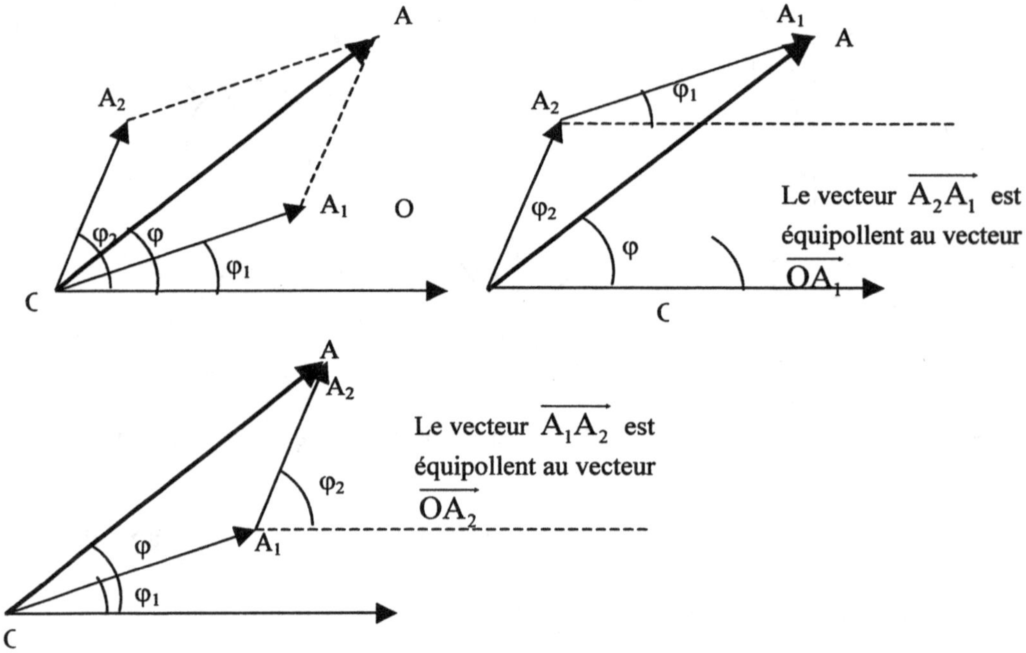

Trois méthodes pour construire la résultante de deux vecteurs

Soit à faire la somme des deux fonctions suivantes : $x_1 = a_1\cos(\omega t + \varphi_1)$ et $x_2 = a_2\cos(\omega t + \varphi_2)$. La somme des deux fonctions est $x = a\cos(\omega t + \varphi)$. Pour trouver l'amplitude a et la phase φ de la fonction x somme de x_1 et x_2, on utilise la construction de Fresnel. Ces trois schémas montrent les trois façons de construire le vecteur $\overrightarrow{OA} = \overrightarrow{OA_1} + \overrightarrow{OA_2}$, avec $\left\|\overrightarrow{OA_1}\right\| = a_1$ et $\left\|\overrightarrow{OA_2}\right\| = a_2$.

L'amplitude a est la norme du vecteur $\overrightarrow{OA} = \overrightarrow{OA_1} + \overrightarrow{OA_2}$, et la phase φ est l'angle entre $\overrightarrow{OA}$ et l'axe horizontal Ox. Trois cas particuliers méritent d'être soulignés :

- l'angle $\widehat{\overrightarrow{OA_1},\overrightarrow{OA_2}} = 0$: les deux vecteurs ont la même direction et le même sens dans ce cas, $a = a_1 + a_2$;
- l'angle $\widehat{\overrightarrow{OA_1},\overrightarrow{OA_2}} = \pi$: les deux vecteurs ont la même direction mais sont de sens contraires dans ce cas, $a = |a_1 - a_2|$;
- l'angle $\widehat{\overrightarrow{OA_1},\overrightarrow{OA_2}} = \dfrac{\pi}{2}$ les deux vecteurs sont perpendiculaires ; dans ce cas, $a = \sqrt{a_1^2 + a_2^2}$.

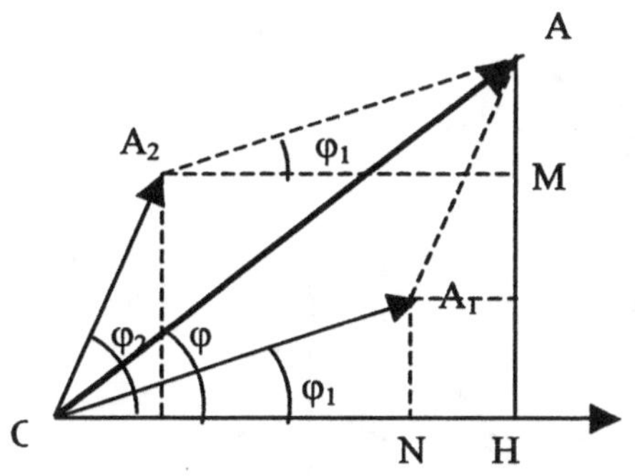

$$\tan\varphi = \frac{AH}{OH} = \frac{AM + MH}{ON + NH} = \frac{a_1 \sin\varphi_1 + a_2 \sin\varphi_2}{a_1 \cos\varphi_1 + a_2 \cos\varphi_2}$$

Détermination de la phase

Dans le cas général, on peut déterminer φ par la formule $\tan\varphi = \dfrac{a_1 \sin\varphi_1 + a_2 \sin\varphi_2}{a_1 co\varphi_1 + a_2 \cos\varphi_2}$.

N.B. Dans l'expression $x = a\cos(\omega t + \varphi)$. La phase φ s'exprime en radians.

Exercice d'application :

On donne deux tensions alternatives sinusoïdales, exprimées en volts : $u_1 = 7{,}3\cos(205t)$ et $u_2 = 12\cos(250t + \varphi)$, avec $\varphi = -40°$. Par une méthode graphique, déterminer la tension u telle $u = u_1 + u_2$.

4.2. Différence de phase entre deux fonctions

On considère les deux fonctions suivantes : $x_1 = a_1\cos(\omega t + \varphi_1)$ et $x_2 = a_2\cos(\omega t + \varphi_2)$; les deux fonctions ont la même pulsation ; la différence entre les deux fonctions x_1 et x_2 s'écrit : $\Delta\varphi = \varphi_2 - \varphi_1$.

- Si $\Delta\varphi > 0$, on dit que x_2 est en avance de phase sur x_1, ou que x_1 est en retard de phase sur x_2.
- Si $\Delta\varphi < 0$, on dit que x_2 est en retard de phase sur x_1, ou que x_1 est en avance de phase sur x_2.

Au déphasage $\varphi_2 - \varphi_1$ correspond un *décalage horaire* θ tel que $\omega.\theta = |\varphi_2 - \varphi_1|$.

- Si $\Delta\varphi = 2k\pi$, les deux fonctions sont en phase.
- Si $\Delta\varphi = \pi + 2k\pi$, les deux fonctions sont en *opposition* de phase.
- Si $\Delta\varphi = \pi/2 + 2k\pi$, les deux fonctions sont en *quadrature* de phase.

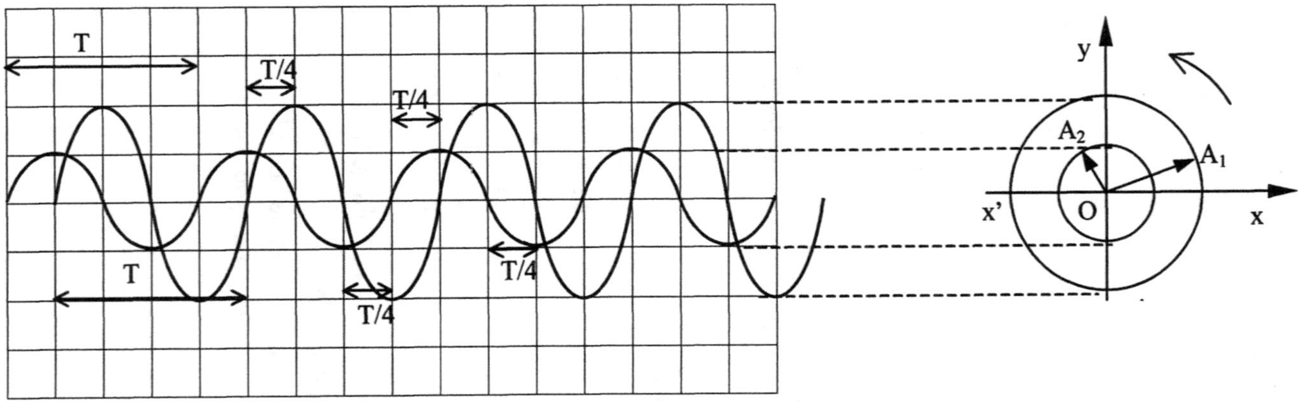

Deux fonctions en quadrature de phase : x_2, d'amplitude OA_2 est en avance de phase sur x_1. Le décalage horaire est T/4.

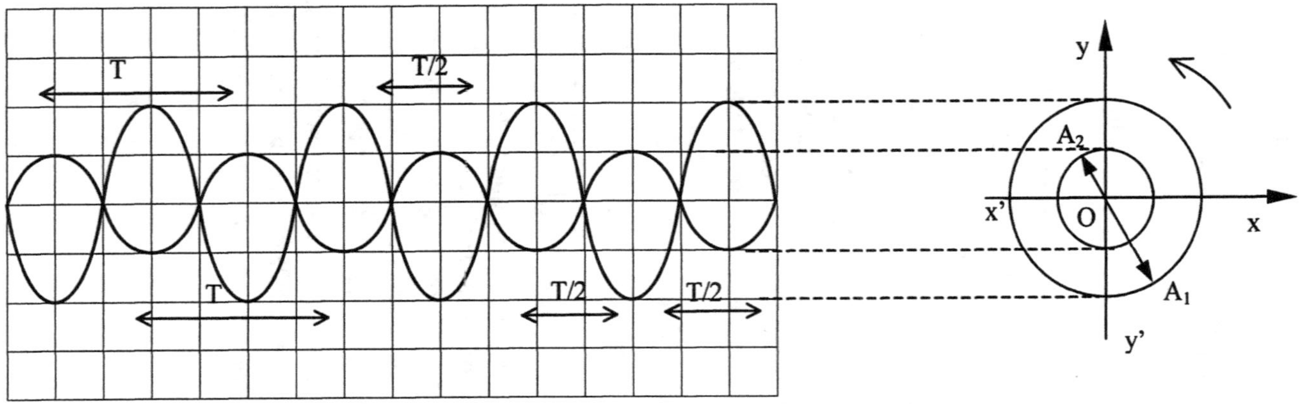

Fonctions en opposition de phase : x_2 est en avance de phase sur x_1. Le décalage horaire est T/2.

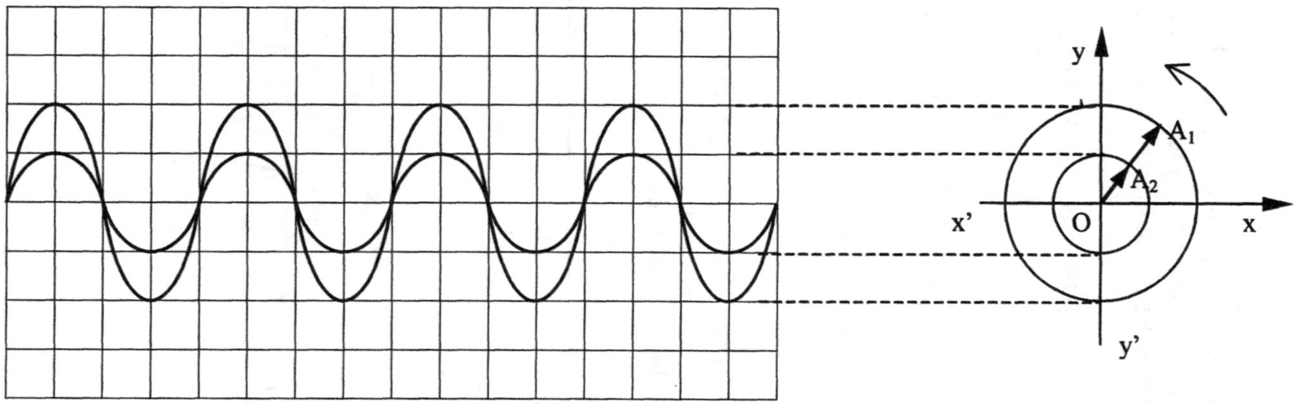

Fonctions en phase : il n'y a pas de décalage horaire.

EXERCICES

Exercice 1. Stroboscopie

Une source de lumière éclaire les gouttes d'eau qu'un siphon laisse échapper à une cadence rapide. La rotation devant cette source d'un disque pourvu de cinq perforations équidistantes du centre et régulièrement espacées interrompt périodiquement le faisceau lumineux.

1. Qu'observe-t-on si la fréquence des éclairs est égale à celle de la sortie des gouttes ? cette apparence est observée quand le disque effectue n = 120 tours/minute. En déduire la cadence de sortie des gouttes.
2. Qu'observerait-on si le disque tournait un peu plus vite ?

Exercice 2.

On donne les tensions $u_1(t) = 220\sqrt{2}\cos 100\pi t$

et $u_2(t) = 220\sqrt{2}\cos(100\pi t + 2\pi/3)$.

1. Calculer la différence de phase entre les deux tensions.
2. Par la construction de Fresnel, déterminer la tension $u = u_1 + u_2$. Utiliser deux méthodes pour trouver les constantes cherchées.

Exercice 3.

Déterminer le déphasage des deux fonctions sinusoïdales dans chacun des cas suivants :

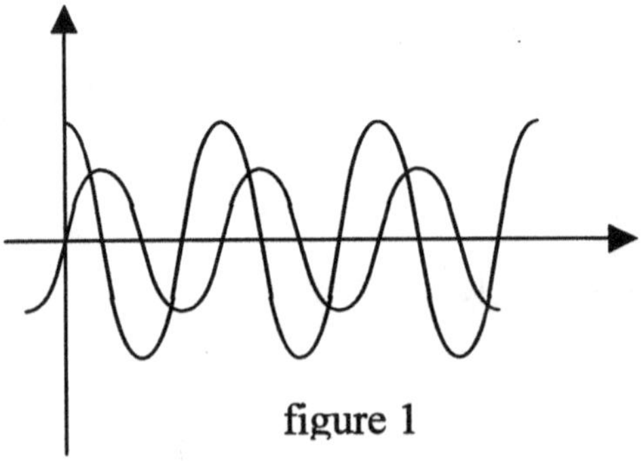

figure 1

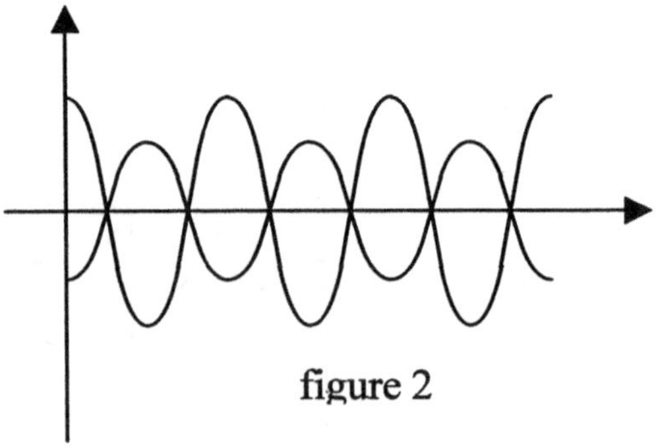

figure 2

Exercice 4.

Le téléciréma utilisé à la télévision donne 25 images par seconde. On assiste à la projection d'une séquence d'un western dans laquelle un chariot tiré par quatre chevaux se déplace d'un mouvement rectiligne uniforme à la vitesse v. Les roues du chariot ont un diamètre de 1,20 m et comportent 12 rayons identiques. Quand v croît de 0 à 36 $km.h^{-1}$, on voit les roues prendre par moments des mouvements apparents lents dans le sens réel ou dans le sens contraire ou bien paraître apparemment immobiles.

1. Expliquer ce phénomène.
2. Calculer la vitesse v la plus faible pour laquelle on a l'immobilité apparente des roues.
3. Que voit-on pour une vitesse v' inférieure de 0,36 $km.h^{-1}$ à la vitesse v précédente ?
4. Pour la vitesse v, aurait-on immobilité apparente si on filmait à l'aide d'une caméra prenant 24 images/seconde (répondre sans calculs).

Exercices 5.

On considère les différents schémas suivants : comparer le déphasage des deux fonctions dans chaque cas.

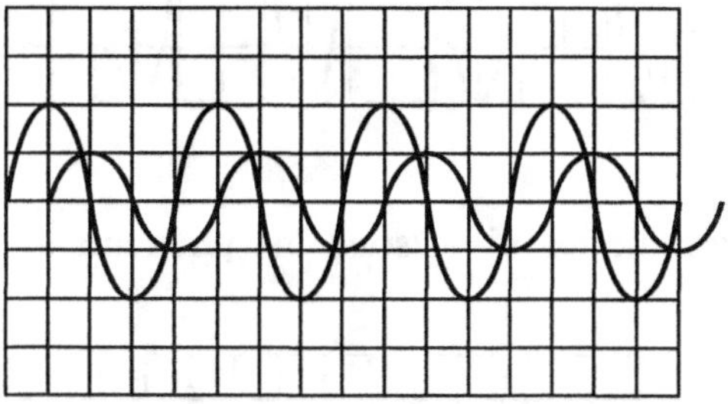

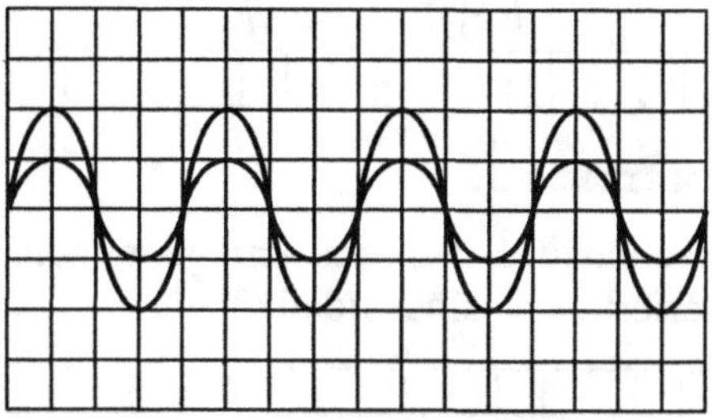

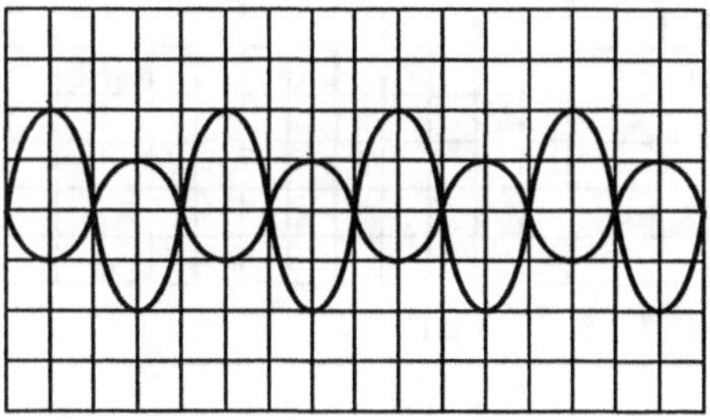

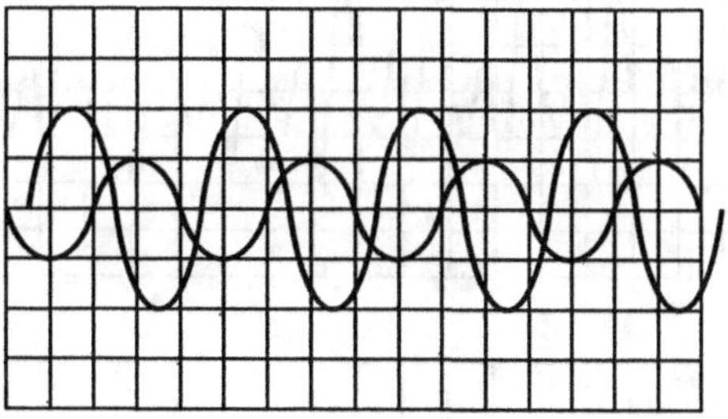

Exercice 6.

Pour chacune des quatre figures ci-dessous, comparer les amplitudes les périodes et les fréquences des deux fonctions représentées.

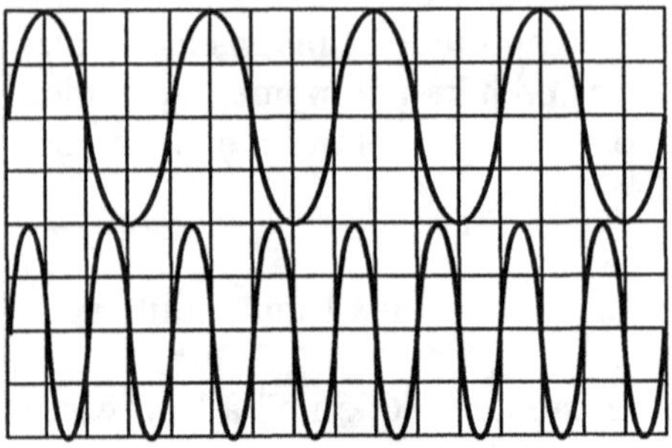

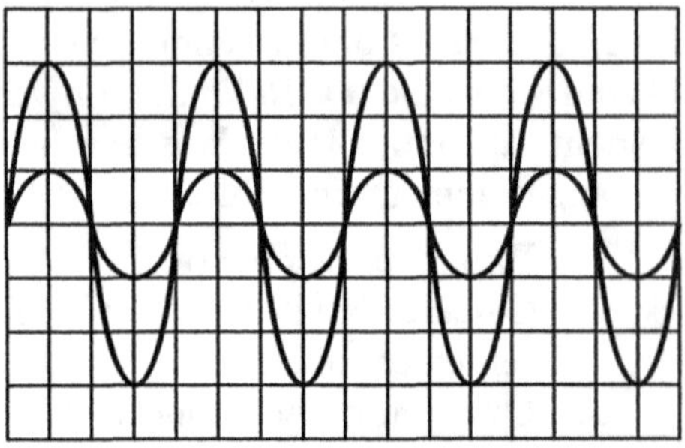

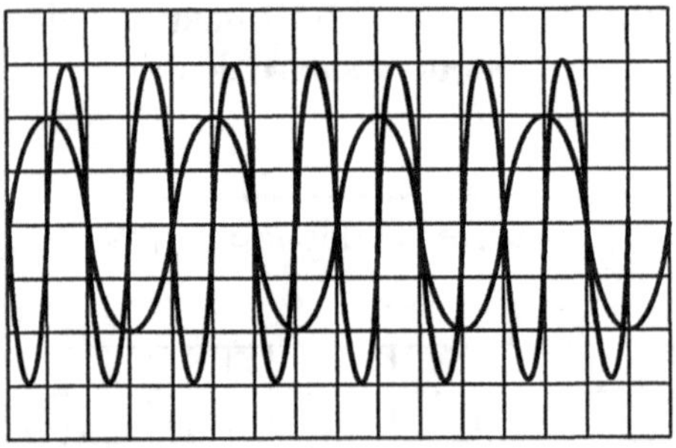

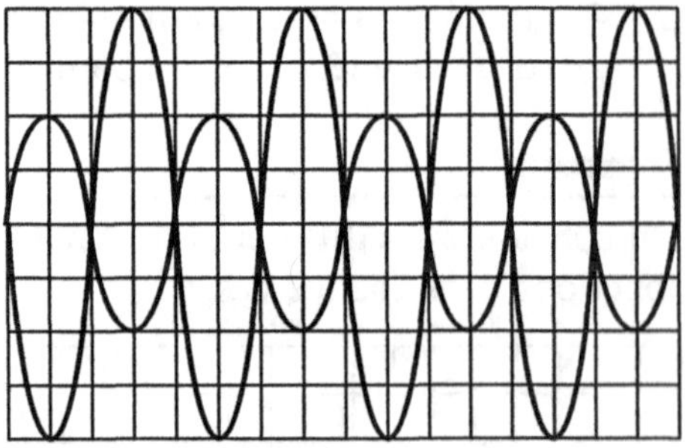

Exercice 7.

Reconnaître dans les enregistrements graphiques ci-dessous les phénomènes périodiques, sinusoïdaux.

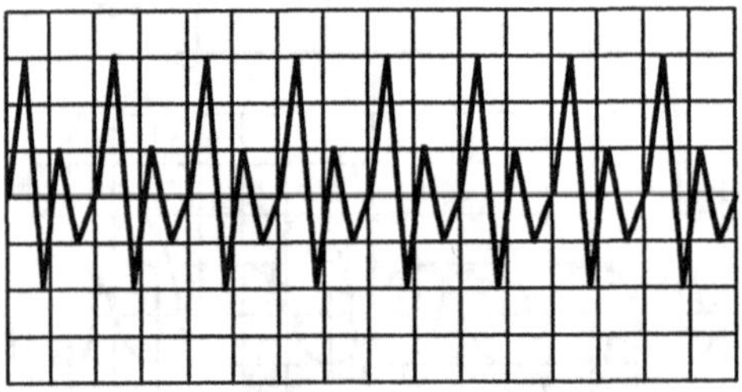

a)

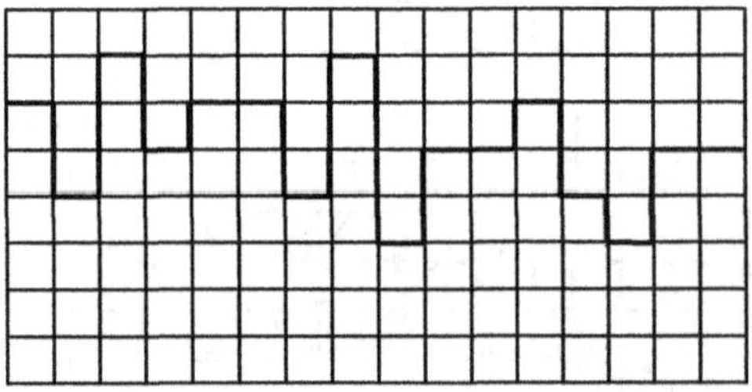

b)

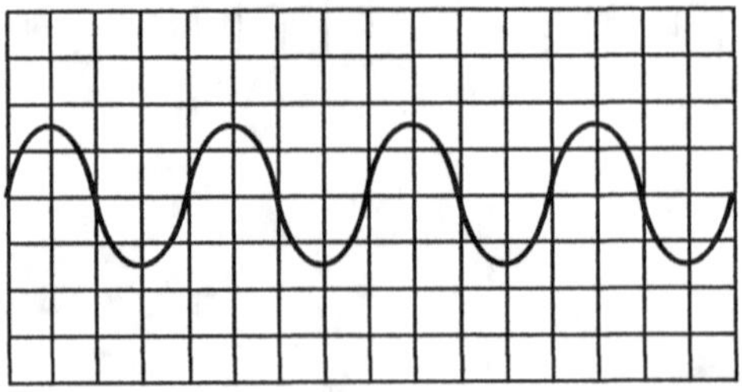

c)

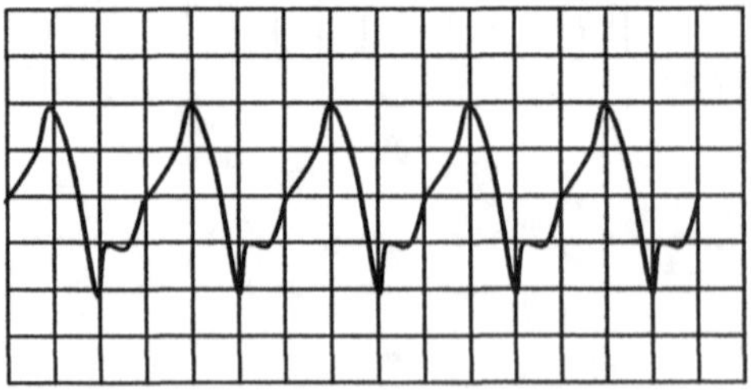

d)

4. LES ONDES MÉCANIQUES

OBJECTIFS : définir une onde et la caractériser ; décrire et interpréter le phénomène d'interférences mécaniques.

1. LES SIGNAUX

Un **signal** résulte de la propagation dans l'espace d'une modification temporaire de certaines propriétés physiques de cet espace.

Exemple : les *signaux mécaniques* résultent de la modification des positions d'un milieu élastique, et des caractéristiques mécaniques (torsion, compression) du milieu.

Les *signaux sonores* résultent de la modification temporaire de la pression du milieu, d'un déplacement temporaire des molécules de ce milieu ; ils ne se propagent que dans un milieu élastique.

Les *signaux électromagnétiques* résultent de la modification temporaire du champ électrique $\overrightarrow{E}$ et du champ magnétique $\overrightarrow{B}$.

Dans tout signal, deux grandeurs se propagent, les variations de l'une engendrant les variations de l'autre et inversement, ce qui provoque une perturbation de proche en proche du milieu. Ces deux grandeurs sont liées : si nous connaissons l'une, nous connaissons l'autre. Le signal est complètement décrit par l'une des deux grandeurs.

- Les signaux mécaniques sont encore appelés les *ébranlements*. Exemple d'ébranlements : Ébranlement de torsion à l'extrémité d'un ondoscope (échelle de perroquet) ; il se propage sans se déformer le long de l'échelle.

- Une déformation à l'extrémité d'une longue corde élastique se propage également.
- Pinçons quelques spires à une extrémité d'un long ressort ; à l'équilibre les spires sont équidistantes ; les spires pincées vont reprendre leur écartement initial en se détendant ; ce faisant, elles compriment les spires voisines. Des zones de compression et de dilatation se propagent le long du ressort, chacune subissant tour à tour un petit déplacement de direction parallèle à l'axe du ressort ; la déformation se propage le long de tout le ressort.
- A la surface d'une eau tranquille, la chute d'une pierre crée un ébranlement qui se propage en rides circulaires dans toutes les directions du plan.

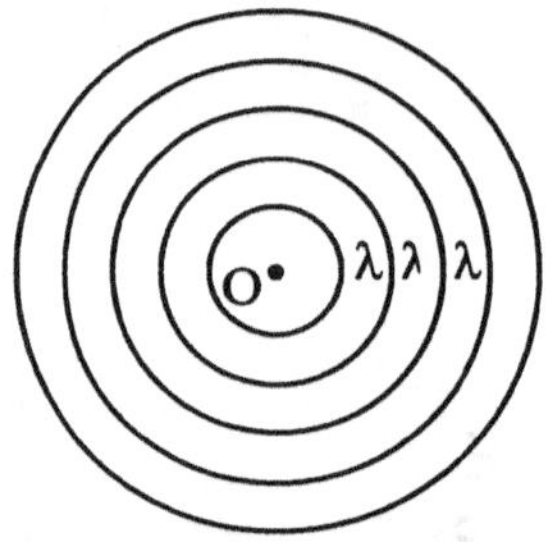

Ondes à la surface d'un liquide

a. Les types de sign

Les signaux sont *transversaux* si le milieu est perturbé dans une direction *perpendiculaire* à celle de propagation ; c'est le cas des signaux électromagnétiques et de certains signaux mécaniques (ébranlement à la surface d'un liquide, le long d'une corde).

Les signaux sont *longitudinaux* si le milieu est perturbé dans la même direction (parallèle) que celle de propagation : c'est le cas des signaux sonores et de certains signaux mécaniques. (Ébranlements le long d'un ressort).

b. Propagation d'un signal

Les signaux mécaniques ont besoin d'un *milieu élastique* pour se propager. Après le passage de l'ébranlement, chaque élément constitutif du milieu a repris sa position initiale. La propagation d'un ébranlement se fait sans transport de matière. Elle s'accompagne d'un *transport d'énergie*.

La rapidité avec laquelle la déformation se propage d'un point à l'autre d'un milieu donné est appelée la *célérité* et non la vitesse pour rappeler *qu'il n'y a pas déplacement de matière*. Si d est la distance parcourue par l'ébranlement pendant le temps θ, la célérité vaut $c = \dfrac{d}{\theta}$; elle s'exprime en m/s. Elle dépend du milieu de propagation, mais elle est indépendante de la forme de l'ébranlement. La célérité d'un ébranlement est constante dans un milieu homogène et isotrope (même propriété dans toutes les directions de l'espace).

Dans les solides, les vibrations longitudinales se propagent plus vite que les vibrations transversales.

2. PROPAGATION D'UNE ONDE MÉCANIQUE

Une onde mécanique résulte de la propagation d'une perturbation; toute variation d'une grandeur physique G entre un point et un autre de l'espace peut être considérée comme une perturbation.

On considère une corde tendue entre un vibreur en O et un point A. En A il y a un tampon d'ouate pour éviter que les vibrations soient réfléchies. Lorsque le vibreur est en action, le point O de la corde est animé d'un mouvement vibratoire sinusoïdal de période T égale à celle du vibreur. Un point M quelconque de la corde reproduit le mouvement de la source avec le retard $\theta = OM/c$, c étant la célérité des vibrations.

La représentation de l'élongation d'un point quelconque de la corde en fonction du temps donne une courbe appelée sinusoïde des temps, de période T.

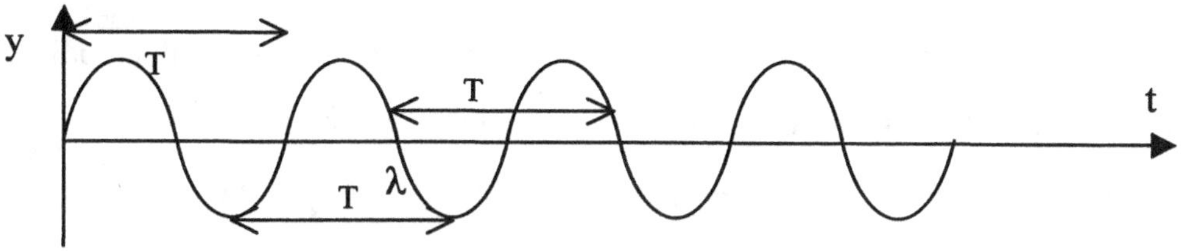

Sinusoïde des temps

Les vibrations sont très rapides, et on ne peut les observer que grâce à un stroboscope de fréquence f_e tel que $f_e = f$. on voit alors une corde immobile ayant la forme d'une sinusoïde de même amplitude que la précédente, dont la période est une longueur d'onde : c'est la *sinusoïde des espaces.*

Sinusoïde des espaces

λ est une période spatiale appelée *longueur d'onde* : c'est le chemin parcouru pendant une période temporelle par l'ébranlement. $\lambda = c.T = \frac{c}{f}$. c, est la célérité des ondes ; T la période en s, f la fréquence en Hz, la longueur d'onde λ en m.

Avec un choix convenable des conditions initiales, l'équation du mouvement du point O peut s'écrire : $y_o = a\cos 2\pi\frac{t}{T}$. Dans ce cas, l'élongation y d'un point M d'abscisse x s'écrit $y_M = a\cos\left(\frac{2\pi}{T}(t-\theta)\right) = a\cos\left(\frac{2\pi}{T}\left(t-\frac{x}{c}\right)\right) \Rightarrow$

$y_M = a\cos\left(\frac{2\pi t}{T} - \frac{2\pi x}{\lambda}\right)$; y_M est une fonction de deux variables, x et t. Si on pose $\overrightarrow{OM} = x\vec{i}$, et $\vec{k} = \frac{2\pi}{\lambda}\vec{i}$ on a $y_M = a\cos\left(\frac{2\pi t}{T} - \vec{k}.\overrightarrow{OM}\right)$. $\vec{k}$ est appelé *vecteur d'onde* : il a la direction et le sens de la propagation. Deux points P et Q d'abscisses respectives x_P et x_Q, ont pour élongations $y_P = a\cos\left(\frac{2\pi t}{T} - \frac{2\pi x_P}{\lambda}\right)$ et $y_Q = a\cos\left(\frac{2\pi t}{T} - \frac{2\pi x_Q}{\lambda}\right)$; le déphasage entre les deux fonctions s'écrit : $\Delta\varphi = \varphi_Q - \varphi_P = \frac{2\pi}{\lambda}(x_P - x_Q)$

Cas particuliers :

- $\Delta\varphi = 2n\pi$, $n \in \mathbb{Z}$; or $x_P - x_Q = \frac{\lambda\Delta\varphi}{2\pi}$; donc, $x_P - x_Q = n\lambda$; deux points distants d'un nombre entier de longueurs d'onde vibrent *en phase*.
- $\Delta\varphi = \pi + 2n\pi = (2n + 1)\pi$, $n \in \mathbb{Z}$; donc $x_P - x_Q = (2n + 1)\frac{\lambda}{2}$; deux points distants d'un nombre impair de demi longueur d'ondes vibrent *en opposition de phase*.

Exercice d'application :

On fait tomber en un point O de la surface d'une eau tranquille une succession régulière de gouttes d'eau à la cadence de 90 gouttes par minute.

1. La célérité des ondes à la surface de cette eau étant $c = 60$ cm.s^{-1}, quelle est la distance entre rides circulaires successives ?
2. Que pouvez-vous dire des mouvements de deux points situés sur un même rayon d'onde Ox et séparés par une distance d = 80 cm ; 40 cm ; 20 cm ; 10 cm ?
3. Calculer le décalage horaire des mouvements de ces deux points s'ils sont séparés par d = 151 cm.

Réponses : 40 cm ; 80 cm et 40 cm : en phase ; 20 cm : en opposition de phase ; 10 cm : en quadrature. 3. 2,52 s.

3. SUPERPOSITION DES ONDES PROGRESSIVES DE FAIBLE AMPLITUDE

a. Expérience

Pour étudier ce phénomène, on utilise un vibreur (source principale) portant une fourche munie de deux pointes S_1 et S_2, qui constituent alors des sources secondaires. Dans ces conditions, S_1 et S_2 sont dites synchrones (périodes et fréquences égales) et cohérentes (différence de phase constante). Avec ce dispositif on crée des ondes progressives à la surface d'une eau initialement au repos dans une cuve.

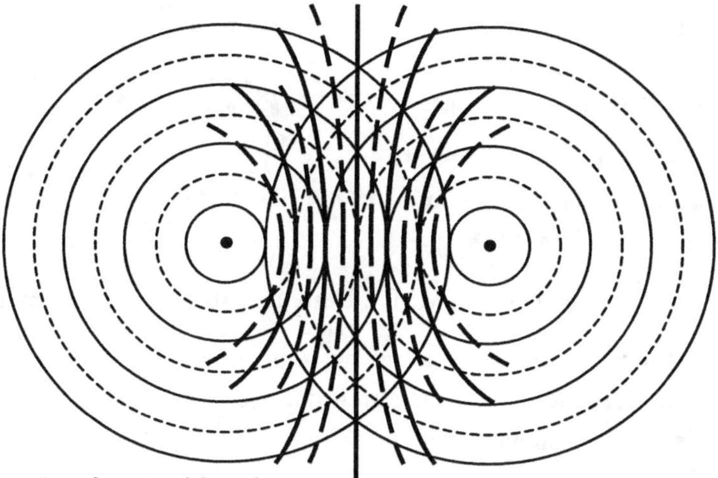

Les franges d'interférences sont en gras : en traits interrompus, la courbe reliant les points d'amplitude nulle, et en continu, celle reliant les points d'amplitude maximale ; ce sont des hyperboles.

Interférences à la surface d'un liquide

b. Observations

Lorsque le vibreur est mis en action, on observe à l'aide d'un dispositif approprié, des rides fixes de forme hyperbolique à la surface du liquide : ce sont des franges d'interférence. La région où apparaissent ces franges est appelée champ d'interférence.

Sous éclairage stroboscopique, on observe :

- des ondes circulaires entretenues qui partent des sources S_1 et S_2 et se superposent dans le milieu de propagation ;

- certains points du champ d'interférence exécutent un mouvement de même fréquence que les sources, d'autres qui restent immobiles, alors qu'il y a superposition de mouvements. (Mouvement + mouvement = immobilité).

c. Interprétation

Le phénomène d'interférence résulte de la superposition de deux vibrations de même nature (transversales), de même direction, de même période, d'amplitude faible, émises par deux sources cohérentes, en un même point du milieu de propagation. Considérons le cas où les vibrations qui interfèrent ont la même amplitude.

Si la source S_1 vibrait seule, le passage de l'onde provoquerait un déplacement $\overline{MM_1}$ du point M en M_1.

Si la source S_2 vibrait seule, le passage de l'onde provoquerait un déplacement $\overline{MM_2}$ du point M en M_2.

Le déplacement résultant $\overline{MM'}$ s'obtient en faisant la somme des déplacements $\overline{MM_1}$ et $\overline{MM_2}$:

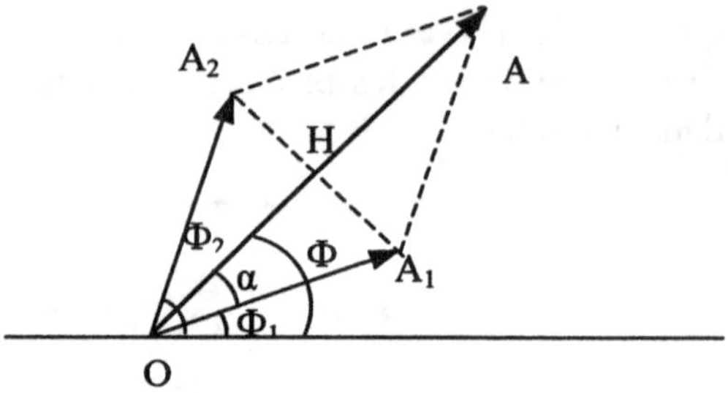

Construction de la résultante

$\overline{MM'} = \overline{MM_1} + \overline{MM_2}$, et $\overline{MM_1} = \overline{MM_2}$. Deux possibilités se présentent :

- soit les déplacements ont le même sens, dans ce cas, $\overline{MM'} = 2\,\overline{MM_1}$ le point M vibre alors avec une amplitude maximale ;
- soit les déplacements sont de sens contraires, dans ce cas, $\overline{MM_1} = -\overline{MM_2} \Rightarrow \overline{MM'} = 0$, le point M est alors immobile.

Ce sont deux cas particuliers du *principe de superposition des petits mouvements* selon lequel : lorsque deux vibrations de même direction, de faible amplitude, caractérisées par les élongations y_1 et y_2 se superposent en un point, l'élongation y de la vibration résultante en ce point est $y = y_1 + y_2$.

Les sources secondaires S_1 et S_2 sont animées de vibrations sinusoïdales de même période et de même amplitude a, d'où les équations horaires suivantes :

$y_{S1} = a\cos\left(\frac{2\pi t}{T} + \varphi_1\right)$; $y_{S2} = a\cos\left(\frac{2\pi t}{T} + \varphi_2\right)$; au point M situé à d_1 de S_1 et à d_2 de S_2, on a : $y_1 = a\cos\left(\frac{2\pi}{T}\left(t - \frac{d_1}{c}\right) + \varphi_1\right)$; $y_2 = a\cos\left(\frac{2\pi}{T}\left(t - \frac{d_2}{c}\right) + \varphi_2\right) \Rightarrow$

$y_1 = a\cos\left(\frac{2\pi t}{T} - \frac{2\pi d_1}{\lambda} + \varphi_1\right)$ et $y_2 = a\cos\left(\frac{2\pi t}{T} - \frac{2\pi d_2}{\lambda} + \varphi_2\right)$. L'élongation de la vibration résultante est $y = y_1 + y_2 = A\cos\left(\frac{2\pi t}{T} + \varphi\right)$. On détermine A et φ à l'aide de la construction de Fresnel.

$y_1 = a\cos\left(\frac{2\pi t}{T} + \Phi_1\right)$, avec $\Phi_1 = \varphi_1 - \frac{2\pi d_1}{\lambda}$; et $y_2 = a\cos\left(\frac{2\pi t}{T} + \Phi_2\right)$, avec $\Phi_2 = \varphi_1 - \frac{2\pi d_2}{\lambda}$

$\overrightarrow{OA} = \overrightarrow{OA_1} + \overrightarrow{OA_2}$; d'après la construction, $\Phi = \Phi_1 + \alpha$ avec $\alpha = \frac{\Phi_2 - \Phi_1}{2} \Rightarrow \Phi = \frac{\Phi_1 + \Phi_2}{2}$; on obtient en remplaçant $\Phi = -\frac{\pi}{\lambda}(d_1 + d_2) + \frac{\varphi_1 + \varphi_2}{2}$; le triangle OHA_1 étant rectangle, on a cos α $= \frac{A}{2OA_1}$, et $OA_1 = a \Rightarrow \cos\alpha = \frac{A}{2a}$; donc $A = 2a\cos\alpha$, avec $\alpha = \frac{\Phi_2 - \Phi_1}{2} = -\frac{\pi}{\lambda}(d_2 - d_1) + \frac{\varphi_2 - \varphi_1}{2}$; comme les deux vibrations sont cohérentes et synchrones, $\varphi_2 - \varphi_1 = 0 \Rightarrow A = 2a\cos\frac{\pi}{\lambda}(d_2 - d_1)$ en définitive,

$y = 2a\cos\frac{\pi}{\lambda}(d_2 - d_1)\cos\left[\frac{2\pi}{T}t - \frac{\pi}{\lambda}(d_1 + d_2) + \frac{\varphi_1 + \varphi_2}{2}\right]$; si les phases initiales sont nulles, alors

$y = 2a\cos\frac{\pi}{\lambda}(d_2 - d_1)\cos\left[\frac{2\pi}{T}t - \frac{\pi}{\lambda}(d_1 + d_2)\right]$; $\Delta = d_2 - d_1$ est appelé *différence de marche* au point M ; le rapport $\frac{d_2 - d_1}{\lambda}$ est *l'ordre d'interférence.*

L'état vibratoire d'un point dépend de $\Delta = d_2 - d_1$.

- L'amplitude A est maximale lorsque $\cos\frac{\pi}{\lambda}(d_2 - d_1) \pm 1 \Rightarrow \frac{\pi}{\lambda}(d_2 - d_1) = k\pi$, soit $d_2 - d_1 = k\lambda$ avec $k \in$ □ ; l'ordre d'interférence $p = \frac{d_2 - d_1}{\lambda} = k$ est un entier ; dans ce cas, les vibrations qui arrivent en M sont en phase, et il y a *interférence constructive.*

La relation $d_2 - d_1 = k\lambda$ avec $k \in$ □ définit une famille d'hyperboles de foyers S_1 et S_2 ; k=0 correspond à la médiatrice de S_1 et S_2.

- L'amplitude est nulle $\cos\frac{\pi}{\lambda}(d_2 - d_1) = 0 \Rightarrow \frac{\pi}{\lambda}(d_2 - d_1) = (2k - 1)\frac{\pi}{2}$, soit

$d_2 - d_1 = (2k - 1)\frac{\lambda}{2}$ avec $k \in$ □ ; l'ordre d'interférence $p = \frac{d_2 - d_1}{\lambda} = (2k - 1)\frac{1}{2}$ est un demi-entier ; les vibrations qui se superposent sont en opposition de phase ; dans ce cas, il y a *interférence destructive*, le point M est immobile.

La relation $d_2 - d_1 = (2k - 1)\frac{\lambda}{2}$ avec $k \in$ □ définit une autre famille d'hyperboles de foyers S_1 et S_2.

Le choix des valeurs de k est limité ; en effet, $|d_2 - d_1| < S_1S_2$ pour les points d'amplitude maximale $\Rightarrow |k| < \frac{S_1S_2}{\lambda}$. Les points équiphases sont les points pour lesquels la phase Φ est la même à $2k\pi$ près

$$\left[\frac{2\pi}{T}t - \frac{\pi}{\lambda}(d_1 + d_2) + \frac{\varphi_1 + \varphi_2}{2}\right] = \beta + 2k\pi \text{ avec } \beta = \text{cte.} \Rightarrow d_1 + d_2 = \text{cte} + 2k\lambda.$$

Ceci définit une famille d'ellipses de foyers S_1 et S_2.

Exercice d'application I :

On fait tomber en un point O de la surface d'une eau tranquille une succession régulière de gouttes d'eau, à la cadence de 90 par minute.

1. La célérité des ondes à l surface de l'eau étant de 60 cm/s, quelle est la distance de deux rides circulaires ?
2. On produit un mouvement identique au précédent en un point O' de la surface, tel que OO' = 1 m. Étudier le mouvement d'un fragment de liège P distant de 80 cm de O et 60 cm de O'. on admet que les élongations s'ajoutent algébriquement et on néglige l'amortissement.

Réponses : 40 cm ; $80 - 60 = 20 \text{ cm} = \frac{\lambda}{2}$: immobile.

Les ondes stationnaires résultent de la superposition de deux ondes sinusoïdales progressives de même période et de même amplitude se propageant en sens contraire. Applications des ondes stationnaires : tuyaux sonores, cordes vibrantes des instruments de musique (guitare, piano, violon, etc.)

Exercice résolu

L'extrémité S d'une lame vibrante animée d'un mouvement rectiligne vertical, sinusoïdal, de fréquence 100 Hz, décrit un segment de longueur 8 mm. L'origine des élongations de S est le milieu du segment ; le sens positif est ascendant ; l'origine des dates est un instant de passage de S à son élongation maximale positive.

1. Écrire l'expression de l'élongation x, celle de la vitesse v et celle de l'accélération a de S.
2. À cette lame est attachée en S, une corde élastique tendue horizontalement ; lorsque la lame vibre, seules les ondes transversales issues de S se propagent le long de la corde à la vitesse de 30 $m.s^{-1}$.
    a. Écrire l'équation du mouvement des points A et B tels que SA = 20 cm, SB = 65 cm.
    b. Les vibrations réfléchies à l'extrémité de la corde étant négligeables, représenter l'aspect de la corde à l'instant t = 1,0025 s. On se limitera aux 90 premiers centimètres.

3. Pour observer la corde à l'immobilité apparente, on utilise un stroboscope. Quelle doit être la fréquence des éclairs ? Calculer la plus grande fréquence possible. S'il y avait un éclair de moins par seconde, montrer que les ondes sembleraient se propager lentement ; préciser le sens de déplacement apparent et calculer la vitesse apparente de propagation.

Solution :

$x = X_m \sin(\omega t + \varphi)$; $X_m = 4$ mm et à $t = 0$, $x = X_m$, soit $X_m = X_m \sin\varphi$; ce qui donne $\sin\varphi=1$, soit $\varphi=\pi/2$; l'équation horaire s'écrit donc $x = X_m \sin(\omega t + \pi/2)$ avec le cosinus, cette équation s'écrit $x = X_m \cos\omega t = 4.10^{-3}\cos 200\pi t$. La vitesse est $v = \frac{dx}{dt} = -0,8\pi \sin 200\pi t$, et l'accélération $a = \frac{dv}{dt} = 160\pi^2 \cos 200\pi t$.

2. A. équation du mouvement de A ;

$$x_1 = 4.10^{-3}\cos\left(\frac{2\pi}{T}(t-\theta)\right) = 4.10^{-3}\cos\left(\frac{2\pi}{T}t - \frac{2\pi}{\lambda}SA\right) = 4.10^{-3}\cos\left(200\pi t - \frac{4\pi}{3}\right).$$

Equation du mouvement de B ;

$$x_1 = 4.10^{-3}\cos\left(\frac{2\pi}{T}(t-\theta)\right) = 4.10^{-3}\cos\left(\frac{2\pi}{T}t - \frac{2\pi}{\lambda}SB\right) = 4.10^{-3}\cos\left(200\pi t - \frac{13\pi}{3}\right).$$

L'aspect de la corde à t = 1,0025 s est la sinusoïde des espaces obtenue en remplaçant t par sa valeur :

$y =$

$$4.10^{-3}\cos\left(\frac{2\pi}{T}t - \frac{2\pi}{\lambda}x\right) = 4.10^{-3}\cos\left(200\pi.1,0025 - \frac{2\pi}{\lambda}x\right) = 4.10^{-3}\cos\left(200,5\pi - \frac{2\pi}{\lambda}x\right) =$$

$$4.10^{-3}\cos\left(\left(200 + \frac{1}{2}\right)\pi - \frac{2\pi}{\lambda}x\right) = 4.10^{-3}\cos\left(\frac{\pi}{2} - \frac{2\pi}{\lambda}x\right) = 4.10^{-3}\sin\frac{2\pi}{\lambda}x \;;$$

on obtient une sinusoïde de périodeλ.

3. L'immobilité apparente est observée pour Ne = N/k ; et la plus grande valeur de Ne est obtenue pour k = 1 ; la valeur correspondante de Ne est 100 Hz ; un éclair par seconde de moins correspond à 99 Hz ; mouvement apparent ralenti

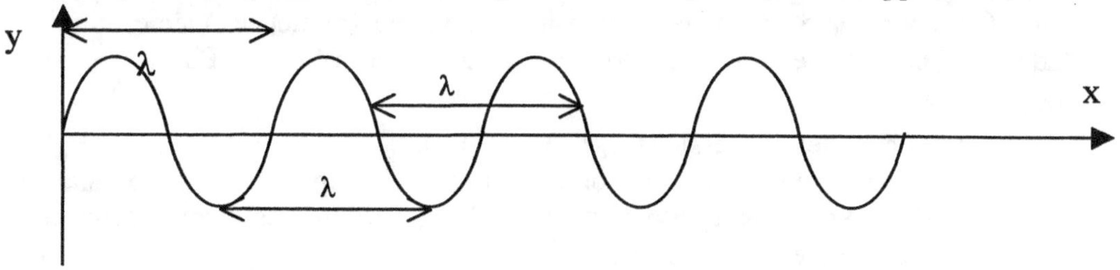

dans le sens réel du mouvement ; la fréquence Na du mouvement apparent ralenti est Na = Ne – N = 1 Hz ; la vitesse du mouvement apparent est donc va = λ/Ta = λNa = 0,3 m/s.

EXERCICES

Exercice 1.

Une pointe S, fixée à l'extrémité d'un vibreur, frappe la surface de l'eau d'une cuve à ondes à la fréquence N = 40 Hz. La célérité des ondes à la surface de l'eau est $c = 60\ cm.s^{-1}$.

1. Calculer la distance entre deux rides circulaires successives.
2. Pour quelle fréquence maximale d'éclairs Ne d'un stroboscope, la surface de l'eau paraîtra-t-elle immobile ?
3. À quelle célérité apparente les vagues sembleront-elles avancer si on diminue Ne de 10% de sa valeur initiale ?

Exercice 2.

Une vibration entretenue se propage dans un milieu dont les particules sont animées d'un mouvement périodique d'équation : $y(cm) = 4\sin(2\pi/6t + \varphi)$.

1. Calculer la vitesse de propagation du mouvement vibratoire, sachant que la longueur d'onde est de 240 cm.
2. Calculer la différence de phase correspondant à deux positions occupées par la même particule à 1s d'intervalle.
3. Calculer, à un instant donné, la différence de phases correspondant à deux particules séparées par une distance de 210 cm dans la direction de propagation.
4. L'élongation, à un instant donné d'une certaine particule est égale à 3 cm. Quelle sera l'élongation de la même particule 2s plus tard ?

Exercice 3.

Une onde (1) sinusoïdale, plane, se propage dans la direction et le sens de l'axe Ox, avec la vitesse de propagation v. Pour x = 0, on a : $u_1(t,0) = a \cos\omega t$. Une onde (2) sinusoïdale analogue (même nature, même fréquence, même amplitude), se propage en sens inverse avec la même célérité. Pour x = 0, $u_2(t,0) = a\cos\omega t$.

1. Écrire les expressions $u_1(t,x)$ et $u_2(t,x)$.
2. Dans une région où les ondes (1) et (2) se superposent, on obtient : $u(t,x) = A\cos(\pi x/6)\cos(\pi t/4)$ (les longueurs mètres étant exprimées en m et le temps en seconde).
   a. Comment appelle – ton une telle onde ?
   b. Calculer la pulsation ω des ondes (1) et (2) et la période correspondante.
   c. Calculer la longueur d'onde λ des ondes (1) et (2) et leur célérité v.

3. Quelle est l'expression de u(t,x) pour x = 0 et x = 9m ? les plans correspondants sont-ils remarquables ?

Exercice 4.

L'extrémité A d'une longue corde élastique est animée d'un mouvement vibratoire d'équation $x(cm) = 4\sin(20\pi t)$

1. Déterminer l'amplitude, la période et la fréquence du mouvement de A.
2. Ce mouvement se propage le long d'une corde avec une célérité de 2,50 m/s. Déterminer la longueur d'onde du mouvement vibratoire. Quelle est l'équation du mouvement d'un point M situé à 62,5 cm de A ?
3. Evaluer en degrés la différence de phases correspondant à deux points M et M' distants de 40 cm.

Exercice 5.

Une cuve cylindrique de Rayon r = 15 cm contient de l'eau au repos. La paroi interne de la cuve est tapissée d'une membrane qui empêche la réflexion des ondes. La pointe d'un vibreur située sur l'axe du cylindre et animée d'un mouvement vertical sinusoïdal de fréquence 50 Hz et d'amplitude a = 5 mm, frappe la surface de l'eau en un point O situé au centre. La célérité des ondes à la surface de l'eau est $v = 3 m.s^{-1}$.

1. À l'instant t = 0, l'extrémité du vibreur est à sa position d'équilibre et se déplace dans le sens ascendant, choisi comme sens positif. Déterminer l'expression de l'élongation d'un point M, $y_M(t)$ situé à une distance x de O.
2. On réalise un éclairage stroboscopique de la pointe et de la surface de l'eau lorsque la surface des éclairs est fixée à 48 Hz.
   a. Décrire le phénomène observé à la surface de l'eau.
   b. Calculer la célérité apparente des ondes à la surface de l'eau ?
   c. Calculer le temps mis par la pointe du vibreur pour effectuer un aller et retour.

Exercice 6.

On supposera infiniment long un fil élastique dont l'une des extrémités S est liée à la lame d'un vibreur, l'autre extrémité étant, pour sa part, liée à un support fixe. Ce fil élastique est disposé horizontalement. L'autre extrémité est liée à un support fixe. Les élongations du point S et de tout autre point du fil sont

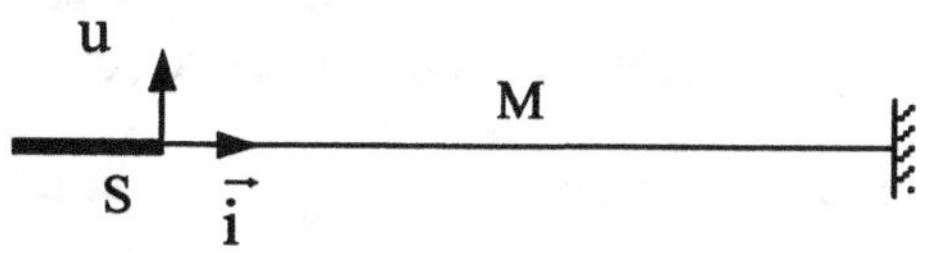

repérées dans le repère (O, $\vec{u}$) orienté de bas en haut, où O est la position S à l'équilibre. On admet que le mouvement de S est sinusoïdal de fréquence N = 100 Hz et d'amplitude a = 4 mm. La position de chaque point du fil est repérée par son abscisse x dans le repère $(O, \vec{i})$ dont le vecteur unitaire a même direction que la corde et même sens de propagation.

A un instant pris pour origine des dates, le vibreur se met à fonctionner. On suppose que le point S se met en mouvement vers le haut. Les variations élongation, que subit l'extrémité du fil lié au point S se propagent le long du fil avec la célérité constante c = 12 $m.s^{-1}$. On négligera le phénomène d'amortissement. Pourquoi suppose-t-on la corde infiniment longue ?

1. Ecrire l'expression de $u_S(t)$, l'élongation de S en fonction du temps.
2. Ecrire l'expression de $u_M(t)$, l'élongation d'un point M d'abscisse x = 90 mm du fil en fonction du temps.
3. Représenter l'aspect du fil à la date t = 7,5 ms. On prendra horizontalement 1 cm pour 25 mm, verticalement 1 cm pour 2 mm.

Exercice 7.

Soient les équations de deux mouvements vibratoires :

$y_1 = 3\sin 2\pi ft$ en cm et $y_2 = 3\sin(2\pi ft + \pi/2)$.

1. Déterminer par la construction de Fresnel la vibration résultante $y = y_1 + y_2$.
2. L'extrémité d'une lame vibrante exécute un mouvement vibratoire sinusoïdal entre deux points distants de 2 cm ; la fréquence du mouvement est f = 50 Hz.
   a. Ecrire l'équation horaire du mouvement de S sachant qu'à l'instant t = 0 s, S passe par sa position d'équilibre dans le sens positif des élongations.
   b. Au point S de la lame est fixée l'extrémité O d'une corde OB de longueur ℓ = 2,4 m et de masse m = 1,5 g ; l'autre extrémité B de la corde est tendue par une force d'intensité de 1 N ; cette extrémité est fixée de telle sorte qu'il n'y ait pas réflexion des ondes ; d'autre part, on néglige les amortissements.
   c. Définir la longueur d'onde de ce mouvement vibratoire et calculer celle de la vibration qui se propage le long de la corde.
   d. Ecrire l'équation horaire du mouvement d'un point M de la corde situé à la distance x = 60 cm de S. Que peut-on dire des mouvements de S et de M.

N.B. La célérité c des ondes le long d'une corde de masse m et de longueur ℓ, tendue pas une force d'intensité F, est donnée par la formule $c = \sqrt{\frac{F}{\mu}}$; $\mu = \frac{m}{\ell}$ est la masse linéique ou linéaire ; elle s'exprime en $kg.m^{-1}$.

Exercice 8.

Un vibreur muni d'une pointe fine dont l'extrémité, animée d'un mouvement vertical sinusoïdal, de fréquence N = 254 Hz et d'amplitude 2,5 mm, frappe en un point O, la surface d'un liquide au repos. On négligera l'amortissement du mouvement au cours de la propagation et on supposera qu'il n'y a pas de réflexion des ondes sur les parois du récipient. On provoque l'immobilisation apparente par éclairage stroboscopique.

1. Quelle relation doit-il exister entre la fréquence Ne des éclairs et la fréquence N du vibreur ? quelle est la valeur maximale de Ne ? décrire l'aspect de la surface du liquide.
2. La distance entre 6 crêtes consécutives est d = 10 cm. Définir la longueur d'onde d'un mouvement vibratoire ; calculer la longueur d'onde et la célérité des ondes à la surface du liquide.
3. Ecrire l'équation du mouvement du point O, en supposant qu'à l'instant initial, le vibreur passe par la position d'équilibre en allant dans le sens des élongations positives.
4. Ecrire l'équation du mouvement d'un point M situé à 3 cm de O et celle du mouvement d'un point N situé à 5,5 cm de O. Que peut –on dire du mouvement de M par rapport à N ?

Exercice 9.

Les deux extrémités S_1 et S_2 d'un vibreur sont distantes de 6 cm. La fréquence des vibrations est 10 Hz, la célérité des ondes transversales à la surface de l'eau vaut 24 $cm.s^{-1}$.

1. Combien de franges d'amplitude maximale observe-t-on sur le segment S_1S_2 ?
2. Préciser l'état vibratoire des points :
   a. M tel que $S_1M = 2,5$ cm et $S_2M = 4,9$ cm ;
   b. N tel que $S_1N = 3$ cm et $S_2N = 6,6$ cm.

Exercice 10.

Un vibreur est muni d'une pointe fine dont l'extrémité animée d'un mouvement vertical sinusoïdal, de fréquence N = 25 Hz et d'amplitude 2,5 mm, frappe, en un point O, la surface d'un liquide au repos. On négligera l'amortissement du mouvement au cours de la propagation et on supposera qu'il n'y a pas de réflexion des ondes sur les parois du récipient. On provoque l'immobilisation apparente du phénomène par éclairage stroboscopique.

1. Quelle relation doit exister entre N_e, fréquence des éclaires et N, fréquence du vibreur ? Quelle est la valeur maximale de N_e ?
   a. Décrire l'aspect de la surface du liquide.

b. La distance séparant 6 crêtes consécutives est d = 10 cm. Définir la longueur d'onde d'un mouvement vibratoire ; calculer la longueur d'onde et la célérité des ondes à la surface du liquide.

2. Écrire l'équation du mouvement du point O, $y_o = f(t)$, en supposant qu'à l'instant t = 0, $y_o = 0$; le mouvement va dans le sens positif des élongations.
3. Ecrire l'équation du mouvement d'un point M situé à 3 cm de O et celle du mouvement d'un point N situé à 5,5 cm de O. Que peut-on dire du mouvement de M par rapport à celui de N ?
4. Le vibreur est maintenant muni d'une fourche. Les extrémités des pointes de la fourche, animées d'un mouvement vertical sinusoïdal de fréquence N = 25 Hz, frappent en deux points O_1 et O_2 la surface d'un liquide au repos. La distance O_1O_2 vaut d' = 72 mm. Les ondes se propagent à la surface du liquide avec la célérité c= 50 $cm.s^{-1}$.
   a. Décrire l'aspect de la surface du liquide.
   b. Quel est l'état vibratoire d'un point P situé à 17 cm de O_1 et à 10 cm de O_2 et d'un point Q situé à 9 cm de O_1 et 5 cm de O_2.
5. Déterminer le nombre et la position des points de vibration maximale sur le segment O_1O_2. Leur position sera comptée à partir de O_1. En déduire le nombre de points de vibration nulle sur le segment O_1O_2.

5. LES LOIS DE NEWTON

1. GÉNÉRALITÉS
2. PRINCIPE DE L'INERTIE
3. THÉORÈME DU CENTRE D'INERTIE
4. DYNAMIQUE DU SOLIDE EN TRANSLATION
5. PRINCIPE DES ACTIONS RÉCIPROQUES
6. DYNAMIQUE DU SOLIDE EN ROTATION
7. MÉTHODE DE RÉSOLUTION DES PROBLÈMES DE DYNAMIQUE

OBJECTIFS : déterminer les caractéristiques du mouvement d'un système matériel ou d'une particule dans un champ de forces uniforme.

La mécanique est la branche de la physique qui étudie le mouvement des corps et les forces auxquelles ils sont soumis. La partie dite mécanique classique est régie par les trois lois de Newton ; c'est pour cela qu'on parle encore de mécanique Newtonienne. Ces lois traitent aussi bien de l'équilibre des systèmes (statique) et des mouvements à vecteur vitesse constant, que des cas où le vecteur vitesse varie en intensité ou en direction (dynamique) ; l'une des trois lois régit l'interaction entre les corps.

1. GÉNÉRALITÉS

a. Système mécanique

Un système, c'est un objet ou un ensemble d'objets auquel nous nous intéressons, en vue de l'application des lois de Newton. Un système peut être *déformable* ou *indéformable*. Si la distance entre deux points quelconque d'un système est constante, alors le système est indéformable : c'est un solide.

Un système est caractérisé par une masse, qu'on peut obtenir en faisant la somme des masses de tous les points du système. $M = \sum m_i$

Un système a un centre d'inertie G : c'est le *barycentre* des points du système ayant pour coefficients les masses de chacun de ces points. Dans le champ de pesanteur, G coïncide avec le *centre de gravité* du système.

Rappel : un système de points matériels G_1, G_2, G_3, ……G_n, de masses respectives m_1, m_2, m_3, ….m_n a comme barycentre, et donc centre d'inertie, le pont G tel que $\sum_1^n m_i \overrightarrow{GG_i} = \vec{0}$, ce qui peut encore s'écrire $M\overrightarrow{OG} = \sum_1^n m_i \overrightarrow{OG_i}$; M étant la masse totale du système ; $M = \sum m_i$

b. Forces intérieures, forces extérieures

Une force intérieure est une force exercée par une partie du système sur une autre partie. Une force extérieure est une force exercée par l'extérieur sur le système ; cette force peut être une force à distance ou une force de contact. Le caractère intérieur ou extérieur d'une force dépend du choix du système. Dans un solide ou un système indéformable, la somme des forces intérieures est nulle.

Un système est dit isolé lorsqu'il n'est soumis à aucune force extérieure. Lorsque les forces extérieures existent et que leur somme vectorielle est nulle, le système est dit pseudo isolé.

Les forces peuvent mettre les systèmes en mouvement, c'est alors qu'intervient la cinématique ; l'étude du mouvement d'un corps se fait à partir d'un référentiel, et pour appliquer les lois de Newton, on se place dans un type particulier de référentiels, dits galiléens.

Un référentiel galiléen est un référentiel dans lequel le principe d'inertie est applicable. Exemple de référentiel galiléen : *le référentiel héliocentrique*, *le référentiel géocentrique* pour les mouvements de courte durée, *le référentiel du laboratoire* ou encore référentiel terrestre, toujours pour les mouvements de courte durée.

D'une façon générale, tout référentiel animé d'un mouvement rectiligne uniforme par rapport à un référentiel galiléen est considéré comme galiléen.

2. PRINCIPE DE L'INERTIE

INERTIE : Tendance qu'ont les corps à préserver leur état de repos ou de mouvement. (Plus la masse - donc l'inertie - d'un corps est importante, plus grande est la force à appliquer pour provoquer ou modifier son mouvement. Cette tendance est caractérisée par un paramètre : la masse d'inertie (ou inertielle), dont les mesures les plus précises montrent qu'elle est égale à la masse qui intervient dans la loi de la gravitation universelle, c'est-à-dire la masse gravitationnelle. L'égalité de ces deux masses est d'ailleurs un postulat de base de la théorie de la relativité générale.

a. Enoncé du principe de l'inertie

Dans un référentiel galiléen, le centre d'inertie d'un système isolé ou pseudo isolé est animé d'un mouvement rectiligne uniforme.

Le principe de l'inertie est encore connu sous le nom de première loi de Newton.

Exercice d'application.

Un skieur de masse m = 80 kg, assimilé à un solide en translation, est tiré à vitesse constante par un câble tendu le long d'une piste rectiligne AB de longueur $\ell = 300$ m et de dénivellation h = 40 m. Les frottements sont assimilables à une force $\vec{f}$, constante opposée au vecteur vitesse $\vec{v}$, dont la valeur supposée constante est f = 100 N.

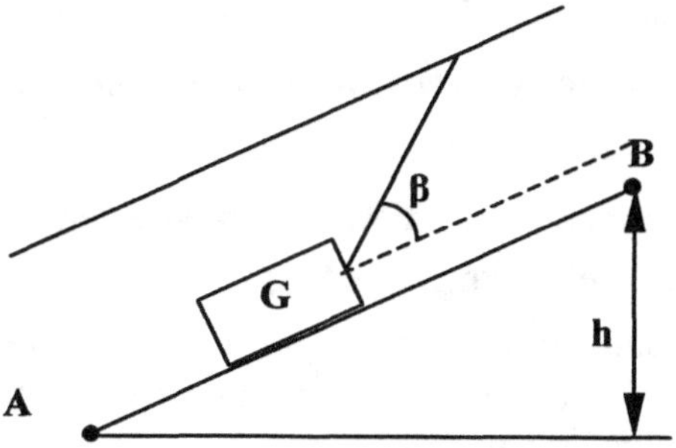

1. Faire le bilan des forces appliquées au skieur.
2. Calculer le travail du poids $\vec{P}$ entre A et B.
3. Exprimer la puissance de la force $\vec{R}$ exercée par le sol sur le skieur en fonction de f et de v, valeur de la vitesse. En déduire que le travail de cette force est $W(\vec{R}) = -f.\ell$, où ℓ est la longue de la piste. Calculer $W(\vec{R})$.
4. Calculer le travail de la tension $\vec{T}$, puis la valeur de la tension avec β= 50°. On donne g = 9,8 m.s^{-2}.

Solution :

1. Bilan des forces : le poids $\vec{P}$ du skieur ; la réaction $\vec{R}$ de la piste, dont la force de frottement $\vec{f}$ est une composante, la force motrice qui est la tension $\vec{T}$ du câble.
2. Le travail du poids s'écrit : $W(\vec{P}) = -mgh = -80x9,8x40 =$ -31360 J.
3. La puissance de la réaction est : $P = \vec{R}.\vec{v} = (\vec{R_1} + \vec{f})\vec{v} = \vec{f}.\vec{v} = -f.v$;

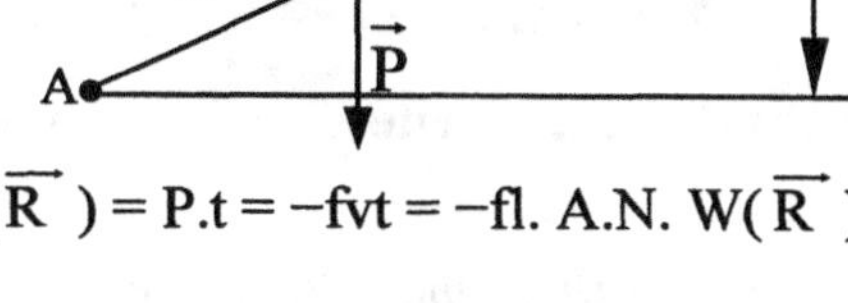

   le travail de cette force s'écrit : $W(\vec{R}) = P.t = -fvt = -fl$. A.N. $W(\vec{R}) = -100x300 = -30000$ J.
4. La vitesse étant constante la somme des travaux des forces est nulle : $W(\vec{P}) + W(\vec{R}) + W(\vec{T}) = 0$ on en tire le travail de la tension :

$W(\vec{T}) = 31360 + 30000 = 61360$ J. $W(\vec{T}) =$

$$\vec{T}.\overrightarrow{AB} = TAB\cos\beta \Rightarrow T = \frac{W(\vec{T})}{AB\cos\beta} = \frac{61360}{300x\cos 50} = 318{,}2 \text{ N}$$

3. LE THÉORÈME DU CENTRE D'INERTIE

a. Le vecteur quantité de mouvement

Le vecteur *quantité de mouvement* d'un système de masse m, animé d'un mouvement de vitesse $\vec{v}$ est donné par la relation $\vec{p} = m\vec{v}$. C'est un vecteur qui a la même direction et le même sens que $\vec{v}$. La norme de ce vecteur s'écrit p = mv, et s'exprime en $kg.m.s^{-1}$.

Dans un référentiel galiléen, le vecteur quantité de mouvement de tout système mécanique isolé ou pseudo isolé demeure constant lors de son évolution (principe de l'inertie).

b. La relation fondamentale de la dynamique

Ce principe s'applique aux systèmes non isolés, c'est-à-dire lorsque $\sum \vec{F} \neq \vec{0}$. La quantité de mouvement n'est plus constante.

Dans un référentiel galiléen, la dérivée par rapport au temps du vecteur quantité de mouvement d'un système est égale à la somme vectorielle des forces qui lui sont appliquées.

Cela se traduit par la relation $\sum \vec{F} = \frac{d\vec{p}}{dt}$. Cette relation est un principe qui ne se démontre pas. Elle est aussi connue sous le nom de *deuxième loi de Newton.*

c. Le théorème du centre d'inertie

C'est la relation fondamentale de la dynamique appliquée aux systèmes de masse constante. Dans ces conditions, $\sum \vec{F} = \frac{d\vec{p}}{dt} = \frac{d(M\vec{v})}{dt} = M\frac{d\vec{v}}{dt} = M\vec{a}$; on a donc : $\sum \vec{F} = M\vec{a}$; $\vec{a}$ est le vecteur accélération. C'est la dérivée par rapport au temps du vecteur vitesse $\vec{v}$; sa norme s'exprime en mètre par seconde au carré ($m.s^{-2}$).

Énoncé du théorème : le centre d'inertie d'un système de masse totale M, soumis à des forces extérieures dont la somme est $\sum \vec{F}$, prend une accélération $\vec{a}$ telle que $\sum \vec{F} = M\vec{a}$.

Exercice d'application :

Un véhicule de masse 1000 kg, démarre avec une accélération constante a d'intensité 0,5 ms^{-2}. Donner la direction, le sens, et l'intensité de la somme des forces exercées sur le véhicule pendant le démarrage. *Réponse* : 500 N.

4. DYNAMIQUE DU SOLIDE EN TRANSLATION

Un solide est un système indéformable dont le centre d'inertie se confond avec le centre de gravité. Si le solide est animé d'un mouvement de translation, tous les points du solide ont la même vitesse à chaque instant, donc la même accélération. Le mouvement du solide est donc entièrement déterminé par celui de son centre de gravité auquel on applique le théorème du centre d'inertie.

5. DYNAMIQUE DU SOLIDE EN ROTATION

a. Le moment cinétique

On considère un point matériel A de masse m en mouvement autour d'un axe (Δ) passant par le point O, dont il est distant de r (voir fig.). Soit $\vec{v}$, sa vitesse linéaire. Sa quantité de mouvement est $\vec{p} = m\vec{v}$. Le *moment cinétique* du point matériel A par rapport à l'axe (Δ) est le moment par rapport à cet axe de son vecteur quantité de mouvement $\vec{p}$. $\vec{\sigma} = \overrightarrow{OA} \wedge \vec{p}$. $\vec{\sigma}$ est un vecteur porté par l'axe (Δ). Son module est $\sigma = \|\overrightarrow{OA}\|\|\vec{p}\|\sin\left(\widehat{\overrightarrow{OA},\vec{p}}\right)$; si on prend $\|\overrightarrow{OA}\| = r$ et

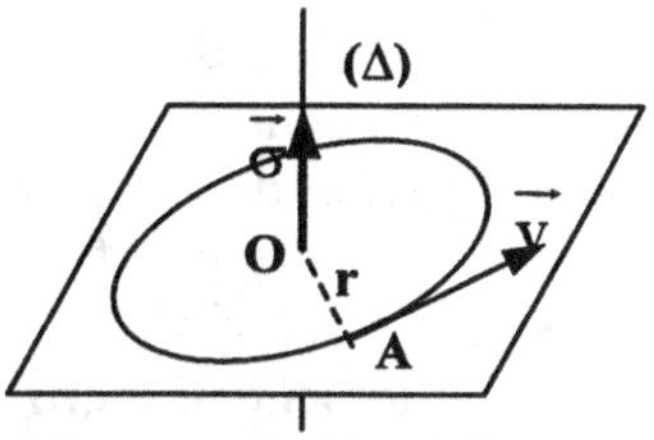

Moment cinétique d'un point matériel

$\|\vec{p}\| = mv$, et $\left(\widehat{\overrightarrow{OA},\vec{p}}\right) = \frac{\pi}{2}$, alors, σ = mvr, et comme $v = r\dot{\theta}$, $\sigma = mr^2\dot{\theta}$. Le moment cinétique d'un point matériel s'exprime en *kg.m²́.rad.s⁻¹*.

Pour un solide en rotation autour d'un axe (Δ) (voir fig.), on le décompose en points matériels A_i, de masses m_i ; chaque point A_i est situé à la distance r_i de l'axe de rotation a comme moment cinétique $\sigma_i = m_i r_i^2\dot{\theta}$. $\dot{\theta}$ est la vitesse angulaire du solide du solide ; elle est la même pour tous les points A_i. Le moment cinétique du solide est égal à la somme des moments des moments cinétiques de tous les points matériels A_i : $\sigma = \sum_{i=1}^{n} m_i r_i^2\dot{\theta}$; $\sum_{i=1}^{n} m_i r_i^2 = J_\Delta$, *moment d'inertie* du solide par rapport à l'axe (Δ) ; le moment

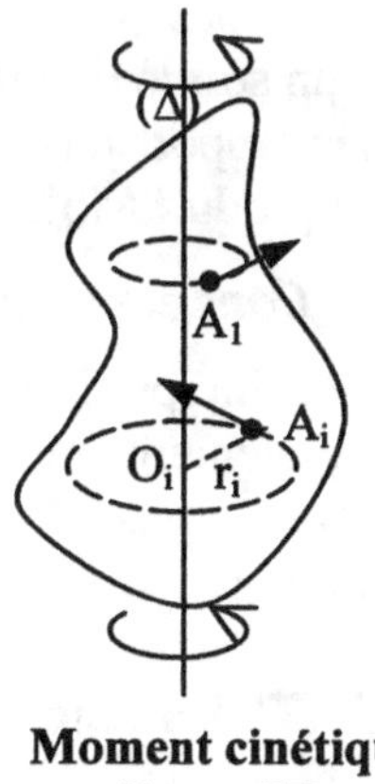

Moment cinétique d'un solide

d'inertie s'exprime en kg.m^2 ; donc $\sigma = J_\Delta.\dot{\theta}$; le moment cinétique s'exprime en *kg.m^2.rad.s^{-1}*.

b. Moments d'inertie de quelques solides

- Moment d'inertie d'un *anneau (jante ou cerceau)* de masse M et de rayon R par rapport à un axe perpendiculaire à son plan et passant par son centre d'inertie. $J_\Delta = MR^2$.
- Moment d'inertie d'un *manchon (cylindre creux)* de masse M et de rayon R par rapport à son axe de symétrie. $J_\Delta = MR^2$.
- Moment d'inertie d'un *cylindre plein* de masse M et de rayon R par rapport à son axe de symétrie. $J_\Delta = 1/2MR^2$.
- Moment d'inertie d'un *disque plein* de masse M et de rayon R par rapport à un axe perpendiculaire à son plan et passant par son centre d'inertie. $J_\Delta = 1/2MR^2$.
- Moment d'inertie d'une *sphère pleine* de masse M et de rayon R par rapport à un diamètre. $J_\Delta = 2/5MR^2$.
- Moment d'inertie d'une *tige homogène* de masse M et de longueur L par rapport à un axe de symétrie perpendiculaire au plan de rotation de la tige. $J_\Delta = 1/12ML^2$.

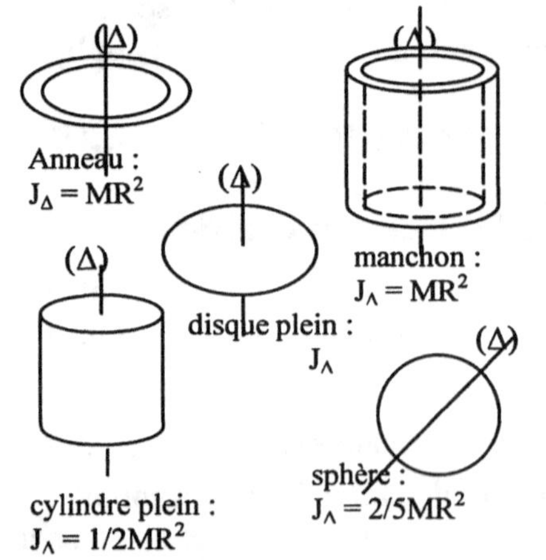

Moments d'inertie de quelques solides

Théorème de Huygens : ce théorème est utilisé lorsque l'axe de rotation ne passe pas par le centre d'inertie du solide ; il s'énonce : le moment d'inertie d'un solide de masse M par rapport à un axe (D) est égal à son moment d'inertie par rapport à (Δ) parallèle à (D) et passant par son centre de gravité, augmenté du produit Md^2, d étant la distance entre les deux axes. $J_D = J_\Delta + Md^2$.

c. Conservation du moment cinétique

Le principe de l'inertie, dont un corollaire est la conservation de la quantité de mouvement, reste valable en rotation. Lorsque la somme des moments par rapport à un axe fixe (Δ), des forces extérieures qui s'appliquent à un système est nulle, le moment cinétique du système reste constant.

d. Théorème du centre d'inertie pour un solide en rotation

On considère un solide (S) en rotation autour d'un axe fixe (Δ) passant par deux points de ce solide. On est dans un référentiel galiléen.

Tous les points A_i de masse m_i ont la même vitesse angulaire à un moment donné ; et comme chacun de ces points est situé à une distance différente de l'axe de rotation (Δ), les vecteurs vitesse, et par suite, les quantités de mouvements sont différentes.

Soit p_i la quantité de mouvement du point matériel A_i, situé à la distance O_iA_i de l'axe (Δ). Le moment cinétique de ce point s'écrit : $\vec{\sigma_i} = \overrightarrow{OA_i} \wedge \vec{p_i}$; soit $\vec{F_i}$ la force qui s'exerce sur le point A_i ; on peut écrire la relation fondamentale de la dynamique $\vec{F_i} = \frac{d\vec{p_i}}{dt}$; le moment de $\vec{F_i}$ s'écrit :

$$\overrightarrow{M_{i\Delta}}\left(\vec{F_i}\right) = \overrightarrow{O_iA_i} \wedge \frac{d\vec{p_i}}{dt} = \frac{d(\overrightarrow{O_iA_i} \wedge \vec{p_i})}{dt} = \frac{d\vec{\sigma_i}}{dt}$$

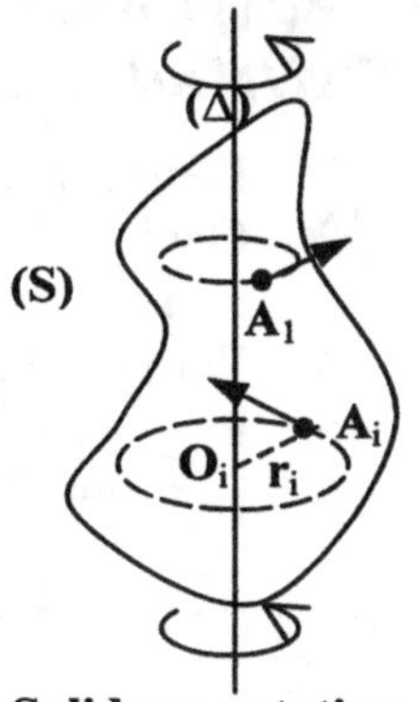

Solide en rotation

donc $\overrightarrow{M_{i\Delta}}(\vec{F_i}) = \frac{d\vec{\sigma_i}}{dt}$; en valeurs algébriques, on peut écrire : $M_{i\Delta}\left(\vec{F_i}\right) = \frac{d\sigma_i}{dt}$. Pour tout le solide on fait la somme des moments et cela donne $\sum M_{i\Delta}\left(\vec{F_i}\right) = \frac{d\sigma}{dt}$. Cette relation traduit le principe fondamental de la dynamique pour un solide en rotation.

Comme par ailleurs, $\sigma = J_\Delta.\sigma = J_\Delta.\dot{\theta}$; on obtient après remplacement dans la relation ci-dessus, $\sum M_\Delta(\vec{F}) = \frac{d(J_\Delta\dot{\theta})}{dt} = J_\Delta\ddot{\theta}$. $\ddot{\theta}$ est l'accélération angulaire : elle s'exprime en *radians par seconde au carré (rad.s^{-2}).*

Le Théorème du centre d'inertie appliqué à un solide en rotation s'énonce : un solide en rotation autour d'un axe fixe et soumis à des forces extérieures acquiert sous l'action de ces forces une accélération angulaire $\ddot{\theta}$ telle que $\sum M_\Delta(F) = J_\Delta\ddot{\theta}$.

Si $\sum M_\Delta(F) = 0$, alors $\ddot{\theta} = 0$: le solide est soit immobile, soit animé d'un mouvement de rotation uniforme. (Équivalent du principe de l'inertie pour la rotation).

6. PRINCIPE DES ACTIONS RÉCIPROQUES

Le principe des actions réciproques, encore appelé principe de l'action et de la réaction, ou troisième loi de Newton, s'énonce : si un corps A exerce sur un corps B une force $\vec{F}_{A/B}$ (appelée action), simultanément, le corps B exerce sur le corps A une force $\vec{F}_{B/A}$ (réaction) et ces deux forces ont la même direction et la même intensité, mais sont de sens contraires. $\vec{F}_{A/B} = -\vec{F}_{B/A}$. Pour les intensités on a $F_{A/B} = F_{B/A}$. Ce principe a été appliqué aux forces électrostatiques et aux forces gravitationnelles.

7. MÉTHODE DE RÉSOLUTION DES PROBLÈMES DE DYNAMIQUE

1. Définir précisément le système.
2. Choisir un repère galiléen.
3. Faire le bilan des forces extérieures qui agissent sur le système.
4. Ecrire le théorème du centre d'inertie.
5. Projeter la relation ci-dessus sur des axes judicieusement choisis.
6. Résoudre le système obtenu en tenant compte des conditions initiales.

Exercice d'application :

Un skieur de masse totale M = 80 kg, prend le départ sur une piste rectiligne inclinée d'un angle $\alpha = 30°$. On néglige d'abord les frottements.

1. Calculer l'accélération a_1 du skieur dans la descente ; on donne $g = 9{,}8\ m.s^{-2}$.
2. On suppose que le skieur part avec une vitesse initiale v_o = 2 m/s. Calculer v_1 lorsqu'il a parcouru la distance d = 25 m.
3. Les forces de frottement sur le skieur équivalent à une force unique et constante f = 90 N ; calculer la nouvelle accélération a_2 du skieur dans la descente.

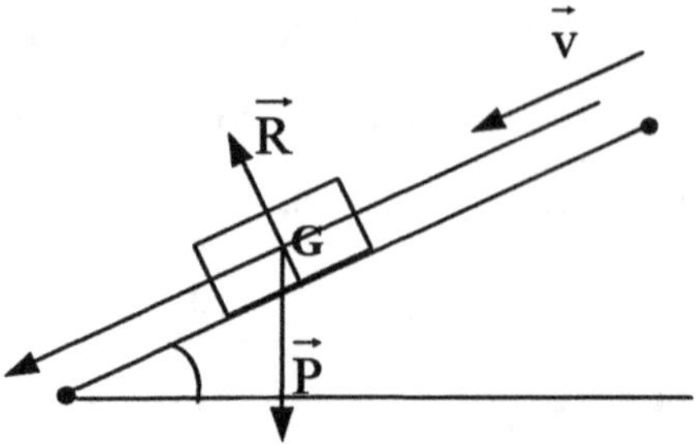

4. On suppose que le skieur part toujours avec la même vitesse initiale v_o ; calculer la nouvelle vitesse v_2 lorsqu'il parcourt la distance d = 25 m.

Solution :

1. Pour calculer l'accélération du skieur, il faut appliquer le Théorème du Centre d'inertie.

- Système : skieur ;
- On étudie le mouvement du skieur dans le repère terrestre supposé galiléen ;
- Bilan des forces : le poids $\vec{P}$ du skieur ; la réaction $\vec{R}$ de la piste ;
- Application du TCI : $\sum \vec{F} = M\vec{a}$ soit $\vec{P} + \vec{R} = M\vec{a_1}$.

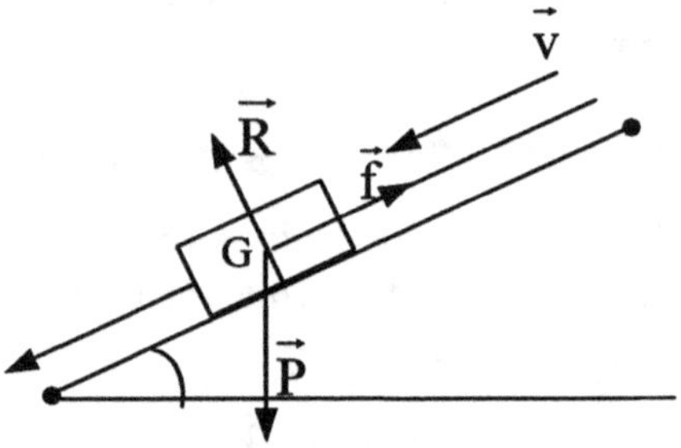

- La projection de la TCI sur l'axe Ox indiqué sur le schéma donne $Mg\sin\alpha = Ma_1$, soit $a_1 = g\sin\alpha$.

A.N. $a = 9{,}8 \times \sin 30° = 4{,}9\ m.s^{-2}$.

2. Soit v_o la vitesse initiale et v_1 la vitesse cherchée ; la relation entre ces deux vitesses (cf. cours de cinématique) s'écrit : $v_1^2 - v_o^2 = 2a_1d$ soit $v_1^2 = v_o^2 + 2a_1d$, ce qui donne $v_1 = \sqrt{v_o^2 + 2a_1d}$. A.N. $v_1 = 15{,}78\ m.s^{-1}$.

3. Si on tient compte de la force de frottement $\vec{f}$, le TCI s'écrit maintenant : $\vec{P} + \vec{R} + \vec{f} = M\vec{a_2}$. La projection sur le même axe Ox donne $Mg\sin\alpha - f = Ma_2$ soit $a_2 = g\sin\alpha - f/M$.

A.N. $a_2 = 3{,}78\ m.s^{-2}$.

4. Pour calculer la nouvelle vitesse v_2 on remplace dans la formule ci-dessus l'accélération par sa nouvelle valeur cela donne $v_2 = \sqrt{v_o^2 + 2a_2d}$. A.N. $v_2 = 13{,}88\ m.s^{-1}$. On constate bien qu'avec les forces de frottement, la vitesse diminue.

RAPPELS SUR L'ÉNERGIE MÉCANIQUE

1. Energie cinétique

Un corps de masse M animé d'un mouvement de translation de vitesse v possède l'énergie cinétique $E_c = \frac{1}{2}Mv^2$. Pour un corps de moment d'inertie J_Δ animé d'un mouvement de rotation de vitesse angulaire $\dot{\theta}$, l'énergie cinétique s'écrit $E_c = \frac{1}{2}J_\Delta\dot{\theta}^2$. La masse s'exprime en kg, la vitesse en $m.s^{-1}$, le moment d'inertie J_Δ en $kg.m^2$, la vitesse angulaire $\dot{\theta}$ en $rad.s^{-1}$. L'énergie s'exprime en joules.

2. Théorème de l'énergie cinétique

Dans un référentiel galiléen, la variation d'énergie cinétique d'un solide entre deux instants t_1 et t_2 est égale à la somme algébrique des travaux de toutes les forces qui lui sont appliquées entre ces deux instants. $\Delta E_C = \Sigma W(\vec{F})$

3. Energie potentielle

a. Energie potentielle de pesanteur

On considère un corps de masse M situé à une altitude h dans le champ de pesanteur supposé uniforme, d'intensité g. Si on considère le sol comme niveau de référence, un tel corps possède l'énergie potentielle de pesanteur $E_{pp} = Mgh$.

b. Energie potentielle élastique.

Un corps suspendu à un ressort de raideur k, allongé ou raccourci de x par rapport à sa position d'équilibre possède l'énergie potentielle élastique $E_{pe} = \frac{1}{2}kx^2$.

Pour un pendule de torsion de constante de torsion C, que l'on tourne d'un angle θ, l'énergie potentielle élastique s'écrit $E_{pe} = \frac{1}{2}C\theta^2$.

4. Energie mécanique

L'énergie mécanique E_M d'un corps s'obtient en faisant la somme de son énergie cinétique et de toutes les formes d'énergie potentielle que ce corps peut posséder. $E_M = Ec + Ep$.

Dans un système non dissipatif, c'est-à-dire lorsqu'on néglige les forces de frottement, l'énergie mécanique est constante.

Quand le système est dissipatif, l'énergie mécanique n'est plus constante ; sa variation est égale au travail des forces de frottement.

Exercice résolu

On considère le montage ci-contre. Le solide (S_1) a pour masse m_1 et le solide (S_2) pour masse m_2. On néglige les frottements.

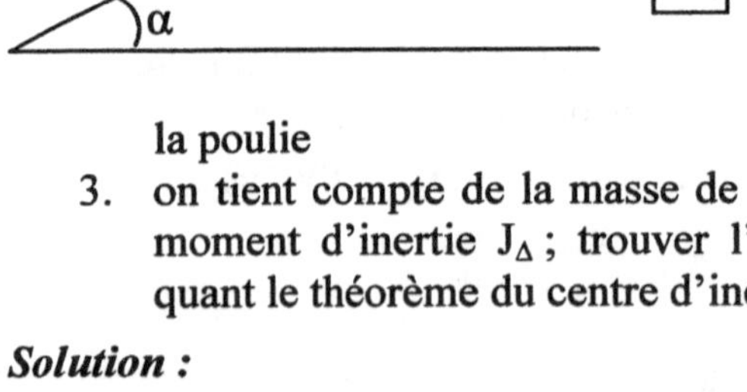

1. trouver la relation entre m_1 et m_2 lorsque l'ensemble est en équilibre.

Le système n'est plus en équilibre. On l'abandonne sans vitesse initiale.

2. en appliquant le théorème de l'énergie cinétique, trouver l'accélération de l'ensemble lorsqu'on néglige la masse de la poulie
3. on tient compte de la masse de la poulie, qui a pour rayon R, et pour moment d'inertie J_Δ ; trouver l'accélération de l'ensemble, en appliquant le théorème du centre d'inertie.

Solution :

- Équilibre de (S_1) les forces qui s'exercent sont :

$\overrightarrow{P_1}, \overrightarrow{R_1}, \overrightarrow{T_1}$; on a donc : $\overrightarrow{P_1} + \overrightarrow{R_1} + \overrightarrow{T_1} = \overrightarrow{0}$; la projection de cette relation sur un axe parallèle à la ligne de plus grande pente du plan incliné donne $T_1 = T'_1 = m_1 g \sin\alpha$. **(1)**

- Equilibre de (S_2) ; les forces qui s'exercent sont :

$\overrightarrow{P_2}, \overrightarrow{T_2}$; on a donc : $\overrightarrow{P_2} + \overrightarrow{T_2} = \overrightarrow{0}$; la projection de cette relation sur un axe verticale donne $T'_2 = T_2 = m_2 g$. **(2)**

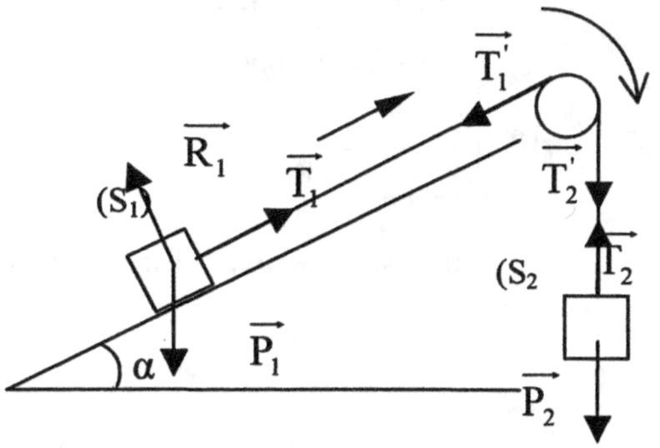

- Equilibre de la poulie : les forces qui s'exercent sur la poulie $\overrightarrow{T'_1}, \overrightarrow{T'_2}$; la masse de la poulie étant négligeable, les deux tensions ont la même intensité : $T'_1 = T'_2$.

Lorsqu'on remplace dans (1) et (2), on obtient $m_2 = m_1 \sin\alpha$.

Le théorème de l'énergie cinétique s'écrit $\Delta Ec = \Sigma W(F) = W(\overrightarrow{P_1}) + W(\overrightarrow{R_1}) + W(\overrightarrow{P_2})$; les tensions sont des forces intérieures d'une part, et d'autre part, leurs travaux s'annulent $W(\overrightarrow{T'_1}) = -W(\overrightarrow{T_1})$ et $W(\overrightarrow{T'_2}) = -W(\overrightarrow{T_2})$; le travail de la réaction est nul, puisque celle-ci est perpendiculaire au déplacement.

Le système n'ayant pas de vitesse initiale, le théorème de l'énergie cinétique pour un déplacement de longueur x de (S_2) s'écrit :

$E_{c2} = W(\overrightarrow{P_1}) + W(\overrightarrow{P_2}) = \frac{1}{2}m_1 v_1^2 + \frac{1}{2}m_2 v_2^2 = -m_1 g x \sin\alpha + m_2 g x$ or $v_1 = v_2$. On en déduit $v^2 = \frac{2g(m_2 - m_1 \sin\alpha)}{m_1 + m_2} x$ par dérivation de cette expression ou par identification avec la relation $v^2 = 2ax$, il vient $a = \frac{m_2 - m_1 \sin\alpha}{m_1 + m_2} g$.

Pour l'application du TCI, on subdivise le système en trois parties, et on choisit un sens du mouvement ; toutes les parties du système qui ont un mouvement de translation ont la même vitesse et la même accélération.

(S_1) : $\overrightarrow{P_1} + \overrightarrow{R_1} + \overrightarrow{T_1} = m_1 \overrightarrow{a}$; ce qui donne par projection $-m_1 g \sin\alpha + T_1 = m_1 a$. (1)

(S_2) : $\overrightarrow{P_2} + \overrightarrow{T_2} = m_2 \overrightarrow{a}$; projection sur un axe vertical descendant $mg - T_2 = m_2 a$. (2) Poulie : $\mathcal{M}(\overrightarrow{T'_1}) + \mathcal{M}(\overrightarrow{T'_2}) = J_\Delta \ddot{\theta} \Rightarrow T'_2 R - T'_1 R = J_\Delta \ddot{\theta}$; on en tire $T_2 - T_1 = J_\Delta \frac{\ddot{\theta}}{R}$ (3) $\ddot{\theta} = \frac{a}{R}$; lorsqu'on remplace dans (3) on a :

$T_2 – T_1 = a/R^2$.
$$\begin{cases} -m_1 g\sin\alpha + T_1 = m_1 a \\ mg - T_2 = m_2 a \\ T_2 - T_1 = \dfrac{J_\Delta a}{R^2} \end{cases}$$

$$-m_1 g\sin\alpha + m_2 g = \left(m_1 + m_2 + \frac{J_\Delta}{R^2}\right)a \Rightarrow a = \frac{m_2 - m_1\sin\alpha}{m_1 + m_2 + \dfrac{J_\Delta}{R^2}}g$$

EXERCICES

Sauf indication contraire, prendre g = 9,80 m.s^{-2}.

Exercice 1.

Une cabine d'ascenseur de masse M = 300 kg transporte trois personnes de masse totale m = 200 kg. Lorsque la cabine est en mouvement, le câble exerce sur celle-ci une force constante F verticale, dirigée vers le haut et de valeur 5900 N.

1. Schématiser le système et représenter les forces appliquées à la cabine.
2. En appliquant le théorème du centre d'inertie, exprimer le vecteur accélération, puis calculer sa valeur. On donne g = 10 m.s^{-2}.

Exercice 2.

Un traîneau (véhicule terrestre équipé de patins qui permet de glisser sur la neige et sur la glace) de masse 120 kg est tiré sur un sol neigeux horizontal. Les frottements agissant sur le traîneau sont opposés au déplacement et assimilables à une force $\vec{f}$ horizontale de valeur f = 300 N. Les chiens huskies qui entraînent le traineau exercent une force $\vec{F}$ horizontale.

1. Effectuer le bilan des forces agissant sur le traîneau.
2. Calculer la valeur de la force F :
   a. Pour entraîner le traîneau à vitesse constante ;
   b. Pour lui communiquer une accélération de 0,5 m.s^{-2}.

Exercice 3.

Une brique B de masse M = 5 kg, posée sur une table horizontale, est entraînée par l'intermédiaire d'un fil inextensible de masse négligeable, par une charge C de masse m = 2 kg abandonnée sans vitesse. On suppose tous les frottements négligeables et on admet que les tensions des brins de fil, de part et d'autre de la poulie, ont même valeur T.

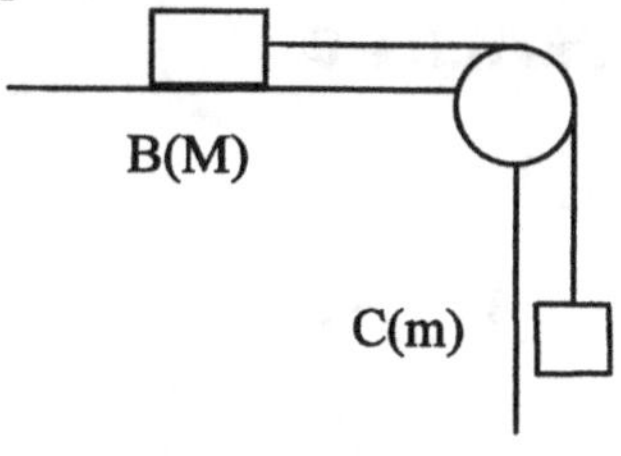

1. Calculer l'accélération a de la brique.
2. Calculer la tension du fil.
3. À la date t = 0, la charge C est située à 1 m au-dessus du sol et sa vitesse v_0 est nulle. Au bout de combien de temps la charge C touche-t-elle le sol ? quelle est alors sa vitesse ?

Exercice 4.

Toutes les actions, sauf une, nécessitent l'intervention d'une force. La quelle fait exception ?

1. Faire passer un solide, assimilable à un point matériel, de l'état de repos à l'état de mouvement.
2. Conserver à cet objet un mouvement de vecteur vitesse constant.
3. Modifier la vitesse de cet objet sans changer le sens et la direction du mouvement.
4. Modifier la direction du mouvement de cet objet sans changer la vitesse.

Les situations ci-dessus sont décrites dans un référentiel galiléen.

Exercice 5.

Une boule de plomb quasi ponctuelle, de masse M = 50 g, est suspendue à l'extrémité d'un fil inextensible de masse négligeable. L'autre extrémité du fil est fixée à un point O et la longueur du fil vaut $\ell = 1$ m. On note A, la position de la boule située à la verticale de O. On écarte la boule de sa position d'équilibre, d'un angle $\alpha_o = 70°$ et on la lâche sans vitesse initiale. (Voir figure)

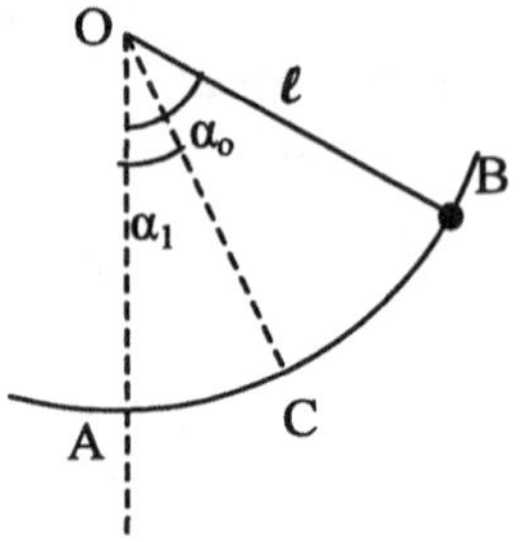

1. Calculer la vitesse de la boule lorsqu'elle passe au point C défini par l'angle $\widehat{AOC}$, tel que $\widehat{AOC_1} = \alpha_1 = 25°$. Calculer également sa vitesse lorsqu'elle passe en A.
2. Calculer la tension du fil lorsque la boule passe au point C.
3. Calculer la tension du fil lorsque la boule passe au point A.

On donne g = 10 N/kg.

Exercice 6.

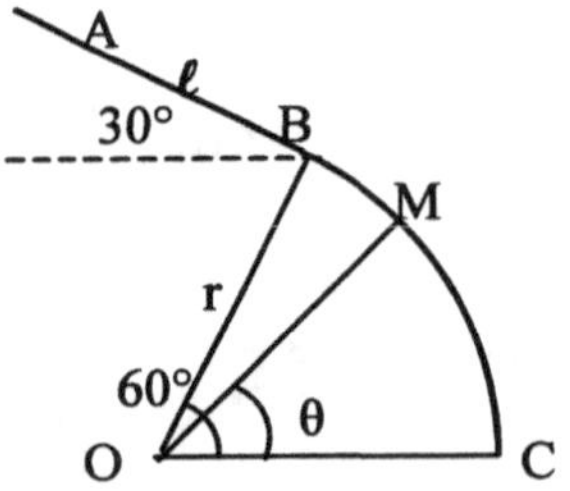

Une glissière est formée de deux parties (voir figure). AB est un plan incliné de 30° par rapport à l'horizontale, de longueur AB = ℓ = 1 m ; BC est une portion de cercle, de centre O, de rayon r = 2 m et d'angle $\theta_o = \left(\overrightarrow{OC}, \overrightarrow{OB}\right) = 60°$. Dans tout le problème, on prendra $g = 10\ m.s^{-2}$ et on considérera les frottements comme négligeables.

1. Un solide ponctuel, de masse m = 100 g, quitte A sans vitesse initiale. Exprimer et calculer la vitesse du solide v_B en B.
2. Le solide aborde la partie circulaire de la glissière avec la vitesse v_B. Exprimer, pour un point M du cercle tel que $(\overrightarrow{OC},\overrightarrow{OM}) = \theta$, la vitesse v_M en fonction de v_B, r, g et θ.
3. Quelle est, au point M, la réaction R de la glissière sur l'objet ? Exprimer R en fonction de v_B, r, g, θ et m.
4. Montrer que le solide quitte la piste circulaire en un point N et calculer $\theta_1 = (\overrightarrow{OC},\overrightarrow{ON})$.

Exercice 7.

On étudie le mouvement d'un solide ponctuel S dans le référentiel terrestre supposé galiléen. Ce solide, de masse m, est initialement au repos en A. On lance sur la piste ACD, en faisant agir sur lui, le long de la partie AB de sa trajectoire, une force $\vec{F}$ horizontale et d'intensité F constante. On pose AB = ℓ. (voir figure) la portion AC de la trajectoire est horizontale et la portion CD est un demi cercle de centre O et de rayon r ; ces deux portions sont dans le même plan vertical. On suppose que la piste ACD est parfaitement lisse et que la résistance de l'air est négligeable.

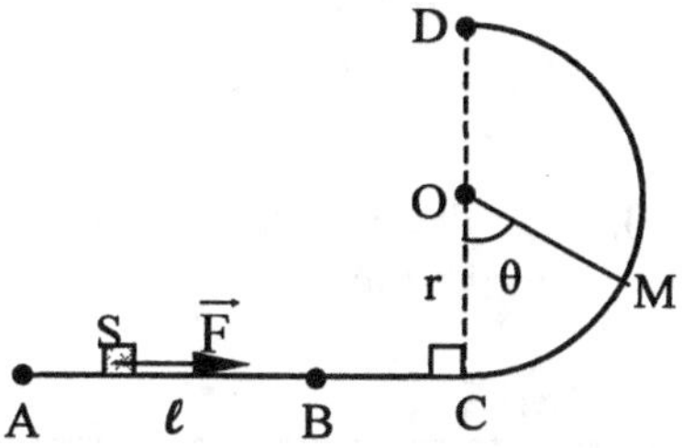

1. Déterminer, en fonction de F, ℓ et m, la valeur v_B de la vitesse de S en B.

2. Au point M, défini par l'angle $(\overrightarrow{OC},\overrightarrow{OM}) = \theta$, établir, en fonction de F, ℓ, m, r, θ et g ($\vec{g}$ étant l'accélération de la pesanteur), l'expression de :

   a. la valeur v de la vitesse de S ;

   b. l'intensité R de la réaction $\vec{R}$ de la piste.

3. De l'expression de R, déduire, en fonction de m, g, r et ℓ, la valeur minimale F_o de F pour que S atteigne D. Calculer F_o sachant que : m = 0,5 kg ; r = 1 m ; ℓ = 1,5 m ; g = 9,8 $m.s^{-2}$.

Exercice 8.

Une automobile se déplace sur une route rectiligne et horizontale. Sa position OM = x, par rapport à son point de départ, est donnée par l'équation $x = 1{,}7.t^2$ (x en m et t en s).

1. Trouver l'expression de la vitesse instantanée.

2. Calculer sa valeur pour t = 6 s et la distance parcourue.
3. Quelle est l'accélération de la voiture ?
4. Le mouvement est-il retardé, accéléré ?

Exercice 9.

Le pilote d'un Rafale volant à Mach 2 veut effectuer une boucle circulaire dans un plan horizontal. Sachant qu'un pilote ne peut subir, sans perte de connaissance, une accélération supérieure à 10g ($g = 10\ m.s^{-2}$), quelle est le rayon minimal de la boucle qui peut être réalisé, à l'altitude considérée, 1 Mach = 300 m/s.

Exercice 10.

Pour estimer les forces de frottement sur une automobile (m = 1450 kg), roulant à 60 $km.h^{-1}$ sur une route horizontale, par une journée sans vent, on accélère jusqu'à 65 $km.h^{-1}$, puis on débraye. La voiture ralentit jusqu'à 55 $km.h^{-1}$ en 7,2 s.

1. Schématiser l'automobile avec les forces appliquées.
2. Calculer l'accélération moyenne de l'automobile durant son ralentissement.
3. En déduire la valeur de la somme des forces de frottement supposée constante.

Exercice 11.

Avant de décoller, un avion de masse totale en charge 9,7 tonnes, partant du repos, parcourt la totalité de la plate forme horizontale d'un porte-avions, supposé immobile dans le référentiel terrestre. La longueur de la piste d'envol est de 206 m. L'avion, soumis à une accélération constante, atteint l'extrémité de la piste avec une vitesse de 360 $km.h^{-1}$ au bout de 5,2 s.

1. Calculer l'accélération de l'avion au cours de son mouvement sur le pont.
2. Déterminer la valeur de la somme des forces appliquées à l'avion pendant ce mouvement.

Exercice 12.

Une valise de masse m = 20 kg est entraînée à vitesse constante par un tapis roulant incliné d'un angle $\alpha = 30°$ par rapport à l'horizontale.

1. Faire le bilan des forces appliquées à la valise, la résistance de l'air étant négligée.

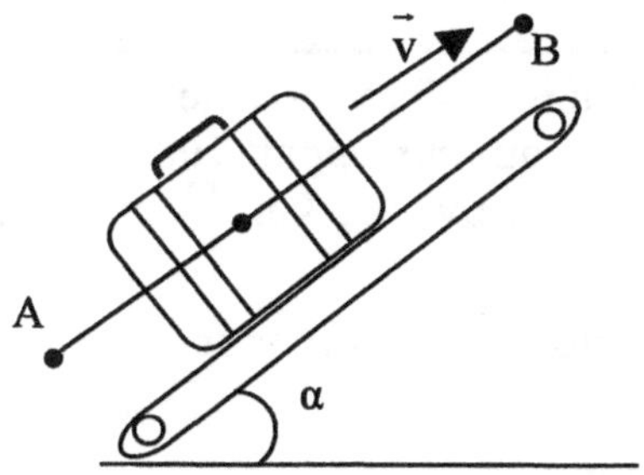

2. Représenter les forces agissant sur la valise. Quelle est la force motrice dans le référentiel terrestre ?
3. Calculer dans le référentiel terrestre, le travail du poids P et le travail de la force motrice pour un déplacement AB = 5 m du centre d'inertie de la valise.

Exercice 13.

Un petit esquimau, assimilable à un solide S de masse m, glisse sur le toit d'un igloo hémisphérique de rayon R et de centre O. il part du sommet A sans vitesse initiale et se déplace sans frottement le long d'un arc de cercle. La position de S est repérée par l'angle $\theta = \left(\overrightarrow{OA}, \overrightarrow{OS}\right)$

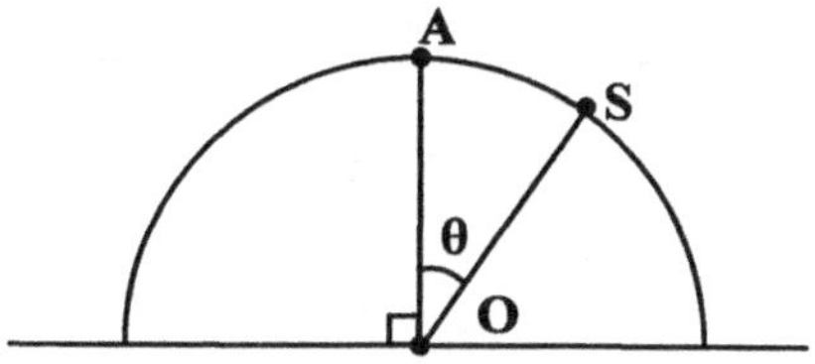

1. En appliquant le théorème de l'énergie cinétique, trouver une relation entre v, g, R et θ.
2. Appliquer la deuxième loi de Newton au solide ponctuel S.
3. Déterminer la position du solide au moment où il quitte la sphère. Quelle est alors sa vitesse ? on donne $g = 9{,}8\ m.s^{-2}$, et R = 1 m.

Exercice 14.

Une automobile de masse M = 1 tonne glisse sur une route verglacée (recouverte d'une fine couche de glace) et percute de face un mur de neige à la vitesse $v = 80\ km.h^{-1}$. Sous l'effet du choc, elle s'enfonce dans la neige fraîche, d'une distance d = 42 m. On suppose que l'action de la neige sur l'automobile se réduit à une force constante $\vec{F}$; calculer l'intensité de cette force.

Exercice 15.

Un wagon de masse M = 40 tonnes, initialement au repos, est tiré pendant une durée t = 90 s, avec une force $\vec{F}$ constante, sur une voie rectiligne et horizontale ; la vitesse atteinte alors est $v = 100\ km.h^{-1}$.

1. Calculer l'accélération du wagon en sachant qu'elle est constante.
2. Calculer la valeur de la force $\vec{F}$.
3. Quelle est la distance nécessaire pour que le wagon puisse atteindre la vitesse v dans les conditions exposées précédemment ?

Exercice 16.

Une automobile de masse M = 1100 kg descend en roue libre une cote rectiligne dont la pente est 8% (l'altitude diminue de 8 m lorsqu'on parcourt 100 m sur la route). Partie sans vitesse initiale, elle atteint la vitesse $v = 65\ km.h^{-1}$ après une durée t = 45,1 s.

1. Calculer l'accélération prise par l'automobile, si l'on suppose que le mouvement est uniformément accéléré.
2. Calculer la valeur de la force de frottement.
3. Quelle est la distance parcourue au cours de cette mesure ?

Exercice 17.

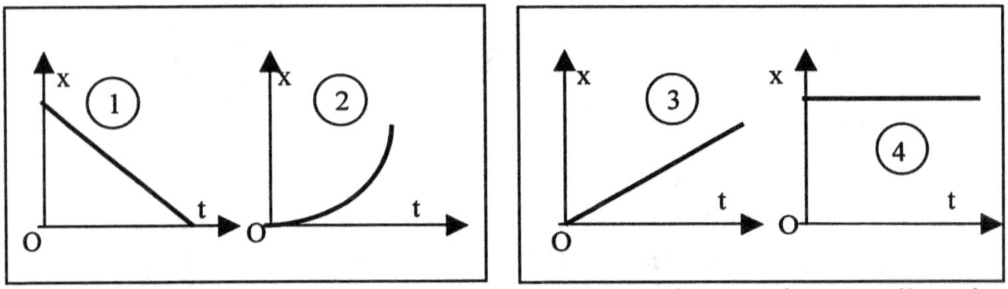

Un solide glisse sans frottement selon une ligne de plus grande pente d'un plan incliné.

Lequel des quatre graphiques ci-contre représente la distance x parcourue par son centre d'inertie en fonction du temps ?

Exercice 18.

Un solide S de masse M = 44 kg glisse en suivant la ligne de plus grande pente d'un plan incliné.

1. On donne au plan l'inclinaison $\alpha_1 = 30°$; le solide S est, dans ces conditions, animé d'un mouvement de vitesse constante $v = 1\ m.s^{-1}$. Montrer que le solide est nécessairement soumis à une force de frottement $\vec{f}$. Quelle est la valeur de f ?
2. La force de frottement garde la valeur précédente, mais on donne désormais au support l'inclinaison $\alpha_2 = 45°$. Calculer l'accélération du solide.

Exercice19.

1. Une automobile, assimilable à un solide de masse M = 1200 kg, gravit une route rectiligne de pente 10%. À la vitesse constante $v = 90\ km.h^{-1}$. En dehors du poids, aucune force ne s'oppose à l'avancement du véhicule. Calculer la valeur de la force motrice F_m.

2. À une date que l'on choisit comme origine ($t = 0$), le moteur est coupé et la voiture poursuit son ascension en roue libre.
   a. À quelle date t_1 la voiture s'immobilise-t-elle ?
   b. Quelle distance x_1 a-t-elle parcouru depuis l'arrêt du moteur ? donner deux méthodes pour résoudre cette question.
3. Reprendre la question 2, en supposant désormais que le véhicule est soumis à une force de freinage $\vec{F}$ constante d'intensité $f = 300$ N.

Exercice 20.

Une luge glisse sans frottement le long d'un plan incliné rectiligne, du sommet duquel elle part sans vitesse.

1. En appliquant le théorème de l'énergie cinétique à la luge, trouver la relation entre sa vitesse v, la distance parcourue x, l'intensité g de la pesanteur et l'inclinaison du plan.
2. En déduire l'expression littérale de l'accélération a du mouvement.
3. La pente a pour longueur $l = 10$ m ; la luge atteint le bas à la vitesse $v = 9{,}9\ m.s^{-1}$. En déduire l'inclinaison α de la piste.

Exercice 21.

Une grue portuaire soulève verticalement une charge de masse $M = 10$ tonnes. Cette dernière, initialement au repos, s'élève d'un mouvement uniformément accéléré d'une hauteur $h = 6$ m en une durée $t = 3{,}5$ s.

1. Calculer l'accélération a prise par la charge.
2. Déterminer la valeur de la tension T_1 du câble pendant l'ascension.
3. Dans une seconde phase du mouvement, la charge est soulevée avec une vitesse constante. Quelle est alors la tension du câble ?
4. Le câble risque de se rompre s'il est soumis à une tension supérieure à $T_{max} = 4.10^5$ N. La grue soulève désormais une charge de masse M' = 15 tonnes, initialement au repos d'une hauteur h' = 10 m d'un mouvement vertical uniformément accéléré. Quelle doit être la durée minimale t' de l'ascension pour éviter la rupture du câble ? $g = 9{,}8\ m.s^{-2}$.

Exercice 22.

La cabine d'un ascenseur de masse $m = 1600$ kg s'élève directement, du rez-de-chaussée au dernier étage d'une tour, sur une hauteur H.

1. la montée comporte trois phases :
   a. durant $t_1 = 2{,}8$ s, le mouvement est uniformément accéléré ;
   b. durant $t_2 = 8{,}0$ s, le mouvement est uniforme sur une distance $d_2 = 52$ m ;

c. durant t_3 = 3,5 s, le mouvement est uniformément retardé jusqu'à l'arrêt.

Calculer la hauteur H.

2. Calculer la tension du câble de traction au cours de chacune des trois phases de la montée.

6. LES OSCILLATEURS MÉCANIQUES

1. **PENDULE ÉLASTIQUE**
    a. Pendule élastique horizontal
        i. Etude dynamique
        ii. Etude énergétique
    b. Pendule élastique vertical
        i. Etude dynamique
        ii. Etude énergétique
2. **PENDULE DE TORSION**
    a. Etude dynamique
    b. Etude énergétique
3. **PENDULE PESANT**
    a. Etude dynamique
    b. Etude énergétique
4. **PENDULE SIMPLE**
5. **AMORTISSEMENT DES OSCILLATIONS**

OBJECTIFS : étudier les caractéristiques du mouvement d'un oscillateur mécanique ; montrer la conservation de l'énergie mécanique en l'absence d'amortissement ; différencier les oscillations mécaniques libres des oscillations forcées.

Un oscillateur mécanique est un système qui, écarté de sa position d'équilibre, est soumis à des forces qui tendent à l'y ramener et qui sont proportionnelles à l'écart par rapport à la position d'équilibre. Le mouvement d'un oscillateur est périodique. Un oscillateur est dit harmonique si son abscisse par rapport à la position d'équilibre est une fonction sinusoïdale du temps. Lorsqu'on écarte un oscillateur de sa position d'équilibre, on lui fournit de l'énergie mécanique. La position d'équilibre correspond à un minimum d'énergie potentielle.

1. LE PENDULE ÉLASTIQUE

Un pendule élastique est constitué d'un solide accroché à l'extrémité d'un ressort à spires non jointives. Avec un ressort à réponse linéaire, la tension du ressort, qui est une force de rappel est proportionnelle à l'allongement : $\vec{T} = -k\overrightarrow{MM'}$.

a. pendule élastique horizontal

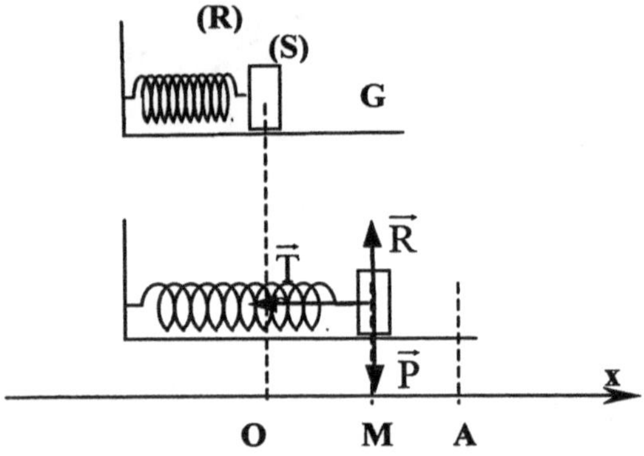

Pendule élastique horizontal

A un bout d'un ressort (R) horizontal, dont l'autre extrémité est fixe, est accroché un solide (S) qui peut se déplacer sans frottement dans la direction du ressort.

On écarte (S) de sa position d'équilibre de façon à amener G le centre d'inertie à la hauteur du point A. Lorsqu'on le lâche, il effectue des oscillations.

i. Etude dynamique

- Système : solide (S) son centre d'inertie est repéré par le point M tel que $\overline{OM} = x$.
- Référentiel terrestre supposé galiléen.
- Forces appliquées : le Poids $\vec{P}$, la réaction $\vec{R}$ et la tension du ressort $\vec{T}$.

Le *Théorème du Centre d'inertie* s'écrit : $\vec{P} + \vec{T} + \vec{R} = M\vec{a}$. La projection de cette relation sur l'axe Ox donne : $-\ kx = m\frac{d^2x}{dt^2} \Rightarrow \frac{d^2x}{dt^2} + \frac{k}{m}x = 0$; c'est l'équation différentielle qui régit le mouvement du solide. C'est une équation différentielle du second ordre sans second membre. Une solution de cette équation différentielle est une fonction sinusoïdale du temps de la forme $x = X_m\sin(\omega_o t + \varphi)$; la dérivée première de cette fonction s'écrit : $\frac{dx}{dt} = \omega_o X_m \cos(\omega_o t + \varphi)$ et la dérivée seconde s'écrit : $\frac{d^2x}{dt^2} = -\omega_o^2 \underbrace{X_m \sin(\omega_o t + \varphi)}_{x} = -\omega_o^2 x \Rightarrow \frac{d^2x}{dt^2} + \omega_o^2 x = 0$. L'équation différentielle est vérifiée si $\omega_o^2 = \frac{k}{m}$ c'est-à-dire si $\omega_o = \sqrt{\frac{k}{m}}$, l'équation horaire du mouvement du centre d'inertie de l'oscillateur est donc de la forme $x = X_m\sin(\omega_o t + \varphi)$ avec $\omega_o = \sqrt{\frac{k}{m}}$. C'est un *mouvement rectiligne sinusoïdal* de période $T_o = \frac{2\pi}{\omega_o} = 2\pi\sqrt{\frac{m}{k}}$; l'équation horaire étant une fonction sinusoïdale du temps, le pendule élastique horizontal est un oscillateur harmonique.

Remarque : X_m est toujours positif ; et $-X_m \leq x \leq +X_m$.

La période T_o ne dépend que des caractéristiques de cet oscillateur ; elle ne dépend pas des conditions initiales ; en particulier, un ressort vibre avec la même période quelle que soit son orientation dans l'espace ; peu importe donc que le ressort soit vertical, horizontal, ou incliné.

ii. Etude énergétique

Lorsqu'on écarte le pendule de sa position d'équilibre de $OA = X_m$, on lui fournit l'énergie potentielle élastique $E_i = \frac{1}{2}kX_m^2$. À un instant quelconque, l'énergie mécanique du ressort s'écrit : $E_m = E_{pe} + E_c$; on ne tient pas compte de l'énergie potentielle de pesanteur, puisqu'elle est constante ; $E_m = \frac{1}{2}kx^2 + \frac{1}{2}mv^2$; $x = X_m\sin(\omega_o t + \varphi)$ et $v = \frac{dx}{dt} = \omega_o X_m \cos(\omega_o t + \varphi)$, donc E =

$$\frac{1}{2}kX_m^2 \sin^2(\omega_o t + \varphi) + \frac{1}{2}m\omega_o^2 X_m^2 \cos^2(\omega_o t + \varphi) = \frac{1}{2}kX_m^2\left[\sin^2(\omega_o t + \varphi) + \cos^2(\omega_o t + \varphi)\right]$$

, puisque $m\omega_o^2 = k$; on a donc finalement $E_m = \frac{1}{2}kX_m^2 = E_i$. L'énergie mécanique totale d'un pendule élastique horizontal est constante.

On peut retrouver ce résultat en dérivant l'expression de $E_m = \frac{1}{2}kx^2 + \frac{1}{2}mv^2$; cela donne $\frac{dE}{dt} = k.x.\frac{dx}{dt} + m.v.\frac{dv}{dt}$ et $\frac{dv}{dt} = \frac{d^2x}{dt^2}$ donc $\frac{dE}{dt} = (kx + m\frac{d^2x}{dt^2}).v = 0$ puisque $kx + m\frac{d^2x}{dt^2} = 0$. Ce qui signifie que E est constant.

Les valeurs respectives des énergies cinétiques, potentielles et mécaniques de l'oscillateur en fonction de l'abscisse sont données dans le tableau suivant :

Position x	$x = X_m$	$x = 0$	$x = -X_m$
Energie potentielle élastique	$\frac{1}{2}kX_m^2$	0	$\frac{1}{2}kX_m^2$
Energie cinétique	0	$\frac{1}{2}mV_m^2$	0
Energie mécanique	$\frac{1}{2}kX_m^2$	$\frac{1}{2}mV_m^2 = \frac{1}{2}kX_m^2$	$\frac{1}{2}kX_m^2$

Entre $x = 0$ et $x = X_m$ ou $x = -X_m$, l'énergie mécanique a deux composantes, qui se réduisent à une seule quand l'oscillateur occupe chacune des trois positions ci – dessus. Les courbes donnant les variations des énergies ont les allures suivantes : en trait continu, c'est la courbe représentant les variations de l'énergie potentielle élastique, et en traits interrompus, celle qui représente les variations de l'énergie cinétique.

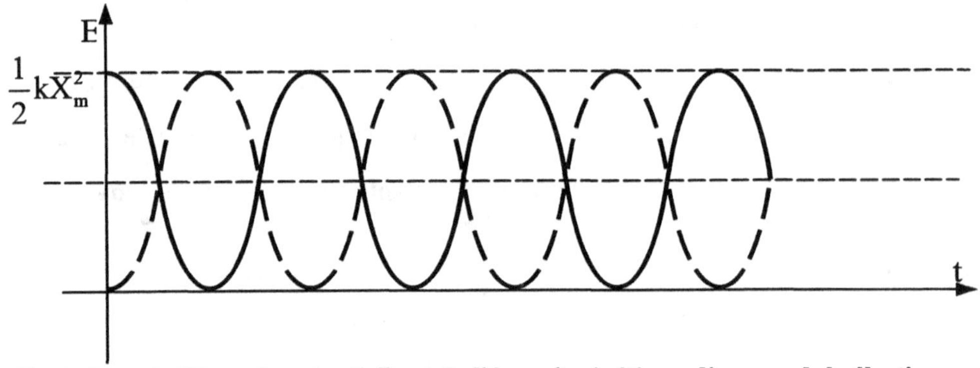

Variations de l'énergie potentielle et de l'énergie cinétique d'un pendule élastique

Exercice d'application :

Un pendule élastique horizontal, de masse M = 450 g, oscille autour de sa position d'équilibre. L'amplitude du mouvement est $X_m = 4{,}8$ cm et la constante de raideur du ressort vaut $k = 35\ N.m^{-1}$.

1. Calculer l'énergie mécanique de cet oscillateur.
2. Calculer la vitesse maximale acquise par le pendule élastique lorsque celui-ci oscille. Dans quelles positions l'observe –t – on ?

Réponses : $E = 4{,}0.10^{-2}$ J ; $V_{max} = 0{,}42$ m/s.

b. Pendule élastique vertical

Le pendule précédent est maintenant vertical. La position du centre d'inertie G est repérée sur l'axe x'Ox. On écarte le solide de sa position d'équilibre, puis on le lâche.

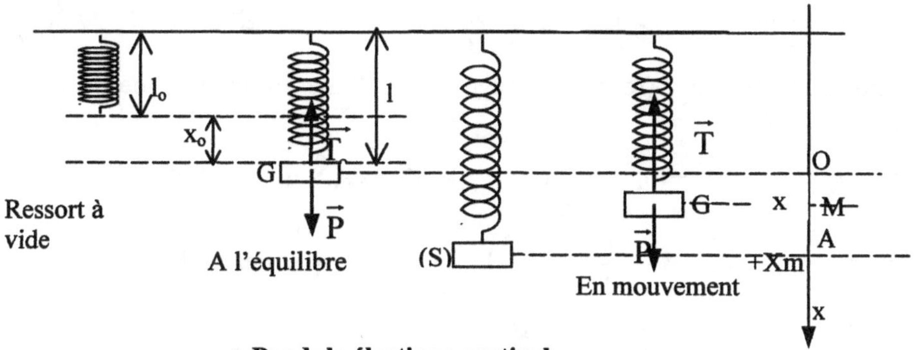

Pendule élastique vertical

i. Etude dynamique

Application du TCI.

- Système : solide (S) son centre d'inertie est repéré par le point M tel que $\overline{OM} = x$.
- Référentiel terrestre supposé galiléen.
- Forces appliquées : le Poids $\vec{P}$, et la tension du ressort qui est $\vec{T}_o$ à l'équilibre, et $\vec{T}$ pendant le mouvement.

A l'équilibre, $\vec{P} + \vec{T_o} = \vec{0}$ avec $P = mg$ et $T_o = kx_o \Rightarrow mg = kx_o$;

Pendant le mouvement, $\vec{P} + \vec{T} = m\vec{a}$; la tension devient $T = k(x + x_o)$; on obtient par projection sur l'axe Ox, $P - k(x + x_o) = ma$, soit

$mg - kx - kx_o = m\dfrac{d^2x}{dt^2} \Rightarrow kx + m\dfrac{d^2x}{dt^2} = 0$; l'équation différentielle du mouvement s'écrit : $\dfrac{d^2x}{dt^2} + \dfrac{k}{m}x = 0$; une solution de cette équation s'écrit : $x = X_m\sin(\omega_o t + \varphi)$ avec $\omega_o = \sqrt{\dfrac{k}{m}}$; le pendule élastique vertical est un oscillateur harmonique de translation.

ii. Etude énergétique

Le pendule étant vertical, il faut tenir compte des variations de l'énergie potentielle de pesanteur du système pendant le mouvement. A l'étirement maximal, c'est-à-dire lorsque G coïncide avec A, l'énergie potentielle élastique $E_{pe} = \frac{1}{2}k(x_o + X_m)^2$, et l'énergie potentielle de pesanteur, $E_{pp} = -mgX_m$, le niveau de référence est la position d'équilibre, correspondant au point O. L'énergie mécanique $E_M = E_{pe} + E_{pp} = \frac{1}{2}k(x_o + X_m)^2 - mgX_m = \frac{1}{2}k\left(x_o^2 + X_m^2\right)$.

Pendant le mouvement (ressort allongé de x), l'énergie mécanique du ressort s'écrit : $E = E_c + E_{pe} + E_{pp} = \frac{1}{2}mv^2 + \frac{1}{2}k(x_o + x)^2 - mgx = \frac{1}{2}mv^2 + \frac{1}{2}k(x_o^2 + 2x_o x + x^2) - mgx$.

Et comme $mg = kx_o$, $E = \frac{1}{2}mv^2 + \frac{1}{2}kx_o^2 + \frac{1}{2}kx^2$; par dérivation de E, on obtient, $\frac{dE}{dt} = mv\frac{dv}{dt} + kx\frac{dx}{dt} = v\underbrace{\left(m\frac{d^2x}{dt^2} + kx\right)}_{0} = 0$, puisque $\frac{dx}{dt} = v$; l'énergie de l'oscillateur est constante quand on néglige les frottements.

On peut aussi replacer dans l'expression de E, x et v par leurs expressions ; $x = X_m\sin(\omega_o t + \varphi)$ et $v = \omega_o X_m\cos(\omega_o t + \varphi)$; $E = \frac{1}{2}mv^2 + \frac{1}{2}kx_o^2 + \frac{1}{2}kx^2 =$

$$\frac{1}{2}kX_m^2\sin^2(\omega_o t + \varphi) + \frac{1}{2}m\omega_o^2 X_m^2\cos^2(\omega_o t + \varphi) + \frac{1}{2}kx_o^2 =$$

$$\frac{1}{2}kX_m^2\left[\sin^2(\omega_o t + \varphi) + \cos^2(\omega_o t + \varphi)\right] + \frac{1}{2}kx_o^2$$

$= \frac{1}{2}k\left(X_m^2 + x_o^2\right) = E_m$. On retrouve l'expression de l'énergie maximale.

Exercice d'application :

On constitue un pendule élastique vertical avec un ressort de raideur k = 20 N/m et un solide S de masse M = 150 g. On néglige tous les frottements. A partir de la position d'équilibre, on écarte le solide S de X_m = 6 cm vers le bas et on le lâche sans vitesse.

1. En prenant l'énergie potentielle de pesanteur nulle à la position d'équilibre G_o du centre d'inertie G de S, calculer l'énergie mécanique du système ressort-solide S. On prendra g = 9,8 m.s^{-2}.
2. On déduira la vitesse du solide S lorsque son centre d'inertie G passe en G_o. Que peut-on dire de cette vitesse ?

Solution : $mg = kx_o \Rightarrow x_o = \frac{mg}{k} = 7{,}35.10^{-2}\,m$.

$$E_M = E_{pe} + E_{pp} = \frac{1}{2}k(x_o + X_m)^2 - mgX_m = \frac{1}{2}k\left(x_o^2 + X_m^2\right) = 9.10^{-2}\,J.$$

A la position d'équilibre, $E_c = E_M - \frac{1}{2}kx_o^2 = 3{,}59.10^{-2}\,J = \frac{1}{2}Mv^2$;

on en tire $v=\sqrt{\frac{2E_C}{M}}$ =0,69 m.s^{-1}.

Exercice d'application :

Un solide de masse M = 450 g est suspendu à l'extrémité d'un ressort vertical dont l'autre extrémité est fixe. La constante de raideur du ressort vaut k = 28 N.m^{-1}.

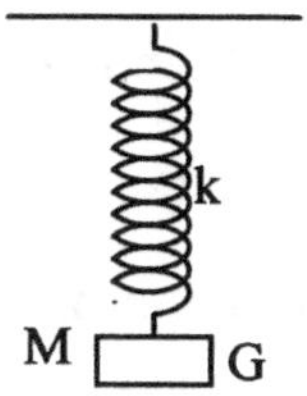

1. Etablir l'équation différentielle caractérisant le mouvement.
2. A partir de la position d'équilibre du solide, on le tire verticalement vers le bas d'une longueur a = 8 cm (voir fig. 4.). On le lâche sans vitesse initiale.
   a. Calculer la pulsation propre de l'oscillateur
   b. Donner l'équation horaire du mouvement du solide, en précisant bien les origines spatiales et temporelles utilisées.

2. PENDULE DE TORSION

Un pendule de torsion peut être constitué par une tige (t) suspendue en son centre d'inertie G à un fil de torsion de constante C. L'extrémité du fil de torsion est fixe. (t) peut tourner dans le plan horizontal autour d'un axe vertical Δ confondu avec le fil de torsion. Le système est en équilibre quand le fil n'est pas tordu. Lorsqu'on tourne la tige d'un angle θ dans le plan horizontal, elle est soumise de la part du fil à un couple de rappel appelé couple de torsion de moment $\mathcal{M} = -C\theta$.

a. Etude dynamique

Si on tourne la tige d'un angle θ_m, elle effectue des oscillations dans le plan horizontal lorsqu'on la relâche. Application du TCI.

- Système : la tige dans une position quelconque.

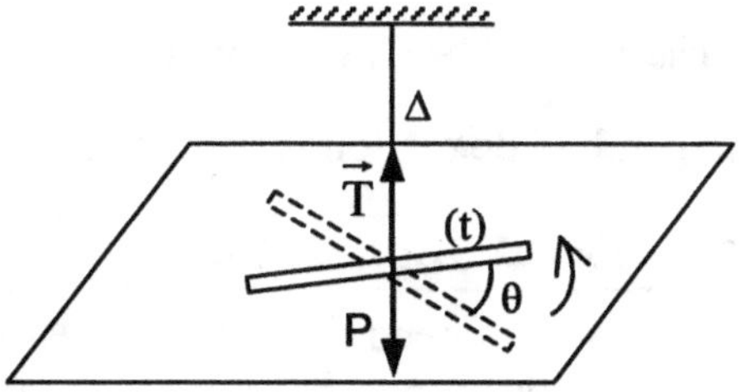

Pendule de torsion

- Référentiel terrestre supposé galiléen.
- Forces appliquées : le poids $\vec{P}$ de la tige, la tension $\vec{T}$ du fil, le moment $\mathcal{M}_\Delta$ du couple de torsion.

Puisqu'il s'agit de la rotation, on applique le théorème du centre d'inertie pour la rotation ; $\sum \mathcal{M}_\Delta = J_\Delta \ddot{\theta}$

$\mathcal{M}_\Delta(\vec{P}) = 0$ et $\mathcal{M}_\Delta(\vec{T}) = 0$ puisque ces forces se confondent avec l'axe de rotation ; il ne reste plus que le moment du couple de torsion $\mathcal{M} = -C\theta$; il vient donc $-C\theta = J_\Delta \ddot{\theta}$ c'est-à-dire $C\theta + J_\Delta \ddot{\theta} = 0$; on obtient finalement l'équation $\frac{d^2\theta}{dt^2} + \frac{C}{J_\Delta}\theta = 0$; c'est une équation différentielle du type $\frac{d^2\theta}{dt^2} + \omega^2\theta = 0$, avec $\omega^2 = \frac{C}{J_\Delta}$; une solution de cette équation s'écrit $\theta = \theta_m \sin(\omega_o t + \varphi)$: c'est l'équation horaire d'un **mouvement sinusoïdal de rotation** d'amplitude θ_m, de pulsation propre $\omega_o = \sqrt{\frac{C}{J_\Delta}}$ et de période propre $T_o = 2\pi\sqrt{\frac{J_\Delta}{C}}$. Le pendule de torsion non amorti est un oscillateur harmonique de rotation.

b. Etude énergétique

Lorsqu'on tourne la tige de θ_m, on lui fournit l'énergie potentielle élastique $E_i = \frac{1}{2}C\theta_m^2$. Pendant le mouvement, la tige possède deux formes d'énergie : l'énergie cinétique de rotation et l'énergie potentielle élastique. L'énergie potentielle de pesanteur reste constante.

$E = E_c + E_{pe} = \frac{1}{2}J_\Delta\dot{\theta}^2 + \frac{1}{2}C\theta^2$ $\theta = \theta_m \sin(\omega_o t + \varphi)$ et $\dot{\theta} = \frac{d\theta}{dt} = \omega_o\theta_m\cos(\omega_o t + \varphi)$, donc

$$E = \frac{1}{2}C\theta_m^2\sin^2(\omega_o t + \varphi) + \frac{1}{2}J_\Delta\omega_o^2\theta_m^2\cos^2(\omega_o t + \varphi) = \frac{1}{2}C\theta_m^2\left[\sin^2(\omega_o t + \varphi) + \cos^2(\omega_o t + \varphi)\right]$$

puisque $J_\Delta\omega_o^2 = C$; on a donc finalement $E = \frac{1}{2}C\theta_m^2 = E_i$. L'énergie mécanique du pendule de torsion reste constante.

Exercice d'application :

On réalise un pendule de torsion en suspendant un disque de cuivre horizontal par un fil de suspension dont la direction passe par son centre d'inertie. Le disque est un solide (S) homogène de moment d'inertie $J = 10^{-3}$ kg.m^2 par rapport à l'axe qui lui est perpendiculaire en G. Le fil de suspension vertical ayant pour constante de torsion C, la période des oscillations libres est $T_o = 0{,}5$ s.

1. Établir l'équation du mouvement du disque oscillant librement autour de sa position d'équilibre, et en déduire C.
2. Le disque est initialement écarté de sa position d'équilibre d'un angle $\theta_o = +\pi/6$ rad, puis lancé à l'instant t = 0 avec une vitesse angulaire initiale $\dot{\theta}_o$. Le disque passe pour la première fois par sa position d'équilibre à l'instant $t = 6{,}25.10^{-2}$ s. Écrire l'équation du mouvement. En déduire $\dot{\theta}_o$.

3. PENDULE PESANT

Un pendule pesant est constitué d'un solide (S) suspendu à un axe horizontal Δ ne passant pas par son centre d'inertie. La position d'équilibre est celle pour laquelle le centre d'inertie G se trouve sur la verticale de l'axe Δ, au dessous de cet axe. On pose OG = a, distance de l'axe de rotation au centre d'inertie G.

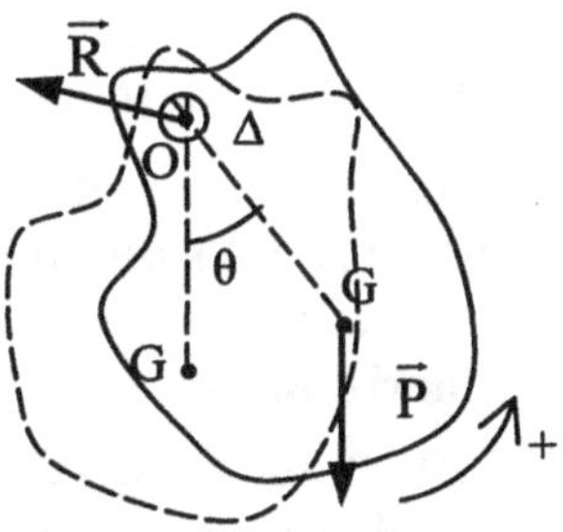

Pendule pesant

a. Etude dynamique

Ecartons le solide d'un petit angle θ (θ > 0) vers la droite par exemple ; son poids a tendance à le ramener à la position d'équilibre, c'est – à –dire à θ = 0 ; le moment du poids par rapport à l'axe Δ qui s'écrit $\mathcal{M}_{P/\Delta}$= Pasinθ, est toujours négatif : en effet, lorsque θ est positif le poids a tendance à faire tourner le solide dans le sens contraire du sens positif choisi ; et lorsque θ est négatif, son sinus l'est aussi et par conséquent, le moment est négatif. Dans tous les cas donc, $\mathcal{M}_{P/\Delta}$= −Pasinθ ; c'est un *moment de rappel.* Application du théorème du centre d'inertie.

- Système : la tige dans une position quelconque ;
- Référentiel terrestre supposé galiléen
- Forces appliquées : le poids $\vec{P}$ du solide, la réaction $\vec{R}$ de l'axe Δ.

La relation $\vec{P} + \vec{R} = m\vec{a}$ permet de trouver les caractéristiques de $\vec{R}$. Le théorème du centre d'inertie pour la rotation s'écrit : $\sum \mathcal{M} = J_\Delta \ddot{\theta}$; le moment de la réaction de l'axe est nul et il ne reste que celui du poids qui vaut $\mathcal{M}_{P/\Delta}$= −mgasinθ ; on a donc $J_\Delta \frac{d^2\theta}{dt^2} = -mga\sin\theta \Rightarrow. \frac{d^2\theta}{dt^2} + \frac{mga}{J_\Delta}\sin\theta = 0$. Telle est l'équation différentielle du mouvement. Sa solution n'est pas une fonction sinusoïdale. Dans le cas général, le pendule pesant n'est pas un oscillateur harmonique.

Pour les petites valeurs de θ_m ($\theta_m < 8°$), $\sin\theta \approx \tan\theta \approx \theta$ en radians ; dans ces conditions l'équation différentielle devient $\frac{d^2\theta}{dt^2} + \frac{mga}{J_\Delta}\theta = 0$; on retrouve une équation du type $\frac{d^2\theta}{dt^2} + \omega^2\theta = 0$, avec $\omega^2 = \frac{mga}{J_\Delta}$. Pour les petits angles, le pendule pesant est un oscillateur harmonique de rotation d'équation horaire $\theta = \theta_m\sin(\omega_o t + \varphi)$, de pulsation propre $\omega_o = \sqrt{\frac{mga}{J_\Delta}}$ et de période propre

$T_o = 2\pi\sqrt{\frac{J_\Delta}{mga}}$.

b. Etude énergétique

Lorsqu'on écarte le pendule de sa position d'équilibre d'un angle θ_m, (centre d'inertie de H à A), on lui fournit l'énergie potentielle de pesanteur $E_i = mgh_m = mga(1 - \cos\theta_m)$. Le niveau de référence de l'énergie potentielle de pesanteur est le plan horizontal contenant H.

A un instant quelconque, l'énergie mécanique $E = E_{CM} + E_{PM} = E_{CM} + mgh$; le théorème de l'énergie cinétique s'écrit : $E_{CM} - E_{CA} = mg(h_m - h)$ et $E_{CA} = 0$; $E = mg(h_m - h) + mgh = mgh_m$. À chaque instant donc, $E = mga(1 - \cos\theta_m) = E_i$. L'énergie du pendule reste constante pendant le mouvement. Pour les oscillations de faible amplitude, $\cos\theta_m = 1 - \frac{\theta_m^2}{2}$. $Ei = mga(1 - \cos\theta_m) = mga(1 - 1 + \frac{\theta_m^2}{2}) = \frac{1}{2}mga\theta_m^2$ donc $E = E_{CM} + E_{PM} = \frac{1}{2}J_\Delta\dot{\theta}^2 + mgh$; $h = 1 - \cos\theta = \theta^2/2$ donc $E = \frac{1}{2}J_\Delta\dot{\theta}^2 + mga\frac{\theta^2}{2}$; lorsqu'on remplace θ par $\theta_m\sin(\omega t + \varphi)$, on obtient $E = \frac{mga}{2}\theta_m^2\sin^2(\omega_o t + \varphi) + \frac{1}{2}J_\Delta\omega_o^2\theta_m^2\cos^2(\omega_o t + \varphi) = \frac{mga}{2}\theta_m^2$, puisque $\omega^2 = \frac{mga}{J_\Delta}$.

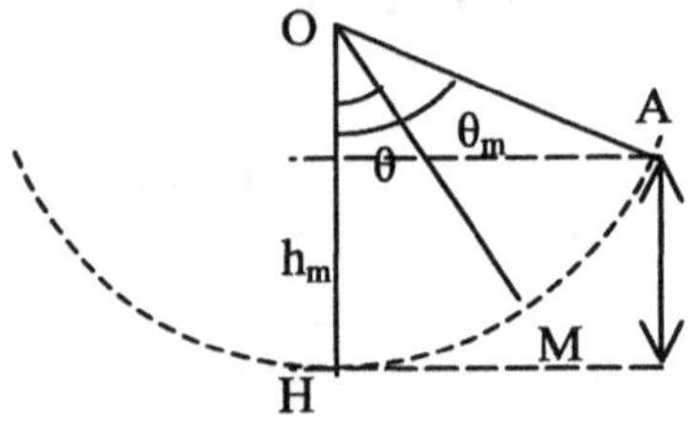

4. PENDULE SIMPLE

a. Définition.

Un pendule simple est constitué d'un point matériel oscillant sous l'action de la pesanteur à une distance constante d'un axe horizontal fixe Δ. La longueur du pendule simple est la distance l séparant l'axe du point matériel.

b. Période d'un pendule simple pour des oscillations de faible amplitude.

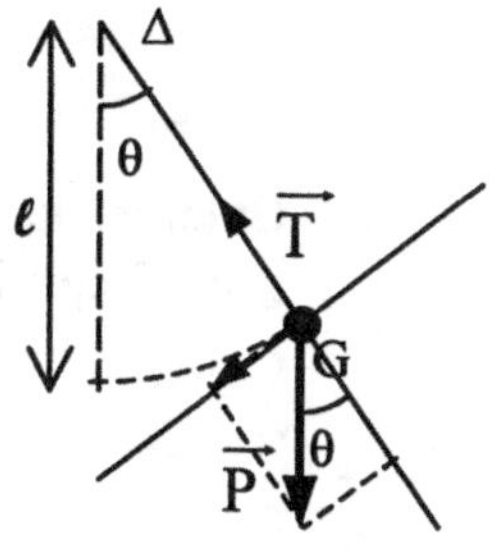

Pendule simple

Pour écrire l'équation différentielle du mouvement du pendule, on va appliquer le théorème du centre d'inertie au point matériel.

- Système : le point matériel ;
- Référentiel terrestre supposé galiléen
- Forces appliquées : le poids $\vec{P}$, la tension $\vec{T}$ du fil.

Le théorème du centre d'inertie s'écrit : $\vec{P}+\vec{T}=m\vec{a}$; la projection de cette relation sur la tangente à la trajectoire s'écrit

$-mg\sin\theta = m\dfrac{dv}{dt}$ avec $v=\ell\dot{\theta} \Rightarrow -mg\sin\theta = m\ell\dfrac{d\dot{\theta}}{dt}$ pour les petites valeurs de θ

et après simplification par m, on obtient $\dfrac{d^2\theta}{dt^2}+\dfrac{g}{\ell}\theta=0$; on retrouve l'équation différentielle caractéristique des oscillateurs harmoniques en posant $\omega^2=\dfrac{g}{\ell}$.

Une solution de cette équation s'écrit : $\theta = \theta_m\sin(\omega_o t + \varphi)$; c'est l'équation horaire d'un mouvement sinusoïdal de rotation. Le pendule simple est un oscillateur harmonique de rotation, de pulsation propre $\omega_o=\sqrt{\dfrac{g}{\ell}}$ et de période propre $T=2\pi\sqrt{\dfrac{\ell}{g}}$.

On appelle pendule simple synchrone d'un pendule pesant un pendule simple de même période. Si on compare la période du pendule simple T = $2\pi\sqrt{\dfrac{\ell}{g}}$ et celle du pendule pesant $T=2\pi\sqrt{\dfrac{J_\Delta}{mga}}$, on obtient : $\ell=\dfrac{J_\Delta}{ma}$.

Exercice d'application

Un pendule simple est écarté de sa position d'équilibre d'un angle $\alpha_o = 40°$. Le solide suspendu, de masse m = 200 g, est quasi ponctuel. La longueur du fil est $\ell = 80$ cm. On donne $g = 9{,}8$ m.s^{-2}.

1. Le plan horizontal contenant la position d'équilibre du solide est choisi comme plan de référence de l'énergie potentielle de pesanteur.
   a. Exprimer l'énergie potentielle du système terre pendule en fonction de ℓ, m, α_o et g.
   b. Calculer la valeur de cette énergie.
2. Calculer la valeur de la vitesse avec laquelle le solide passe par sa position d'équilibre.
3. Calculer les valeurs des énergies cinétiques et potentielles lorsque $\alpha = 20°$.
4. Pour quelle valeur de α les énergies cinétique et potentielle sont-elles égales ?

5. AMORTISSEMENT DES OSCILLATIONS

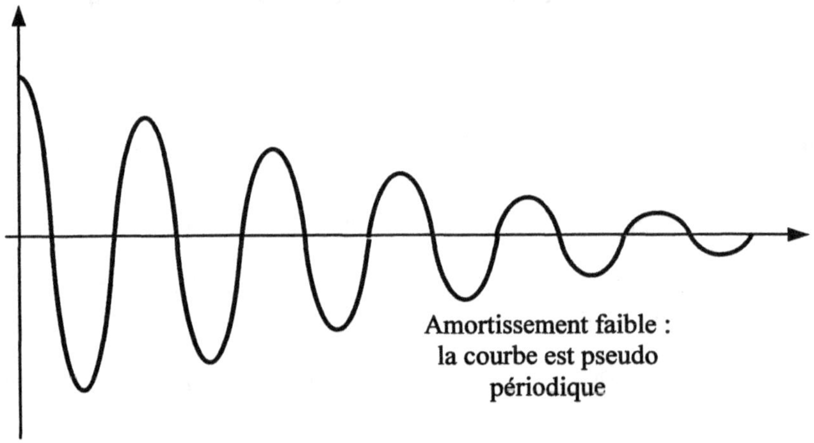

Amortissement des oscillations

Les phénomènes dissipatifs de l'énergie tels que les frottements sont à l'origine des pertes d'énergie. L'énergie mécanique fournie au système au début diminue au cours des oscillations ; cette énergie mécanique perdue apparaît sous forme de chaleur au niveau des surfaces de contact. Lorsque l'oscillateur a perdu toute l'énergie reçue au départ, il s'arrête dans la position d'équilibre stable (minimum d'énergie potentielle). L'énergie mécanique est proportionnelle au carré de l'amplitude des oscillations. Quand l'énergie mécanique diminue, l'amplitude des oscillations décroît jusqu'à l'arrêt de l'oscillateur ; c'est le phénomène d'amortissement.

Deux types d'amortissement sont envisageables : l'amortissement par frottement solide, (la force de frottement est constante), l'amortissement par frottements visqueux (la force de frottement dépend de la vitesse.

Selon le cas, l'amortissement peut être :

- négligeable ;
- faible et non négligeable : la courbe de décroissance est exponentielle ; les oscillations sont pseudopériodiques ;
- *Critique* ou *sous critique*: il ne se produit qu'une seule oscillation avant l'arrêt (sous critique) ; l'oscillateur s'arrête juste en atteignant sa position d'équilibre sans osciller (critique) ; le mouvement est apériodique ;
- *Surcritique* : dans ce cas, il n'y a plus d'oscillations : le régime est apériodique.

a. Equation différentielle

Considérons à nouveau le pendule élastique horizontal avec une force de frottement $\vec{f} = -h\vec{v}$; appliquons le théorème du centre d'inertie ; les forces qui s'exercent sont : $\vec{P}, \vec{R}, \vec{T}, \vec{f}$. On a donc $\vec{P} + \vec{R} + \vec{T} + \vec{f} = m\vec{a}$; la projection de cette relation sur Ox donne $-h.v - kx = ma$; soit $\frac{d^2x}{dt^2} + \frac{h}{m}\frac{dx}{dt} + kx = 0$

Pour éviter la diminution d'amplitude, on peut, à l'aide d'un dispositif approprié, fournir à chaque instant à l'oscillateur une énergie égale à celle qu'il a perdue à cause des frottements ; cela demande une intervention extérieure : les oscillations ne sont plus libres, elles sont entretenues ou *forcées*.

Exercice résolu

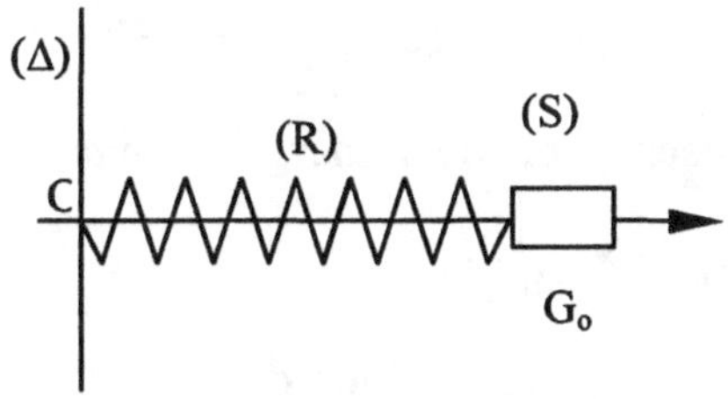

Un ressort (R) à spires non jointives, de masse négligeable, de longueur à vide ℓ_o = 12 cm, est enfilé sur une tige horizontale Ox, fixée à un axe vertical Δ. L'une des extrémités du ressort est fixée en O, l'autre à un solide (S), de masse 100 g. Le ressort (R) et le solide (S) peuvent coulisser sans frottement sur la tige.

1. Calculer la raideur du ressort sachant qu'il s'allonge de 1 cm lorsqu'il est soumis à une traction de 0,3 N.
2. Lorsque le ressort n'est ni comprimé, ni étiré, le centre d'inertie G de (S) occupe une position G_o qu'on prendra comme origine des abscisses. On tire (S) suivant Ox pour amener G en G_1 tel que $G_oG_1 = X_m = 5$ cm, puis on le lâche sans vitesse initiale à l'instant t = 0.

a. Etablir l'équation différentielle du mouvement de G. En déduire son équation horaire.

b. Quelle est la vitesse de G au passage par G_o ?

c. Montrer que l'énergie mécanique totale du système (R)+(S) est constante. Quelle est sa valeur numérique ?

Solution :

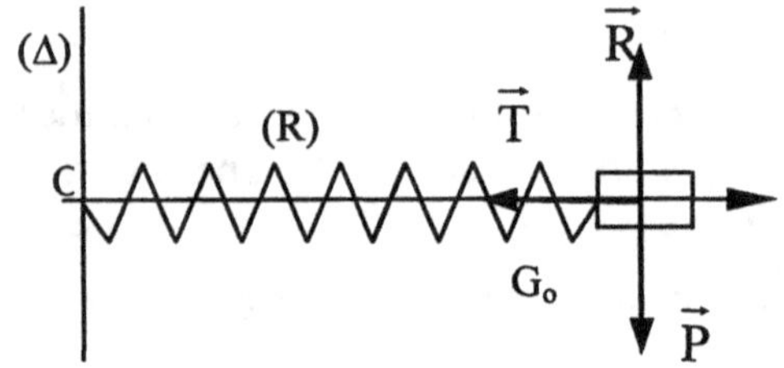

1. Soit f l'intensité de la traction a, l'allongement du ressort, et k sa raideur : on a F = ka, ce qui donne $a = \frac{F}{k} = \frac{0,3}{0,01} = 30\ N.m^{-1}$.

2. a. Pour écrire l'équation différentielle du mouvement, on applique le Théorème du centre d'inertie. Système : Solide (S) ; référentiel terrestre supposé galiléen ; bilan des force : le poids du solide $\vec{P}$, la réaction de la tige $\vec{R}$, la tension du ressort $\vec{T}$; le TCI s'écrit : $\sum \overrightarrow{F_{ext}} = m\vec{a}$; c'est-à-dire $\vec{T} + \vec{P} + \vec{R} = m\vec{a}$; la projection de cette relation sur l'axe Ox s'écrit $-kx = ma \Rightarrow \frac{d^2x}{dt^2} + \frac{k}{m}x = 0$; c'est l'équation différentielle du mouvement. Une solution de cette équation est $x = X_m \sin(\omega t + \varphi)$; $X_m = 5$ cm et à t = 0, $x = X_m$, soit $X_m = X_m \sin\varphi$; ce qui donne $\sin\varphi = 1$, soit $\varphi = \pi/2$; l'équation horaire s'écrit donc $x = 5\sin(\omega t + \pi/2)$ avec le cosinus, cette équation s'écrit $x = 5 \cos\omega t$.

2. b. Pour trouver la vitesse au passage par G_o, on commence par trouver la vitesse instantanée : $v = \frac{dx}{dt} = -5.10^{-2}\omega \sin \omega t$. Au passage par la position d'équilibre, la vitesse est maximale : $v_m = 5.10^{-2}.\omega = 5.10^{-2}\sqrt{\frac{30}{0,1}} = 0,87\ m.s^{-1}$.

La vitesse peut aussi se calculer par la conservation de l'énergie mécanique totale : $E_{cmax} = E_{pmax} \Leftrightarrow \frac{1}{2}kX_m^2 = \frac{1}{2}mv_m^2 \Rightarrow v_m = X_m\sqrt{\frac{k}{m}}$.

2. c. Il y a deux manières de montrer que l'énergie mécanique du système est constante.

- Soit écrire l'expression de l'énergie mécanique à avoir $E_m = E_p + E_c = 1/2mv^2 + 1/2kx^2$, et on la dérive par rapport au temps

$$\frac{dE}{dt} = k.x.\frac{dx}{dt} + m.v.\frac{dv}{dt} \text{ et } \frac{dv}{dt} = \frac{d^2x}{dt^2} \text{ donc } \frac{dE}{dt} = (kx + m\frac{d^2x}{dt^2}).v = 0,$$

puisque $kx + m\frac{d^2x}{dt^2} = 0$. Ce qui signifie que E est constant.

- On peut aussi remplacer x et v par leurs expressions comme fonction du temps ; $E_m = 1/2kx^2+1/2mv^2$; $x = X_m\sin(\omega_o t+\varphi)$ et v = $\frac{dx}{dt} = \omega_o X_m \cos(\omega_o t + \varphi)$, donc

E=

$$\frac{1}{2}kX_m^2 \sin^2(\omega_o t + \varphi) + \frac{1}{2}m\omega_o^2 X_m^2 \cos^2(\omega_o t + \varphi) = \frac{1}{2}kX_m^2\left[\sin^2(\omega_o t + \varphi) + \cos^2(\omega_o t + \varphi)\right] ;$$

puisque $m\omega_o^2 = k$; on a donc finalement $E_m = \frac{1}{2}kX_m^2 = E_i$. L'énergie mécanique totale d'un pendule élastique horizontal est constante.

Pour la valeur numérique de E_m on choisit par exemple la position d'équilibre ; dans cette position, l'allongement du ressort étant nulle, l'énergie potentielle élastique du ressort est nulle ; l'énergie mécanique se réduit à l'énergie cinétique dans cette position. $E_m = E_c = 1/2mV_m{}^2 = 0{,}038$ J.

On peut aussi calculer l'énergie mécanique avec l'énergie potentielle élastique dans la position correspondant à $x = X_m$; $E_m = E_c = 1/2kX_m{}^2 = 0{,}038$ J.

EXERCICES

Sauf indication contraire, prendre g = 9,80 m.s^{-2}.

Exercice 1.

Un mobile animé d'un mouvement rectiligne sinusoïdal se trouve au point d'amplitude maximale X_m = 65 mm à l'instant initial. La période du mouvement est T = 4s.

1. Ecrire l'équation horaire du mouvement.
2. Quelle est sa vitesse à l'instant t ?
3. Calculer l'élongation et la vitesse du mobile à l'instant de date t = 1,54s.
4. Quelle est l'accélération du mobile à l'instant t ? En déduire l'équation différentielle qui régit le mouvement.

Exercice 2.

On considère un ressort de longueur à vide ℓ_0 = 0,10 m.

1. On suspend à l'extrémité inférieure de ce ressort, une masse m = 50g ; il prend alors une longueur ℓ = 0,12 m à l'équilibre ; on donne g = 9,8 m.s^{-2}.

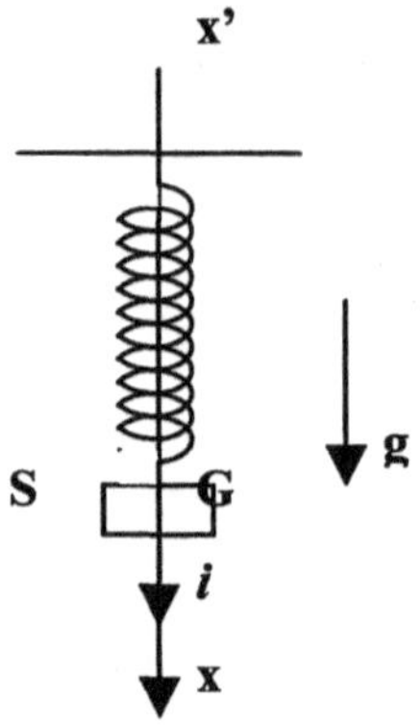

1.1. Représenter le ressort à l'équilibre en faisant apparaître les forces agissant sur la masse suspendue.

1.2 Que vaut sont allongement à l'équilibre ?

1.3. Calculer sa raideur.

2. On écarte maintenant verticalement vers le bas la masse d'une distance a = 1 cm et on l'abandonne. La masse oscille verticalement autour de sa position d'équilibre avec une période T égale à la période propre T_o de cet oscillateur. Calculer T.

3. Soit x la position du solide S à l'instant t, l'origine de l'axe étant prise lorsque le système est en équilibre.

3.1. Quelle est l'énergie potentielle de pesanteur du système, le niveau de référence étant la position d'équilibre ?

3.2. Quelle est l'allongement du ressort à l'instant t ? En déduire l'énergie potentielle élastique du ressort en fonction de x.

4. Calculer l'énergie mécanique du système à l'instant t =0. À quelle condition cette énergie mécanique demeure-t-elle constante ?

Exercice 3.

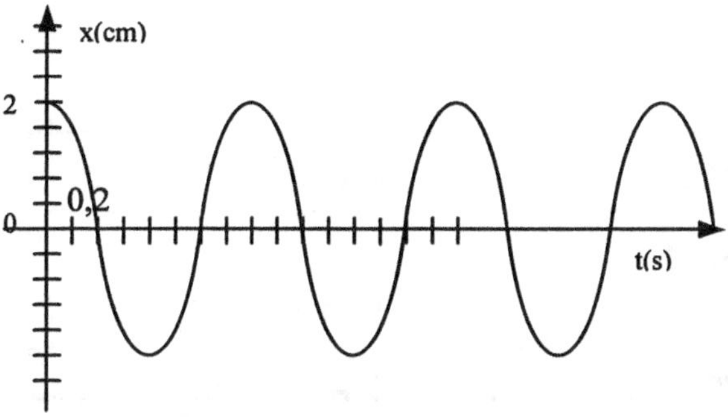

La courbe ci – contre est celle de l'élongation x d'un oscillateur élastique horizontal (raideur k, masse m = 206 g). Le ressort a sa longueur naturelle lorsque x = 0.

1. Déterminer la période de cet oscillateur, l'amplitude des oscillations, la valeur de la raideur du ressort.

2.1. Donner l'expression de l'énergie potentielle élastique de cet oscillateur.

2.2. Déterminer l'énergie potentielle maximale.

2.3. En déduire la valeur de l'énergie mécanique.

3.1. Quelle est la valeur maximale de l'énergie cinétique de cet oscillateur ?

3.2. Calculer la valeur maximale de la vitesse.

4. Pour une élongation x = 1,5 cm, calculer : l'énergie potentielle élastique, l'énergie cinétique et la valeur de la vitesse.

Exercice 4. Oscillateur mécanique

Un ressort (R), de masse négligeable et à spires non jointives, est accroché à l'une des extrémités A, au bâti d'une table. Celle – ci est inclinée par rapport au plan horizontal d'un angle $\alpha = 25°$. A l'autre extrémité B du ressort est accroché un solide autoporteur S dont la masse vaut M = 570 g. La longueur du ressort à vide vaut l_0 = 16 cm. Lorsque S est accroché en B, la longueur du ressort à l'équilibre devient l = 29,6 cm.

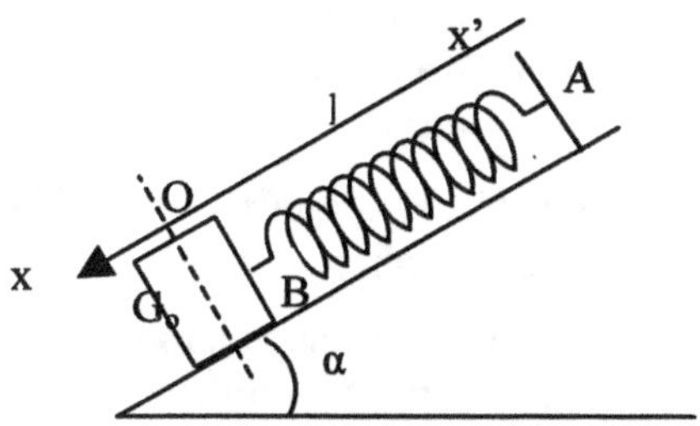

1. Calculer la raideur k du ressort.
2. On tire le solide autoporteur d'une longueur a = 7 cm vers le bas et on le lâche sans vitesse à l'instant t = 0. On prend comme origine spatiale la position G_0 du centre d'inertie G du solide S à l'équilibre. L'abscisse x de G à l'instant t sera déterminée sur l'axe Ox.
   a. Etablir l'équation différentielle qui régit le mouvement.
   b. Calculer la pulsation propre de l'oscillateur.
   c. Donner l'équation horaire du mouvement du solide S.

d. Calculer l'énergie mécanique de l'oscillateur. L'énergie potentielle de pesanteur sera conventionnellement prise égale à zéro pour le solide dans sa position d'équilibre.

Exercice 5.

Deux ressorts identiques, de masses négligeables, sont accrochés à un solide autoporteur S qui repose sur une table parfaitement plane et horizontale. Les deux ressorts sont fixés en A et B aux extrémités de la table (voir figure). On tire le solide S suivant la droite AB, d'une distance d = 12,5 cm et on le lâche sans vitesse. On donne : masse du solide autoporteur : m = 560 g ; longueur à vide des ressorts ℓ_0 = 15 cm ; longueur des ressorts lorsqu'ils sont accrochés à S : ℓ = 30 cm ; raideur d'un ressort : k = 7,2 $N.m^{-1}$.

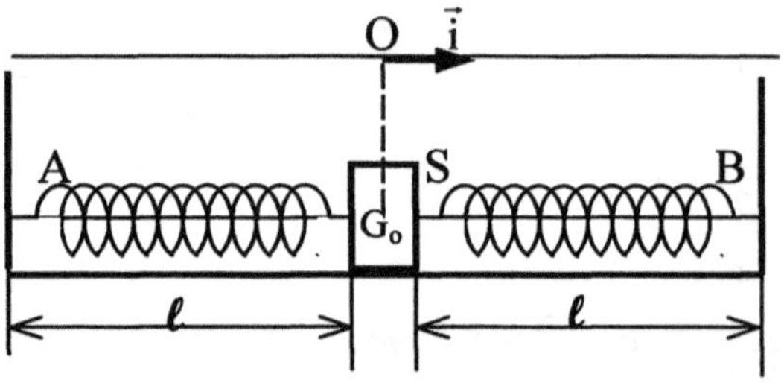

1. Établir l'équation différentielle du mouvement.
2. Calculer la période des oscillations du solide S.
3. Calculer sa vitesse maximale.
4. Calculer l'énergie mécanique de l'oscillateur.

Exercice 6.

Certaines pistes présentent des variations périodiques de niveau : des bosses se succèdent régulièrement à une distance ℓ = 0,6 m. Une voiture parcourt cette piste à la vitesse v constante.

1. Exprimer la période du passage de la roue de cette automobile d'une bosse à la suivante. En déduire la fréquence de ce phénomène.
2. L'oscillateur, constitué par la roue, son ressort de suspension et son amortisseur, est caractérisé par une fréquence propre f_0 = 50 Hz.
   a. Soumis aux ondulations de la route, cet oscillateur est en régime forcé. On admettra que la fréquence de résonance est la fréquence propre de l'oscillateur. Montrer qu'il existe une valeur v_0 de la vitesse pour laquelle l'oscillateur risque d'entrer en résonance. Calculer v_0.
   b. Le facteur qualité $Q = \frac{f_0}{|f_1 - f_2|}$ de l'oscillateur vaut 4. Déterminer approximativement entre quelles vitesses il faut éviter de rouler pour ne pas provoquer des oscillations de trop grande

amplitude. (on supposera pour simplifier que f_1 et f_2 sont symétriques par rapport à f_o, ce qui est une approximation.)

Exercice 7.

Voici six propositions :

1. La période des oscillations est d'autant plus grande que la masse du solide accroché au ressort est importante.
2. L'amplitude ne dépend pas de la manière dont a été lancé le pendule.
3. La période dépend de la valeur du champ de pesanteur.
4. L'énergie mécanique est proportionnelle au carré de la valeur maximale de la vitesse.
5. L'énergie mécanique est proportionnelle au carré de l'amplitude des élongations.
6. L'énergie potentielle élastique, lorsque le ressort est comprimé, est égale à $-\frac{1}{2}kx^2$.

Dans la liste suivante, indiquer la ou les affirmations vraies :

a. sont vraies les propositions 1, 3 et 5 ;
b. sont vraies les propositions 1, 4 et 5 ;
c. sont vraies les propositions 3 et 6 ;
d. toutes les propositions sont vraies.

Exercice 8. Calculer l'énergie mécanique d'un oscillateur

Un oscillateur élastique horizontal non amorti est constitué par un ressort de raideur $k = 20\ N.m^{-1}$ et par un solide de masse $m = 0,20$ kg.

1. Calculer la période propre des oscillations de ce système.
2. On écarte le solide de 3,0 cm par rapport à sa position d'équilibre et on le lâche sans vitesse initiale. Calculer :
   a. la valeur de l'énergie potentielle élastique de cet oscillateur à l'instant initial ;
   b. l'énergie cinétique lors du passage par la position d'équilibre. En déduire la valeur maximale de la vitesse.

Exercice 9. Analyser l'enregistrement d'un oscillateur élastique

L'enregistrement ci – dessous est celui de l'élongation x d'un oscillateur élastique horizontal (raideur k, masse m = 206 g) en fonction du temps. Le ressort n'est pas allongé lorsque $x = 0$.

1. Déterminer :

a. la période propre de cet oscillateur ;

b. l'amplitude des oscillations ;

c. la valeur de la raideur k du ressort.

2. Donner l'expression de l'énergie potentielle élastique de cet oscillateur.

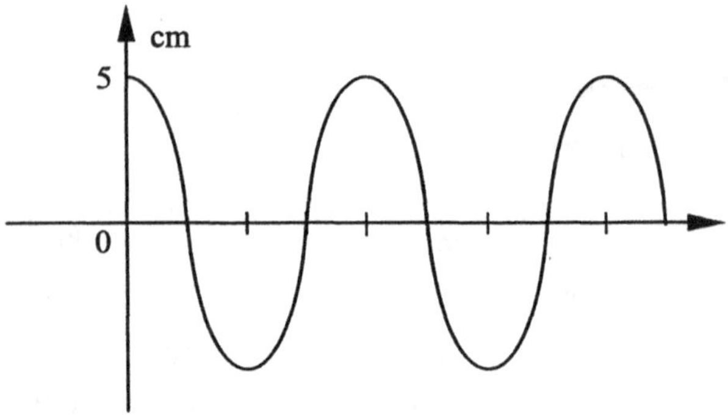

a. Déterminer l'énergie potentielle maximale.

b. En déduire la valeur de l'énergie mécanique.

c. Pour une élongation x = 1,5 cm, calculer l'énergie cinétique et la valeur de la vitesse.

Exercice 10. Étude d'un pendule simple. Série D

Un pendule simple est écarté de sa position d'équilibre d'un angle $\alpha_o = 40°$. Le solide suspendu, de masse m = 200 g, est quasi ponctuel. La longueur du fil est ℓ = 80 cm. On donne $g = 9{,}8\ m.s^{-2}$.

1. Le plan horizontal contenant la position d'équilibre du solide est choisi comme plan de référence de l'énergie potentielle de pesanteur.
    a. Exprimer l'énergie potentielle du système (terre pendule en fonction de ℓ, m, α_o et g.
    b. Calculer la valeur de cette énergie.
2. Calculer la valeur de la vitesse avec laquelle le solide passe par sa position d'équilibre.
3. Calculer les valeurs des énergies cinétiques et potentielles lorsque α = 20°.
4. Pour quelle valeur de α les énergies cinétique et potentielle sont-elles égales ?

Exercice 11. Énergie potentielle de pesanteur

Une boule d'acier est fixée à l'extrémité d'un câble de poids négligeable devant celui de la boule. La longueur du câble est ℓ = 15 m. La masse de la boule est m = 200 kg. On donne $g = 9{,}8\ m.s^{-2}$.

1. Ce pendule pesant est écarté de $\theta_m = 20°$ par rapport à sa position d'équilibre.
    a. Exprimer l'énergie potentielle de pesanteur du système (Terre – support – boule – câble) en fonction des grandeurs m, ℓ, θ et g. Donnée $E_{pp} = 0$ à l'équilibre.

b. Calculer sa valeur lorsque $\theta = \theta_m$.

2. Calculer l'énergie cinétique maximale de la boule.
3. Calculer la vitesse maximale de la boule.

Exercice 12. Oscillateur élastique vertical

On considère un ressort de longueur à vide $\ell_o = 0{,}10$ cm.

1. On suspend, à l'extrémité inférieure de ce ressort, un solide de masse m = 50 g ; sa longueur est alors $\ell = 0{,}12$ m. on donne $g = 9{,}8\ m.s^{-2}$.
   a. Représenter le ressort à l'équilibre en faisant apparaître les forces agissant sur le solide.
   b. Que vaut l'allongement du ressort à l'équilibre ?
   c. Calculer la raideur du ressort.
2. On écarte maintenant verticalement et vers le bas le solide d'une distance a = 1 cm et on l'abandonne sans vitesse initiale à l'instant t = 0. Il oscille verticalement autour de la position d'équilibre définie dans la première question, ave une période T égale à la période propre T_o de cet oscillateur. Calculer T.
3. Soit x la position du solide s à l'instant t, l'origine de l'axe étant prise lorsque le système est en équilibre.
   a. L'énergie potentielle de pesanteur du système (terre – oscillateur – support) est égale à $E_{pp} = -\,mgx$. Quel est le niveau zéro de l'énergie potentielle de pesanteur ? Justifier le signe – .
   b. Exprimer l'énergie potentielle élastique de ce ressort en fonction de x.
4. Calculer l'énergie mécanique du système (terre – oscillateur - support) à l'instant t = 0.
   a. À quelle condition cette énergie mécanique reste-t-elle constante lors des oscillations ?

Exercice 13.

On considère deux ressorts montés des deux manières indiqués sur les schémas ci-contre.

Trouver pour chaque montage la raideur du ressort équivalent en fonction des raideurs k_1 et k_2.

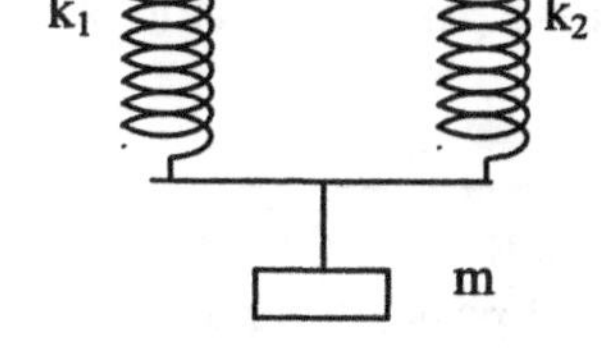

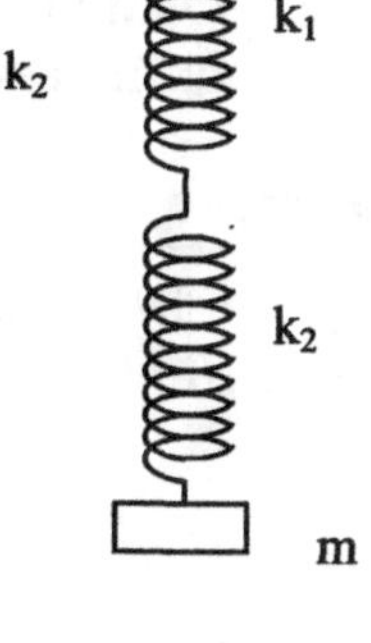

Exercice 14. SÉRIE D

On considère le système constitué par un fil dont une extrémité est reliée à un point fixe O et supportant à l'autre extrémité une bille en plomb de masse m = 10 g. Ce système est assimilable à un pendule simple de longueur $\ell = 22$ m. On donne $g = 9{,}80\ m.s^{-2}$.

1. Calculer la période des oscillations de faible amplitude de ce pendule.
2. Le pendule est maintenant abandonné sans vitesse initiale avec une amplitude angulaire $\alpha_m = 30°$.
   a. Représenter vectoriellement la vitesse de la bille lors d'un passage à la verticale du point O et calculer sa valeur.
   b. Calculer la tension du fil pour cette dernière position.
3. Sous quelle amplitude angulaire doit-on abandonner le pendule sans vitesse initiale pour que la tension du fil soit égale à la moitié du poids de la bille lors du retour du pendule à son élongation extrême ?
4. Le pendule oscillant dans les conditions de la 3è partie de l'exercice, le fil rompt lors d'un passage par la position verticale. Avec quelle vitesse la bille atteindra-t- elle le sol horizontal situé à 3 m au-dessous du point O ?

Réponses : 1. ***2,83 s***; 2. ***2,29 m.s⁻¹*** ; ***0,124 N*** ; 3. ***60°*** ; 4. ***7,67 m.s⁻¹***.

Exercice 16. SÉRIE D

1. Calculer la période des petites oscillations d'un pendule simple de longueur 1,50 m placé en un lieu ou l'intensité de la pesanteur est $g = 9{,}80\ m.s^{-2}$.
2. On fait osciller ce pendule. L'élongation maximale étant de 3°, calculer la vitesse et l'énergie cinétique de ce pendule lorsqu'il passe par sa position d'équilibre. La masse du pendule est de 20 g.

Exercice 17. SÉRIE D

Un pendule simple est constitué par une masse de 1 kg fixée à l'extrémité d'un fil de longueur 3,93 m. La période des petites oscillations de ce pendule est de 3,98 s.

1. Quelle est la valeur de g au lieu considéré ?
2. On donne à ce pendule une amplitude de 60°. Quelle est sa vitesse lorsqu'il passe par la verticale et quelle est alors son énergie cinétique ?

Exercice 18.

Une tige homogène AB, de masse m et de longueur ℓ, est mobile autour d'un axe horizontal (Δ) passant par A. M = 150 g ; $\ell = 80$ cm ; $g = 9{,}81\ m.s^{-2}$.

1. Déterminer, en fonction de m et ℓ, le moment d'inertie J_Δ de la tige par rapport à l'axe (Δ), en appliquant le théorème de Huygens. On rappelle que le moment d'inertie d'une tige par rapport à un axe horizontal passant par son centre de gravité G est $J_G = \frac{m\ell^2}{12}$.
2. On écarte la tige de sa position d'équilibre stable d'un angle θ_m et on le lâche sans vitesse initiale.
   a. Faire le bilan des forces appliquées à la tige et établir l'équation différentielle de son mouvement.
   b. Ecrire l'équation différentielle dans le cas où $\theta_m < 10°$. En déduire en fonction de m, ℓ et g l'expression de la période T des oscillations de faible amplitude de ce pendule. Calculer numériquement T.
   c. L'amplitude angulaire du pendule vaut maintenant $\theta_m = \frac{\pi}{3}$ rad. Donner, pour une élongation angulaire quelconque θ, l'expression de l'énergie mécanique totale du système terre – tige en fonction de m, g, θ, ℓ, $\frac{d\theta}{dt}$. On considérera que l'énergie potentielle du système est nulle lorsque la tige est dans sa position d'équilibre stable.
   d. Que peut-on dire de l'énergie mécanique totale du système au cours des oscillations ? Calculer sa valeur numérique.
   e. Pour quelle position de la tige l'énergie cinétique est-elle maximale ? Quelle est sa valeur ? En déduire la vitesse maximale du point B.

Réponses : $J_\Delta = \frac{m\ell^2}{3}$; $\frac{d^2\theta}{dt^2} + \frac{mgl}{2J_\Delta}\sin\theta = 0$; pour les petites valeurs de θ, l'équation devient $\frac{d^2\theta}{dt^2} + \frac{3g}{2\ell}\theta = 0$; $\omega = \sqrt{\frac{3g}{2\ell}}$ donc $T = 2\pi\sqrt{\frac{2\ell}{3g}} = 1,46$ s.
$E_m = \frac{m\ell^2}{6}\left(\frac{d\theta}{dt}\right)^2 + \frac{mg\ell}{2}(1-\cos\theta)$; $E_m = 0,29$ J. $\dot{\theta} = \sqrt{\frac{6E_c}{m\ell^2}} = 4,26\ \text{rad.s}^{-1}$.

7. LA LUMIÈRE
ASPECT ONDULATOIRE DE LA LUMIÈRE

1. DIFFRACTION D'UNE ONDE LUMINEUSE
2. LES INTERFÉRENCES LUMINEUSES
    a. L'expérience des fentes d'Young
        i. Dispositif expérimental
        ii. Observations
        iii. Interprétations
    b. Conditions d'interférences lumineuses
        i. Longueurs d'ondes lumineuses
        ii. Notion de cohérence
3. LE SPECTRE DE LA LUMIÈRE

<u>OBJECTIFS</u> : étudier les phénomènes d'interférences et d'effet photoélectrique pour faire ressortir le double aspect corpusculaire et ondulatoire de la lumière.

1. DIFFRACTION D'UNE ONDE LUMINEUSE

Les rayons lumineux passent en ligne droite à travers une ouverture large. Si on réduit les dimensions de l'ouverture, elle se comporte comme une source secondaire : on dit qu'il y a diffraction de la lumière. Il n'est pas possible d'isoler un rayon de lumière à cause de ce phénomène, qui est propre aux ondes.

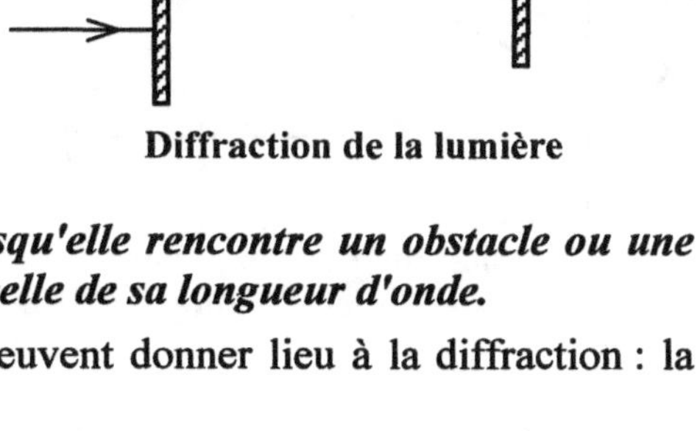

Diffraction de la lumière

La diffraction est un phénomène constitué par des perturbations affectant une onde de type quelconque, lorsqu'elle rencontre un obstacle ou une ouverture de dimension comparable à celle de sa longueur d'onde.

Seuls les phénomènes vibratoires qui peuvent donner lieu à la diffraction : la lumière a donc un caractère ondulatoire.

2. LES INTERFÉRENCES LUMINEUSES

a. L'expérience des fentes d'Young

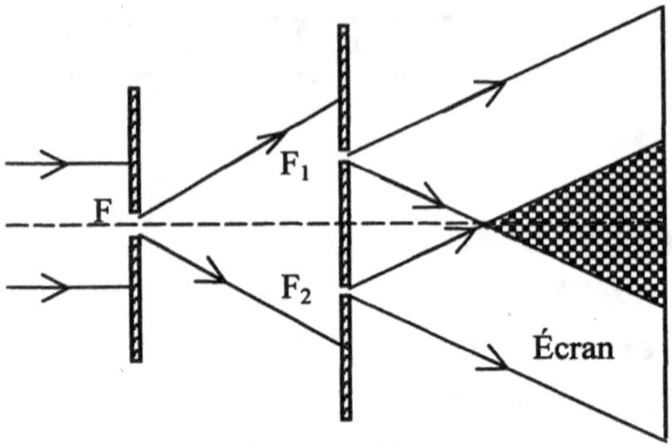

Les fentes d'Young

La fente F est éclairée par une lumière *monochromatique* (radiation ayant une fréquence bien précise): c'est la fente source ; il s'y produit une première diffraction. La lumière issue de F éclaire à son tour deux fentes fines et parallèles F_1 et F_2 distantes de quelques millimètres ; au niveau de chaque fente il se produit à nouveau une diffraction, et les faisceaux lumineux provenant de F_1 et F_2 se rencontrent dans une zone appelée *champ d'interférence.*

i. Observations

On observe sur l'écran des bandes sombres et brillantes parallèles et alternatives : ce sont les *franges d'interférence*. La distance entre deux franges consécutives de même nature est appelée *interfrange.*

Les franges sont observables quelle que soit la position de l'écran, à condition que ce dernier traverse le champ d'interférence : on dit que les franges sont délocalisées.

ii. Interprétation

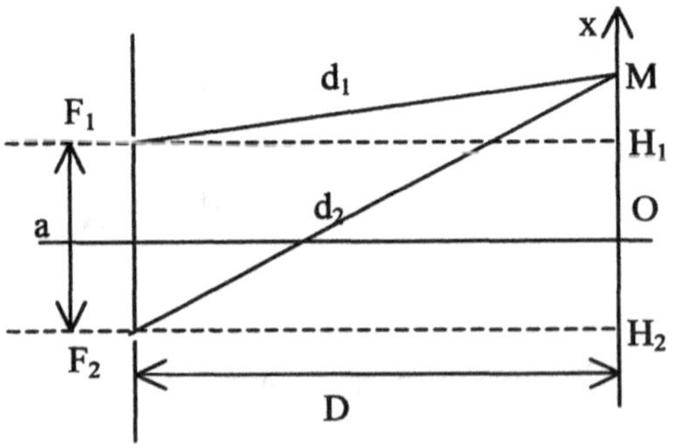

Exploitation de l'expérience des fentes d'Young

La distance a entre les fentes est de l'ordre du millimètre, $x = \overline{OM}$ du centimètre et la distance D entre le plan des fentes et l'écran, du mètre ; a et x sont donc très petits devant D.

La différence de marche s'écrit : $\delta = F_2M - F_1M = d_2 - d_1$. Les triangles F_1H_1M et F_1H_2M sont rectangles : on peut donc écrire, en appliquant le théorème de Pythagore :

$$d_1^2 = D^2 + \left(x - \frac{a}{2}\right)^2 \text{ et } d_2^2 = D^2 + \left(x + \frac{a}{2}\right)^2 \ ;$$

$d_2^2 - d_1^2 = \left(x + \frac{a}{2}\right)^2 - \left(x - \frac{a}{2}\right) = 2ax \Rightarrow (d_2 - d_1)(d_2 + d_1) = 2ax$; a et x étant négligeables devant D, on peut écrire $d_2 + d_1 = 2D \Rightarrow \delta = \frac{ax}{D}$.

On constate que la lumière donne lieu au phénomène d'interférences, comme les ondes mécaniques, ce qui confirme son caractère ondulatoire comme le prouvait déjà la diffraction.

Pour *les franges brillantes,* on a $d_2 - d_1 = k\lambda$, soit $\frac{ax}{D} = k\lambda$ ce qui entraîne $x = k\frac{\lambda D}{a}$; *l'ordre d'interférence* $p = \frac{\delta}{\lambda} = k \in \mathbb{Z}$; lorsque p est un entier relatif, on a une frange brillante.

Pour *les franges sombres,*

on a $d_2 - d_1 = (2k'-1)\frac{\lambda}{2}$,

soit $\frac{ax}{D} = (2k'-1)\frac{\lambda}{2}$

ce qui entraîne $x = (2k'-1)\frac{\lambda D}{2a}$;

l'ordre d'interférence $p = \frac{\delta}{\lambda} = k' - \frac{1}{2}$; $k' \in \mathbb{Z}$; lorsque p est un demi entier, on a une frange sombre.

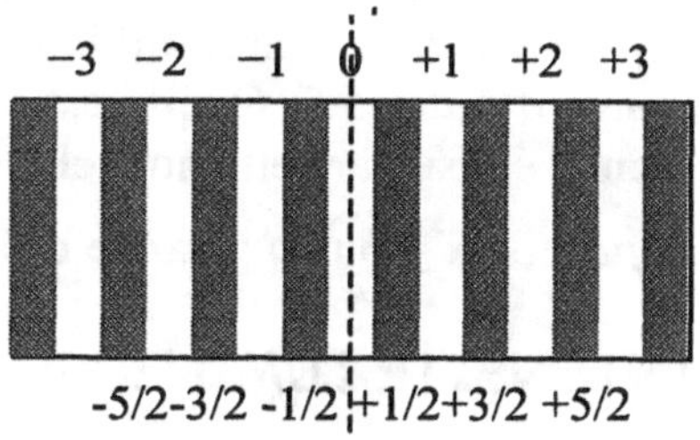

Ecran avec les franges d'interférence

Franges et ordre d'interférences

<u>*Remarque :*</u> Avec cette formulation, k' correspond à l'ordre de la frange quand c'est strictement positif; ainsi par exemple, pour k' =1, on a la 1ère frange sombre ($p = +\frac{1}{2}$), k'=2, la 2ème frange sombre ($p = +\frac{3}{2}$), etc.

L'interfrange étant la distance séparant les milieux de deux franges consécutives de même nature, on peut la calculer en considérant par exemple deux franges brillantes consécutives : $x = k\frac{\lambda D}{a}$ et $x' = (k+1)\frac{\lambda D}{a}$; $i = x' - x = (k+1)\frac{\lambda D}{a} - k\frac{\lambda D}{a} = \frac{\lambda D}{a} \Rightarrow i = \frac{\lambda D}{a}$.

Le calcul avec les franges sombres donne le même résultat.

Exercice d'application :

On produit des franges d'interférences non localisées à l'aide d'un dispositif classique des fentes d'Young. Les deux sources, distantes de 1 mm, sont situées à 1 m de l'écran. On utilise la lumière monochromatique de longueur d'onde 0,546 μm (radiation verte). Calculer la distance entre les milieux de la 5è frange brillante à droite et la 5è frange brillante à gauche de la frange centrale.

Réponse : 5,46 mm.

Exercice d'application :

On réalise une expérience avec a = 0,5 mm, d = 1 m, et λ = 0,600 μm. On rappelle que l'ordre d'interférence est le quotient $\frac{d_2 - d_1}{\lambda}$. Quelle est la distance entre la frange d'ordre 5 et le centre de l'écran ? Est-elle brillante ou sombre ? On remplace la source initiale par une autre qui, au point précédent, crée la frange d'ordre 5,5. Quelle est la nature de cette frange ? Calculer la longueur d'onde émise par cette nouvelle source.

Réponse : x = 6 mm ; frange brillante, frange sombre : λ = 0,545 μm.

INTENSITÉ LUMINEUSE (SÉRIES C ET E)

Exprimons l'amplitude de la vibration lumineuse en un point : soit $s_1 = s_2 = s_o\cos\omega t$, les vibrations issues de F_1 et F_2 ; au point M, on aura : $s_1(M) = s_o\cos(\omega t + \varphi_1)$, avec $\varphi_1 = -\frac{2\pi d_1}{\lambda}$, et $s_2(M) = s_o\cos(\omega t + \varphi_2)$, avec $\varphi_2 = -\frac{2\pi d_2}{\lambda}$; la vibration résultante s'écrit au point M, $s = s_1 + s_2 = s_o\cos(\omega t + \varphi_1) + s_o\cos(\omega t + \varphi_2) = 2s_o\cos\pi\frac{(d_2 - d_1)}{\lambda}\cos(\omega t + \varphi)$; $d_1 - d_2 = \frac{ax}{D} \Rightarrow$

$s = 2s_o\cos\frac{\pi\, ax}{\lambda D}\cos(\omega t + \varphi)$. L'intensité lumineuse, ou éclairement au point M est proportionnelle au carré de l'amplitude de la vibration en ce point. $\mathcal{E}(M) = K(2s_o\cos\frac{\pi\, ax}{\lambda D})^2$; $i = \frac{\lambda D}{a} \Rightarrow \mathcal{E}(M) = 4Ks_o^2\cos^2\frac{\pi\, x}{i}$ et comme $\cos^2\alpha = \frac{1}{2}(1 + \cos 2\alpha)$, $\mathcal{E}(M) = 2Ks_o^2(1 + \cos\frac{2\pi\, x}{i})$, ce qui peut encore s'écrire $\mathcal{E}(M) = \mathcal{E}_o(1 + \cos\frac{2\pi\, x}{i})$; c'est une fonction périodique de période i dont les maximum correspondent aux franges claires, et les minimum aux franges sombres.

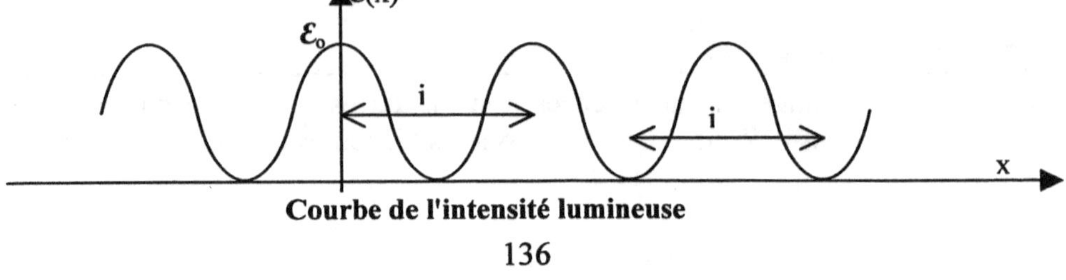

Courbe de l'intensité lumineuse

b. Conditions d'interférences lumineuses

La mesure de l'interfrange permet de déterminer la longueur d'onde de la radiation monochromatique utilisée. Les calculs montrent que les vibrations lumineuses ont des longueurs d'onde très faibles, c'est-à-dire des fréquences très élevées.

On ne peut pas observer le phénomène d'interférence à partir de deux sources distinctes ; ce n'est possible que si ces sources sont cohérentes et pour obtenir de telles sources, on part d'une seule source, qui est ensuite dédoublée. Il existe d'autres dispositifs qui permettent d'obtenir des sources cohérentes : les miroirs de Fresnel, les demi-lentilles de Billet, le miroir de Lloyd.

3. LE SPECTRE DE LA LUMIÈRE VISIBLE

La lumière blanche est composée d'un ensemble de radiations monochromatiques dont la longueur d'onde varie entre 0,40 et 0,75 µm. L'ensemble de ces radiations qui forment l'arc-en-ciel constitue le spectre de la lumière blanche ; ce spectre est continu puisqu'il existe une infinité de radiations monochromatiques.

a. Rayonnement ultraviolet

Ce rayonnement est constitué des radiations électromagnétiques dont la longueur d'onde est comprise entre le violet extrême ($4 \cdot 10^{-7}$ m) et le début des rayons X ($5 \cdot 10^{-9}$ m). Les ultraviolets impressionnent les émulsions photographiques et excitent la fluorescence de certaines substances (tubes fluorescents à vapeur de mercure), peuvent ioniser les gaz et possèdent une grande activité chimique (action destructrice sur les tissus vivants, production de vitamine D dans le corps humain, etc.). La couche d'ozone de la haute atmosphère nous protège de l'action néfaste des ultraviolets. On les produit artificiellement par une lampe à vapeur de mercure. La plupart des métaux sont transparents aux U.V. Ils permettent le bronzage (action de brunir sous l'action du soleil) de la peau, mais à haute dose, ils peuvent provoquer des brûlures de la peau et des cancers.

b. Rayonnement infrarouge

Ce sont les radiations dont la longue d'onde est comprise entre 1 µm et 1 mm.

Tout corps chauffé émet un rayonnement infrarouge. Les applications des infrarouges sont très nombreuses: astronomie (étude de la constitution des étoiles), météorologie (photographies prises par les satellites), observation de nuit (lunette à infrarouge), détection des missiles en vol et des lancements de fusées, étude de la végétation, recherches archéologiques, etc.

c. Le rayonnement électromagnétique

Les rayonnements électromagnétiques comprennent, dans l'ordre croissant des longueurs d'onde, les rayons gamma, les rayons X, l'ultraviolet, la lumière visible, l'infrarouge, les micro-ondes et les ondes radio. Plus la longueur d'onde du rayonnement est élevée, plus sa fréquence est basse.

d. Interférences en lumière blanche

Si on éclaire le dispositif des fentes d'Young avec la lumière blanche, chaque radiation donne son propre système de franges. Il y a superposition de tous les systèmes de franges. La frange centrale brillante pour chaque radiation paraît blanche (mélange de toutes les couleurs du spectre de la lumière blanche). Plus loin du centre, en tout point, on croit voir du blanc sale : il s'agit du blanc d'ordre supérieur. Si on place dans le champ d'interférences la fente d'un spectroscope, on observe un spectre continu sillonné de bandes noires appelées *cannelures*, correspondant aux franges sombres.

4. APPLICATIONS

Les interférences lumineuses servent notamment :

- à mesurer les longueurs d'onde, des indices de réfraction, des épaisseurs faibles ;
- à étudier les écoulements liquides ou gazeux ;
- à étudier la résistance des matériaux.

L'ensemble de ces applications de l'interférence est appelée l'interférométrie.

L'*holographie* est un procédé de restitution en trois dimensions de l'image d'un objet ; ce procédé utilise l'interférence entre deux rayons laser : l'un issu de l'appareil et l'autre de l'objet lui-même.

NOTA BENE

---

2. Déplacement de la source S_o parallèlement à SS'

La nouvelle différence de marche devient $\delta = (S_oS'+S'M) - (S_oS+SM) = (S_oS' - S_oS) + (S'M - SM)$;

la différence ($S_oS'- S_oS$) se calcule de la même manière que ($S'M - SM$) ; on trouve alors ($S_oS'- S_oS$) = $\frac{ay}{d}$; la différence de marche lorsqu'on déplace S_o s'écrit donc : $\delta = \frac{ax}{D} + \frac{ay}{d}$; pour la frange centrale, la différence de marche est nulle ; le déplacement x de cette frange s'écrit donc $x = -\frac{D}{d}y$.

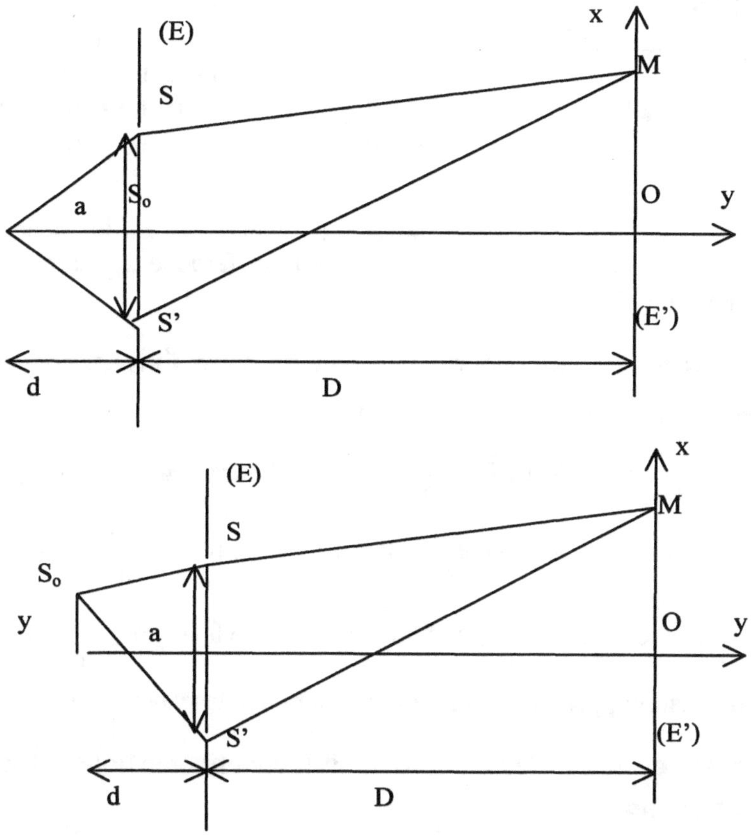

Déplacement d'une source

2. Interposition d'une lame à faces parallèles sur l'un des faisceaux

Ceci provoque le ralentissement le faisceau du côté S où la lame a été placée ; le trajet va donc être allongé ; calcul de l'allongement :

Si le faisceau traverse la lame pendant un temps t, on a $t = \frac{e}{c_1}$; c_1 est la célérité de la lumière dans la lame, et n l'indice du milieu de la lame ; $c_1 = \frac{c}{n}$; le trajet parcouru dans l'air pendant ce temps est e' = ct $= c\frac{e}{c_1} = ne$; le trajet SM est donc allongé de e' – e = ne – e = (n – 1)e : la nouvelle différence de marche devient donc : $\delta = \frac{ax}{D} - (n-1)e$.

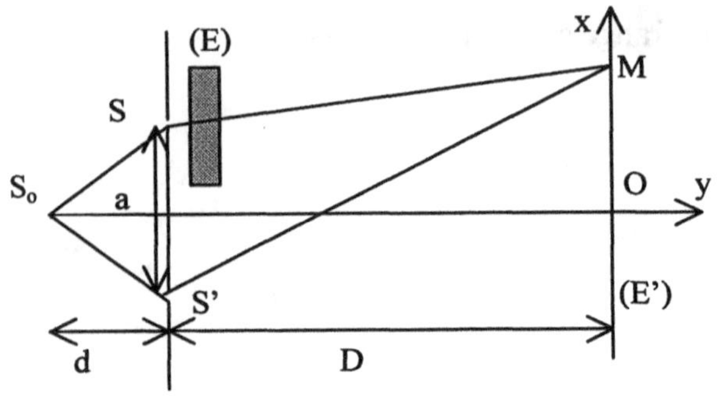

Si une autre lame d'épaisseur e' et d'indice n'est placée devant le faisceau S'M pour ramener la frange centrale en x = 0, alors la différence de marche qui est nulle s'écrira $\delta = e'(n' - 1) - e(n - 1) = 0$.

3. Détermination du nombre de cannelures avec l'interférence

Interposition d'une lame à faces parallèles

La différence de marche s'écrit $\delta = \frac{ax}{D}$; l'ordre d'interférence s'écrit : $p = \frac{\delta}{\lambda}$; connaissant la valeur de x, on calcule la valeur de δ, et on tire $\lambda = \frac{\delta}{p}$; comme on est en lumière blanche, $0{,}40\ \mu m \leq \lambda \leq 0{,}75\ \mu m$, c'est-à-dire $0{,}40\ \mu m \leq \frac{\delta}{p} \leq 0{,}75\ \mu m$; ceci permet d'encadrer p, et par remplacement, on trouve les valeurs de λ.

4. Interférences avec deux radiations monochromatiques : coïncidence des franges

Si la radiation de longueur d'onde λ a pour interfrange i et la radiation de longueur d'onde λ' pour interfrange i', avec i' < i, on a $(N + 1)i' = Ni$.

On peut aussi écrire l'abscisse de la coïncidence $x_M = ni = n'i'$, c'est-à-dire $\frac{n\lambda D}{a} = \frac{n'\lambda' D}{a'}$ soit $n\lambda = n'\lambda'$, qui s'écrit aussi $\frac{n}{n'} = \frac{\lambda'}{\lambda}$; on remplace les longueurs d'onde par leurs valeurs numériques et cela permet de trouver les valeurs de n et n', sachant que la première coïncidence a lieu pour les plus petites valeurs.

ASPECT CORPUSCULAIRE DE LA LUMIÈRE

1. EXPÉRIENCE DE HERTZ
2. ETUDE EXPÉRIMENTALE
    a. Dispositif expérimental
    b. Observations
    c. Interprétation
        i. Influence de la puissance lumineuse
        ii. Potentiel d'arrêt de la cellule
3. HYPOTHÈSE D'EINSTEIN
    a. Le seuil photoélectrique
    b. Rendement quantique
4. APPLICATIONS

1. EXPÉRIENCE DE HERTZ

Une lame de zinc bien nettoyée est posée sur le plateau d'un électroscope. L'ensemble est électrisé, et on éclaire la lame de zinc avec une lumière provenant d'un arc électrique donc riche en radiations ultraviolettes.

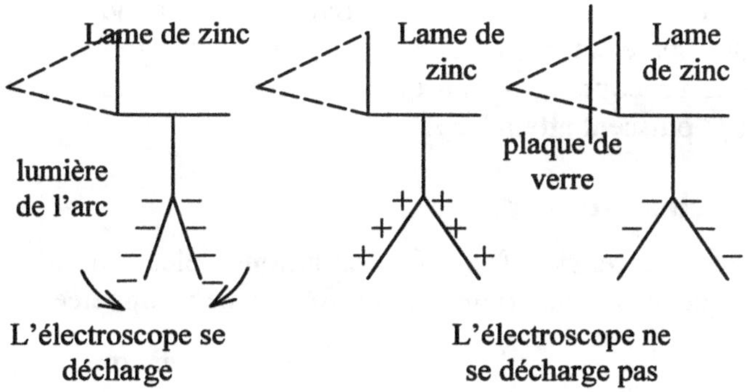

- Si l'électroscope est chargé négativement, il se décharge.
- Si l'électroscope est chargé positivement, il reste chargé.
- Si l'électroscope est chargé négativement et que l'on interpose entre la lumière de l'arc électrique et la lame de zinc une plaque de verre, l'électroscope demeure chargé.

Définition : l'effet photoélectrique est l'extraction des électrons d'un métal par un rayonnement électromagnétique.

2. ETUDE EXPÉRIMENTALE

a. Le dispositif expérimental

Il est constitué des éléments suivants :

- Une cellule photoémissive : c'est une ampoule en quartz vidé d'air transparent aux radiations ultraviolettes, contenant une anode A et une cathode C.

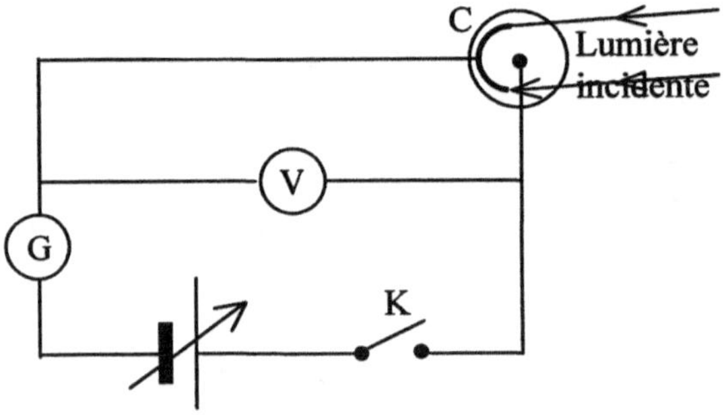

Dispositif expérimental

La cathode, constituée du métal pur à étudier est éclairée par une radiation de fréquence et de puissance variables ; l'anode est un fil métallique (platine en général), dont le rôle est de collecter les électrons émis.

- Un générateur de tension continue maintient une tension variable $U = V_A - V_C$ variable entre A et C.
- Un ampèremètre G très sensible pour mesurer l'intensité du courant dans le circuit.
- Un interrupteur K.

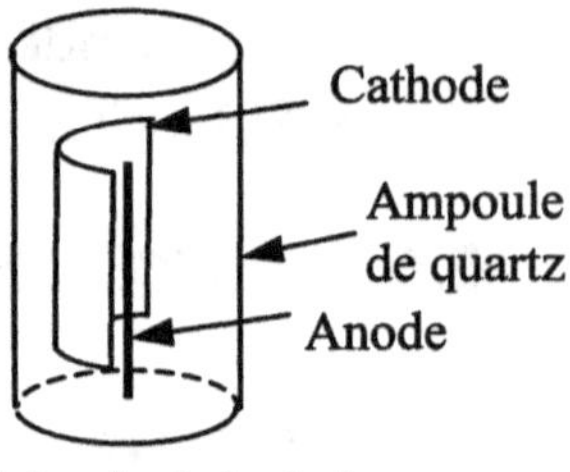

Cellule photoémissive

Entre A et C règne le vide pour éviter le choc entre les électrons émis et l'air. Pour que G détecte un courant, il faut que les électrons partis de C puissent atteindre A.

b. Observations

Pour une tension $U_{AC} > 0$, l'émission d'électrons n'est possible que pour des fréquences ν supérieure à une fréquence ν_o appelée **fréquence seuil**. $\nu \geq \nu_o$ ou encore $\lambda \leq \lambda_o$ puisque $\nu = \frac{c}{\lambda}$. La fréquence seuil varie d'un métal à l'autre.

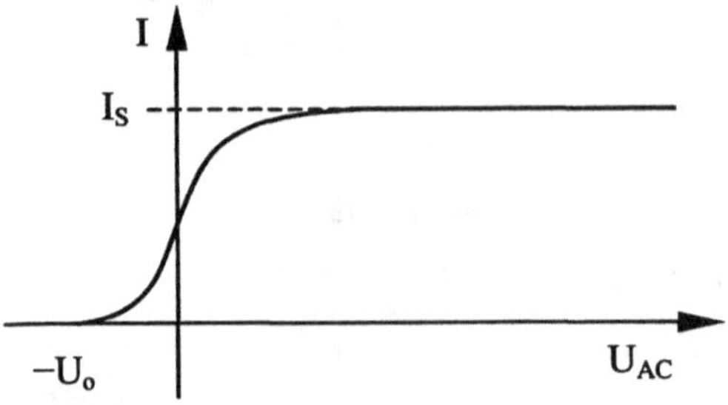

Courbe I = f(U)

L'émission photoélectrique est instantanée lorsqu'on utilise une radiation de fréquence appropriée.

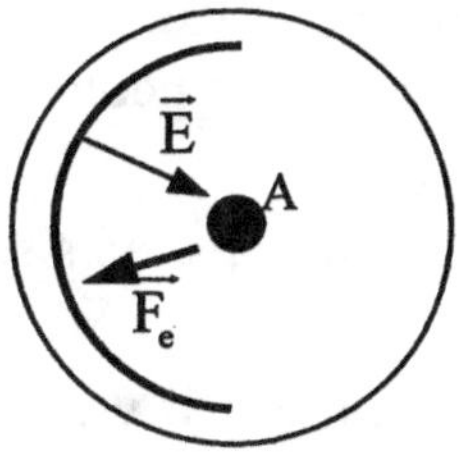

$U_{AC}<0$: la force électrique, dirigée de A vers C, repousse (ralentit) les électrons émis

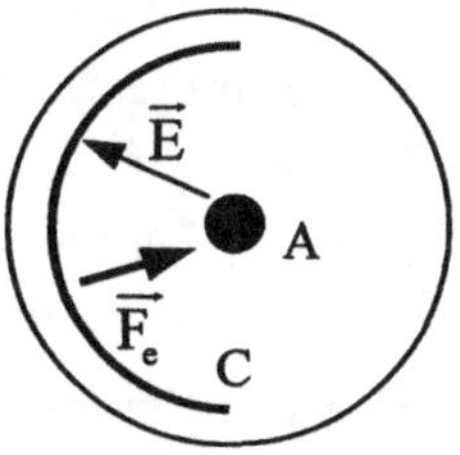

$U_{AC}>0$: la force électrique, dirigée de C vers A, attire (accélère) les électrons émis

On éclaire la cathode avec une radiation de fréquence $\nu > \nu_o$. On fait varier $U_{AC} = V_A - V_C$. La courbe $I = f(U_{AC})$ a l'allure suivante : à partir d'une certaine valeur de U_{AC}, I prend une valeur constante I_S ; c'est *l'intensité de saturation* : tous les électrons émis par C sont captés par A.

c. Potentiel d'arrêt

Pour $U_{AC} < 0$, le champ électrique contribue à repousser les électrons de A ; pour $U_{AC} < -U_o$, tous les électrons émis sont repoussés. U_o est le *potentiel d'arrêt*. Parmi les électrons repoussés, on en trouve qui ont l'énergie maximale ; le théorème de l'énergie cinétique s'écrit : $\Delta E_c = \sum W(F) \Leftrightarrow E_c(A) - E_c(C) = 0 - \frac{1}{2}mv_m^2 = -e(V_C - V_A) \Rightarrow \frac{1}{2}mv_m^2 = eU_o$

d. Influence de la puissance lumineuse

La puissance lumineuse reçue par C n'agit que sur l'intensité du courant de saturation. (Voir figure).

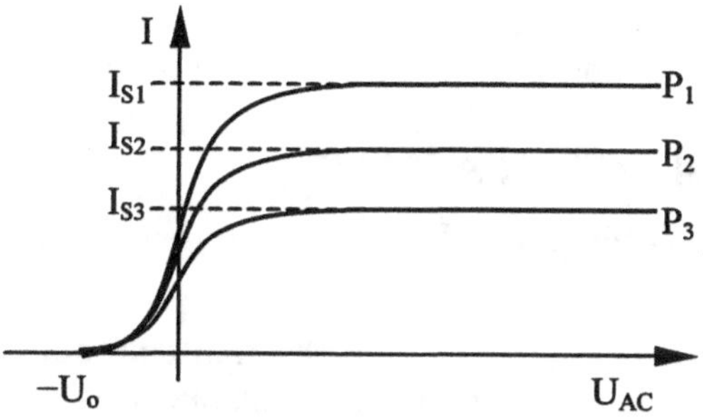

Influence de la puissance lumineuse

3. HYPOTHÈSE D'EINSTEIN

Les observations ci-dessus sont incompatibles avec la nature ondulatoire de la lumière. On explique donc l'effet photoélectrique en considérant que la lumière est constituée de particules *sans charge* ni *masse* appelées photons, de vitesse $c = 3.10^8\ m.s^{-1}$. Chaque photon possède l'énergie $E = h\nu$. h est la *constante de Planck* et sa valeur est $6,62.10^{-34}$ Joules.seconde (J.s)

a. Interprétation du seuil photoélectrique

Les électrons d'un métal sont liés au réseau métallique par une certaine énergie E_o. Lorsqu'on éclaire la cathode, chaque photon arrive avec une énergie E. Plusieurs cas peuvent se présenter :

- $E < E_o$: l'énergie du photon est inférieure à l'énergie E_o ; dans ce cas, l'électron reste lié au réseau métallique, et il n y a pas d'effet photoélectrique.
- $E = E_o$: l'énergie du photon est égale à l'énergie E_o : les électrons sont arrachés, mais non accélérés.
- $E > E_o$: l'énergie du photon est supérieure à l'énergie E_o : il y a effet photoélectrique dans ce cas ; l'excédent d'énergie est emporté sous forme d'énergie cinétique par l'électron arraché. Si $E = h\nu$ et $E_o = h\nu_o$, alors, $E_c = E - E_o = h\nu - h\nu_o = h(\nu - \nu_o)$. Cette formule peut encore s'écrire $\frac{1}{2}mv^2 = hc\left(\frac{1}{\lambda} - \frac{1}{\lambda_o}\right)$.

b. Rendement quantique de la cellule

Même quand les photons possèdent l'énergie nécessaire, c'est-à-dire $E > E_o$, le nombre d'électrons émis n'est jamais égal au nombre de photons incidents (ceux qui arrivent sur la cellule, provenant de la radiation utilisée). Si N est le nombre de photons incidents, et n le nombre d'électrons émis, le rendement quantique de la cellule s'écrit $\rho = n/N$. Si P et I_s sont respectivement la puissance lumineuse reçue et Is le courant de saturation, on a $P = Nh\nu$ et $I_s = ne$, $\rho = \frac{n}{N} = \frac{I_S h\nu}{Pe}$; en pratique ρ est de l'ordre de 10^{-2}, c'est – à – dire que pour 100 photons incidents un seul électron est émis.

4. APPLICATIONS

L'effet photoélectrique intervient dans :

- les appareils utilisés pour déclencher, à partir d'une valeur donnée de l'éclairement, l'action d'un autre appareil (escalier mécanique, appareil de comptage, système d'alarme, etc.), ou pour transformer des variations d'éclairement en variations de courant ou de tension (mesures photométriques, reproduction de sons, d'images, etc.) ;
- les *cellules photovoltaïques* ou *photopile* qui permettent de produire de l'électricité à partir de l'énergie solaire ; l'emploi des cellules photovoltaïques reste limité (stations météorologiques) en raison de leur prix élevé et de leur faible rendement de conversion, compris entre 5 et 15 %.

Exercice d'application :

Le travail d'extraction du zinc est $W_s = 3{,}3$ eV.

1. Calculer la fréquence et la longueur d'onde seuil du zinc.

2. On éclaire le zinc par une radiation UV de longueur d'onde $\lambda = 0,25$ µm. Calculer l'énergie cinétique maximale des électrons et leur vitesse.
3. On éclaire le zinc par la lumière d'un arc électrique en interposant une plaque de verre qui absorbe les radiations de longueur d'onde inférieur à 0,42 µm. Un effet photoélectrique est-il observé ?

Réponse : $\nu = 0,8.10^{15}$ Hz ; $\lambda = 0,37$ µm ; $E_c = 1,66$ eV ; $v = 7,7\ 10^5$ m/s ; pas d'effet photoélectrique.

DUALITÉ ONDE CORPUSCULE

Les deux aspects ondulatoires et corpusculaires sont *complémentaires*.

A l'échelle macroscopique, c'est l'aspect corpusculaire qui prévaut.

A l'échelle microscopique, c'est l'aspect ondulatoire qui prédomine.

La dualité onde-particule a des conséquences qui sont formulées dans les relations de Heisenberg, appelées aussi *principe d'incertitude* ou encore *relations d'indétermination*. Ces relations, qui font intervenir l'énergie d'une particule, sa quantité de mouvement, sa localisation spatiale et temporelle, expriment que, en *mécanique quantique*, contrairement à ce qui est admis en mécanique classique, ces quatre grandeurs physiques *ne peuvent être déterminées simultanément* : il existe une incertitude sur ces grandeurs. Mathématiquement, cela se traduit par le fait que le produit de deux grandeurs conjuguées (quantité de mouvement et position spatiale, énergie et temps) est de l'ordre de la constante de Planck.

EXERCICES

Exercice 1. Interférences en ondes lumineuses.

Soit une expérience à l'aide des fentes d'Young.

1. La fente F étant équidistante de F_1 et F_2, elle est éclairée avec une lumière monochromatique. Evaluer la longueur d'onde de cette radiation, en fonction de a, D L et N (L = largeur occupée par N interfranges). Application numérique : a = 1,60 mm ; D = 80,0 cm ; L = 3,53 mm ; N = 12.
2. Le système étant dans l'air, on recouvre la fente F_1, du coté de P, d'une lame de verre à faces parallèles, d'épaisseur e et d'indice n = 1,517. La frange centrale se trouve alors décalée d'une distance x = 4,42 mm. Expliquer le phénomène. En déduire e.
3. On dispose de plus, sur la fente F_2, du coté de P, une lame d'épaisseur e' et d'indice n', telle que le système obtenu soit identique à celui qui a été réalisé avant la mise en place des deux lames. Calculer e' en fonction de e, n et n'.

Exercice 2. Effet photoélectrique

On rappelle les valeurs des deux constantes : vitesse de la lumière $c = 3x10^8$ m/s ; valeur absolue de la charge de l'électron, $e = 1,6x10^{-19}$ C. Une cellule photoélectrique à vide, C, est montée en série avec un générateur de tension continue P et un galvanomètre G. Les résistances de P et G sont négligeables, la tension fournie par P est réglable.

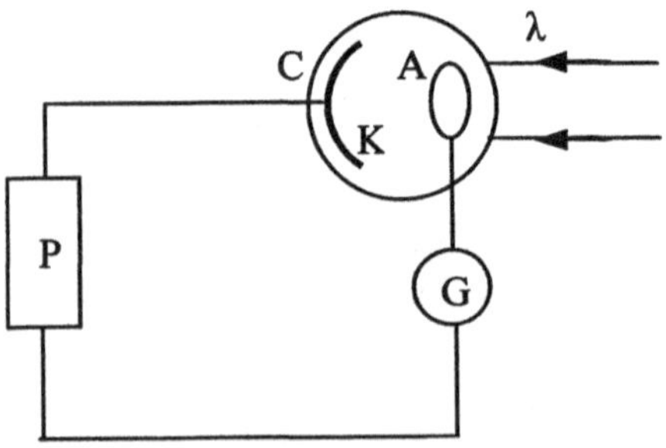

On éclaire la cellule avec une radiation monochromatique de longueur d'onde λ dans le vide. P est branché de telle manière que le courant dans G est nul lorsque la tension aux bornes de P est supérieure à une certaine tension U_o (K est la couche sensible).

1. Indiquer sur le schéma les polarités des bornes de P.
2. Un photon d'énergie E arrivant sur la couche sensible K peut provoquer l'émission d'un électron d'énergie cinétique E_c. Ecrire les relations qui existent entre E_c et la tension U_o, E, E_c et le travail d'extraction W_o d'un électron de la couche K.
3. Si $\lambda = \lambda_1 = 0,4047$ µm, $U_s = U_1 = 1,18$V.

Si $\lambda = \lambda_2 = 0,4358$ µm, $U_s = U_2 = 0,96$V. Déterminer la valeur de la constante de Planck h, et la valeur de la longueur d'onde λ_o correspondant au seuil photoélectrique de la cellule.

On inverse la polarité de P et on éclaire la cellule par un faisceau de lumière monochromatique de longueur d'onde $\lambda_1 = 0,4047$ µm et d'intensité constante. Lorsque la tension U fournie par P est assez grande, le courant I mesuré par G est indépendant de U ; il est alors égal à 20 µA. Sachant qu'un photon sur cent arrache un électron à la couche K, calculer l'énergie apportée sur K pendant une seconde par le faisceau lumineux.

Exercice 3. Effet photoélectrique

On réalise le montage de la figure ci-contre. La cellule photoélectrique est éclairée par une lumière monochromatique de fréquence ν. Pour chaque valeur de ν, la tension U_{AC} entre cathode et anode est réglée à la valeur $-U_o$ juste nécessaire pour annuler l'intensité *i* traversant la cellule. Le voltmètre indique alors U_o. Les résultats sont regroupés dans le tableau suivant :

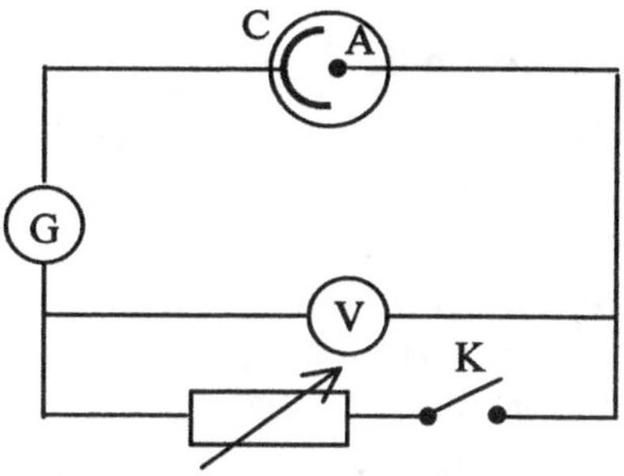

ν x10^{14}Hz	5,18	5,49	5,88	6,17	6,41	6,78	6,91	7,31
U_o (V)	0,042	0,171	0,332	0,452	0,55	0,706	0,758	0,924

1. Donner l'expression de l'énergie cinétique maximale des électrons émis en fonction de U_o.
2. En déduire une relation entre ν, U_o, h, e, et W_s (travail d'extraction).
3. Représenter U_o en fonction de ν. Echelle 2 cm pour 10^{14} Hz ; ordonnée, 2 cm pour 0,2 V.
4. En déduire :
   a. la fréquence seuil ;
   b. la valeur de la constante de Planck ;
   c. la valeur de W_s.

Exercice 4.

On considère une cellule photoélectrique éclairée par un rayonnement de fréquence $\nu = 5,6 \times 10^{14}$ Hz. Pour une puissance reçue de 1 W, le courant de saturation I_s est de 2 mA et pour une puissance reçue de 50 W, il est de 100 mA.

1. Représenter $I_s = f(P)$ et en déduire le rendement quantique η de cette cellule. Quelle est la valeur du courant de saturation I_s pour une puissance P = 10 W ?
2. Pour cette fréquence ν, évaluer le nombre de photons reçus par seconde et en déduire le nombre d'électrons extraits.
3. Quelle est l'énergie cinétique des électrons émis en fonction du travail de sortie Ws de la photocathode ? Evaluer cette énergie pour les métaux suivants : K, Cs, Zn et en déduire la vitesse v des électrons émis. On donne $e = 1,6 \times 10^{-19}$ C, $h = 6,62 \times 10^{-34}$ J.s ; $W_s(Zn) = 3,3$ eV ; $W_s(K) = 2,3$ eV ; $W_s(Cs) = 1,9$ eV.

Exercice 5.

On utilise, pour produire des franges d'interférences, le dispositif d'Young. Une fente fine F est éclairée en lumière monochromatique dont la longueur d'onde est voisine de 0,6 µm. Un écran opaque E, perpendiculaire à l'axe optique de la figure, est percé de deux fentes fines F_1 et F_2, parallèles à F et symétriques par rapport à cet axe. Les franges se dessinent sur un écran translucide P disposé normalement à l'axe. L'axe coupe les écrans E et P respectivement en A et O.

1. Etablir la formule qui donne, dans le plan, la distance i de deux franges brillantes consécutives. On posera $F_1F_2 = a$ et $AO = d$.
2. Au moyen d'un micromètre, on mesure la largeur ℓ de n interfranges consécutives. Calculer la longueur d'onde λ sachant que $\ell = 4,76$ mm ; N = 25 ; a = 3,100 mm ; d = 100,00 cm.
3. Quelle serait la valeur de l'interfrange si le dispositif précédent était plongé dans l'eau ? On prendra l'indice de l'eau égal à 1,33.

Exercice 6.

On utilise le dispositif d'Young. Données numériques : a = 0,60 mm ; D = 2,40 m.

1. La fente F émet une lumière monochromatique et l'on observe sur l'écran p des franges d'interférences. On mesure l'interfrange et l'on trouve i = 2,2 mm. Quelle est la longueur d'onde de la radiation utilisée ?
2. La fente émet toutes les radiations comprises entre 0,4 et 0,8 µm. Décrire l'aspect observé sur l'écran P.
3. On place, dans le plan de l'écran, parallèlement à la frange centrale et à 32 mm de celle – ci, la fente d'un spectroscope, dans lequel le spectre observé est alors traversé de cannelures sombres ; déterminer leur nombre.

Exercice 7. EFFET PHOTOÉLECTRIQUE. (BAC 93)

Une cellule photoélectrique à vide est éclairée par une radiation de longueur d'onde λ inférieure à la longueur d'onde λ_o du seuil photoélectrique du métal constituant la cathode. La caractéristique de la cellule, $I = f(U_{AC})$, donnant l'intensité du courant photoélectrique I, en fonction de la tension U_{AC} entre l'anode et la cathode, est représentée ci – contre.

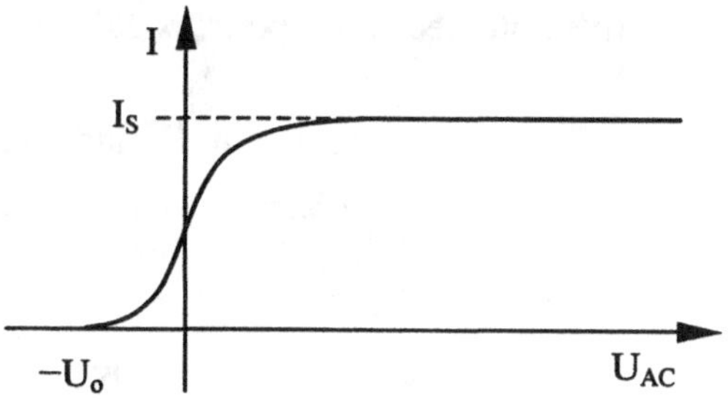

1. Définir :
   a. effet photoélectrique ;
   b. seuil photoélectrique.
2. Faire le montage du schéma permettant de tracer cette caractéristique.
3. Expliquer pourquoi le travail d'extraction d'un électron du métal de la cathode est égal à $\frac{h.c}{\lambda_o}$ (h = constante de Planck ; c = célérité de la lumière dans le vide).
4. Expliquer ce que représentent I_S et $-U_o$.
5. Sachant que $U_o = 0,6$ V, calculer l'énergie maximale des électrons émis par la cathode. En déduire la longueur d'onde de la radiation incidente.

On donne $\lambda_o = 0,66$ µm ; $h = 6,62.\ 10^{-34}$ J.s ; $c = 3.10^{8}$ m.s^{-1} ; charge de l'électron : $e = -1,6.10^{-19}$ C

Exercice 8.

L'énergie d'extraction d'un électron du métal de la cathode d'une cellule photoélectrique à vide est $W_o = 1,90$ eV.

1. Calculer la longueur d'onde λ_o correspondant au seuil photoélectrique.
2. La cathode est éclairée simultanément par trois radiations de longueur d'onde : $\lambda_1 = 0,70$µm ; $\lambda_2 = 0,60$µm ; $\lambda_3 = 0,50$µm. Quelles sont celles qui provoquent l'émission photoélectrique ? Pourquoi ?
3. La cellule est uniquement éclairée par la radiation de longueur d'onde λ_3.
   a. Quelle est la vitesse maximale d'émission d'un électron ?
   b. Quelle est la vitesse d'arrivée sur l'anode d'un électron émis ave la vitesse de $4,5.10^{5}$ m.s^{-1}, la tension entre l'anode et la cathode étant $U_{AC} = 5,0$V ?
   c. À partir de quelle valeur de U_{AC} l'intensité du courant est-elle nulle ? Comment s'appelle cette valeur ?

Exercice 9.

Données $h = 6{,}62 \times 10^{-34}$ J.s ; $c = 3 \times 10^{8}$ m.s^{-1} ; 1 eV = $1{,}6 \times 10^{-19}$ J.

Le seuil photoélectrique pour extraire un électron d'un métal donné se situe à 2,41 eV.

1. Quelle est la longueur d'onde de la radiation correspondante ?
2. Le métal est éclairé par une lumière de longueur d'onde 511 nm ; quelle est en eV l'énergie du photon correspondant ? L'effet photoélectrique a-t-il lieu ? Quelle est l'énergie cinétique de l'électron extrait ?
3. Le métal est éclairé par une radiation ultraviolette de longueur d'onde 177 nm ; quelle est l'énergie cinétique de l'électron extrait ?

Exercice 10. (BAC C 2004 adapté)

On dispose d'une cellule photoélectrique dont la cathode est en césium de longueur d'onde seuil $\lambda_o = 0{,}66$ µm.

1. Calculer l'énergie minimale W_o qu'il faut fournir pour extraire un électron de ce métal.
2. On applique entre l'anode et la cathode une différence de potentiel $U_{AC} = 10$ V et on éclaire la cellule avec une radiation lumineuse de longueur d'onde $\lambda = 0{,}40$ µm.
   a. Calculer l'énergie W d'un photon incident.
   b. Calculer la vitesse maximale d'un électron :
      i. qui sort de la cathode ;
      ii. qui arrive sur l'anode.
3. La source lumineuse précédente est supposée ponctuelle et isotrope (c'est-à-dire qu'elle rayonne de manière uniforme dans toutes les directions de l'espace). La photocathode de surface $s = 4$ cm^2 est située à une distance R = 1 m de la source. Le rendement quantique de la cellule est 0,3% ; l'intensité du courant est de 0,02 mA lorsqu'on établit une tension suffisamment élevée pour atteindre la saturation.
   a. Qu'appelle-t-on, pour une cellule photoélectrique, courant de saturation ?
   b. Calculer la puissance rayonnante, P reçue par la cathode.
   c. En déduire la puissance rayonnante totale, P_T émise par la source.

N.B. On rappelle que la surface d'une sphère de rayon r est $S = 4\pi R^2$ et on donne : masse d'un électron $m_e = 9{,}11.10^{-31}$ kg ; constante de Planck : $h = 6{,}64.10^{-34}$ J.s ; charge élémentaire : $e = 1{,}6.10^{-19}$ C ; vitesse de la lumière : $c = 3.10^{8}$ m.s^{-1}.

Exercice 11. (BAC D 2006)

Dans le dispositif d'Young une source lumineuse ponctuelle S_o éclaire un écran percé par deux fines ouvertures horizontales S et S'. Elles constituent ainsi une paire de sources secondaires cohérentes et synchrones.

1. La source S_o émet vers l'écran (E) une lumière monochromatique de longueur d'ondeλ. Qu'observe-t-on sur l'écran (E') ? Dessiner l'aspect du phénomène observé.
2. Définir l'interfrange i et calculer sa valeur.
3. Calculer l'abscisse de la 2ème frange brillante après la frange centrale.
4. On provoque un déplacement latéral de 2 mm de la source S_o vers le haut sans bouger les écrans (E) et (E').
   a. Que se passe-t-il sur l'écran (E') ?
   b. Calculer la nouvelle abscisse de la frange centrale.
5. La source S_o est ramenée à sa position initiale. Elle émet maintenant une radiation dichromatique de longueurs d'onde $\lambda_1 = 0,65$ µm et $\lambda_2 = 0,55$ µm.
   a. Décrire le nouvel aspect observé sur l'écran d'observation (E').
   b. À quelle distance de la frange centrale se produit la première coïncidence ?

On donne a = SS' = 1 mm ; D = 1 m ; $\lambda = 0,546$ µm ; d = 50 cm.

Exercice 12. (BAC D 2006)

Le travail d'extraction d'un électron de césium est $W_e = 1,9$ eV.

1. Calculer la fréquence du césium.
2. On éclaire le césium par une radiation UV de longueur d'onde $\lambda = 0,25$ µm. Calculer l'énergie cinétique maximale de sortie des électrons et leur vitesse.

On donne : masse d'un électron me = $9,1.10^{-31}$ kg ; constante de Planck : h = $6,64.10^{-34}$ J.s ; vitesse de la lumière : c = 3.10^{8} m.s^{-1}.

8. APPLICATIONS DES LOIS DE NEWTON À L'ÉTUDE DE QUELQUES MOUVEMENTS DANS UN CHAMP UNIFORME

1. APPLICATION DES LOIS DE NEWTON AUX MOUVEMENTS RECTILIGNES
   a. Chute libre des corps
   b. Mouvements rectilignes sur plan incliné ou plan horizontal, avec ou sans frottement
2. APPLICATION DES LOIS DE NEWTON AUX MOUVEMENTS PLANS
   a. Mouvement d'un projectile dans le champ de pesanteur
   b. Mouvement d'une particule chargée dans un champ électrique
      i. Applications de la déflexion électrique
      ii. L'oscilloscope

OBJECTIFS : Déterminer, à partir des lois de Newton, les caractéristiques de quelques mouvements rectilignes uniformément variés d'un système de points matériels ou d'une particule dans un champ uniforme.

1. APPLICATION DES LOIS DE NEWTON AUX MOUVEMENTS RECTILIGNES

a. Chute libre des corps

On considère un corps de masse M abandonné à une hauteur h sans vitesse initiale dans le champ de pesanteur supposé uniforme. On néglige les forces de frottement.

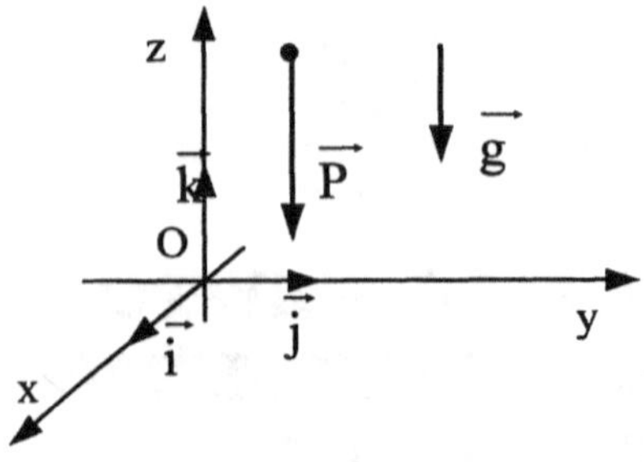

Chute libre

Application du théorème du centre d'inertie.

- Système : corps de masse M.
- Référentiel terrestre supposé galiléen.
- Bilan des forces : la seule force qui s'exerce est le poids $\vec{P}$ du corps. Le TCI s'écrit

$$\sum \vec{F} = \vec{P} = M\vec{a} \text{ et } \vec{P} = M\vec{g} \text{ soit } M\vec{g} = M\vec{a} \text{ ; on a donc } \vec{a} = \vec{g} \quad (1)$$

A t = 0, on a $\overrightarrow{OG_o} \begin{vmatrix} x_o = 0 \\ y_o = 0 \\ z_o = h \end{vmatrix}$ et $\vec{v_o} \begin{vmatrix} v_{ox} = 0 \\ v_{oy} = 0 \\ v_{oz} = 0 \end{vmatrix}$. La projection de (1) dans le repère lié au référentiel donne :

$$\vec{a} \begin{vmatrix} a_x = 0 \\ a_y = 0 \\ a_z = -g \end{vmatrix} \Rightarrow \vec{v} \begin{vmatrix} v_x = 0 \\ v_y = 0 \\ v_z = -gt + 0 \end{vmatrix} \Rightarrow \overrightarrow{OG} \begin{vmatrix} x = 0 \\ y = 0 \\ z = -\frac{1}{2}gt^2 + h \end{vmatrix}$$

. Un corps abandonné dans le champ de pesanteur a comme accélération l'intensité du champ de pesanteur ; un tel corps est dit en *chute libre* ; il est animé d'un mouvement uniformément accéléré de direction verticale descendante.

Si on élimine t de l'expression de v_z, on a $t = -\frac{v_z}{g}$; après remplacement dans z, on obtient $z = -\frac{1}{2}g\left(-\frac{v_z}{g}\right)^2 + h$ ce qui donne, après simplification, $v^2 = -2g(z - h)$ ou encore $v^2 = 2g(h - z)$.

Exercice résolu : étude expérimentale de la chute libre.

On réalise la chronophotographie de la chute d'une bille d'acier : au cours de sa chute, la bille est éclairée à intervalles de temps égaux τ (durée séparant deux éclairs du stroboscope : $\tau = 33{,}3$ ms). Le cliché obtenu permet dresser le tableau ci-dessous :

Position	*Abscisse (cm)*	*Date*	*Vitesse (m/s)*	*Position*	*Abscisse (cm)*	*Date*	*Vitesse (m/s)*
M_{-1}	12			M_5	61,5	5τ	
M_0	17,5	t=0		M_6	73,5	6τ	
M_1	24	τ = 33,3 ms		M_7	87	7τ	
M_2	32	2τ		M_8	101,5	8τ	
M_3	40,5	3τ		M_9	116,5	9τ	
M_4	50,5	4τ		M_{10}	133	10τ	

1. Compléter le tableau avec les vitesses.
2. Tracer la courbe v = f(t).
3. En déduire l'accélération de la bille.

Solution :

Soit M_i d'abscisse x_i la position de la bille à l'instant t_i ; la vitesse de la bille à cet instant est assimilée à la vitesse moyenne entre les instants t_{i-1} et t_{i+1} ; on a donc $v_i = \frac{M_{i-1}M_{i+1}}{2\tau} = \frac{x_{i+1} - x_{i-1}}{2\tau}$; avec cette formule on calcule les vitesses de v_o à v_9 que l'on regroupe ensuite dans le tableau suivant :

Date	*Vitesse (m/s)*	*Date*	*Vitesse (m/s)*
		5τ	3,45
t=0	1,80	6τ	3,83
τ = 33,3 ms	2,18	7τ	4,20
2τ	2,48	8τ	4,43
3τ	2,78	9τ	4,73
4τ	3,15	10τ	

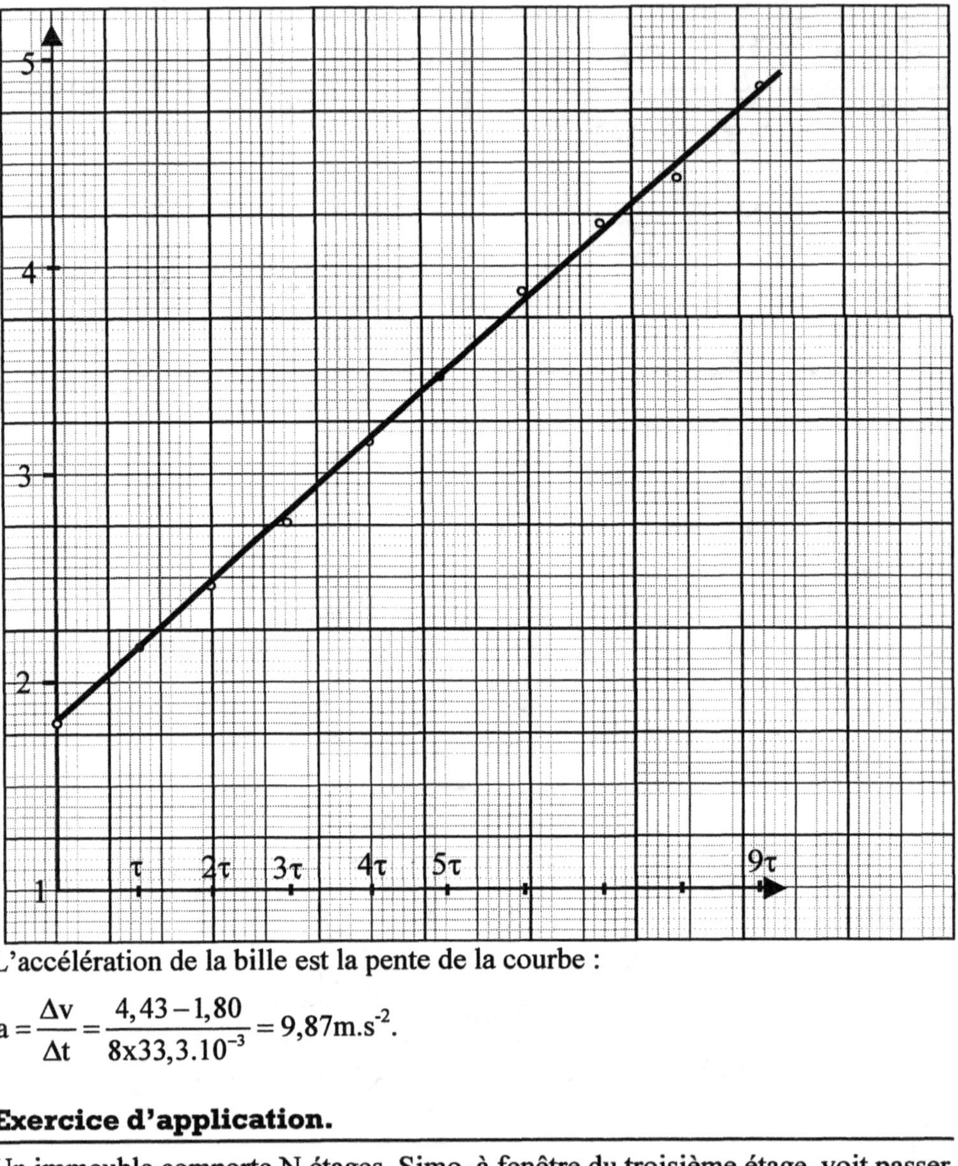

L'accélération de la bille est la pente de la courbe :

$$a = \frac{\Delta v}{\Delta t} = \frac{4,43 - 1,80}{8x33,3.10^{-3}} = 9,87 m.s^{-2}.$$

Exercice d'application.

Un immeuble comporte N étages. Simo, à fenêtre du troisième étage, voit passer un pot de fleurs provenant d'un étage supérieur. La hauteur de sa fenêtre est h = 1,30 m et la durée de passage du pot est Δt = 0,10 s. De quel étage le pot de fleurs est-il tombé sachant qu'entre deux appuis de fenêtre consécutifs la distance est H = 2,75 m ? On suppose que le pot a été abandonné sans vitesse initiale et on prendra g = 9,8 $m.s^{-2}$.

Réponse : 6è étage

b. Mouvement d'un corps sur un plan incliné

Un solide de masse m, abandonné sans vitesse initiale, glisse en translation le long de la ligne de plus grande pente d'un plan incliné faisant un angle α avec l'horizontale sous la seule action de son poids. Au bout d'un certain temps t, il atteint le bas du plan incliné et poursuit son mouvement sur le plan horizontal. On néglige tous les frottements.

Etudier le mouvement du solide depuis le moment où il est abandonné.

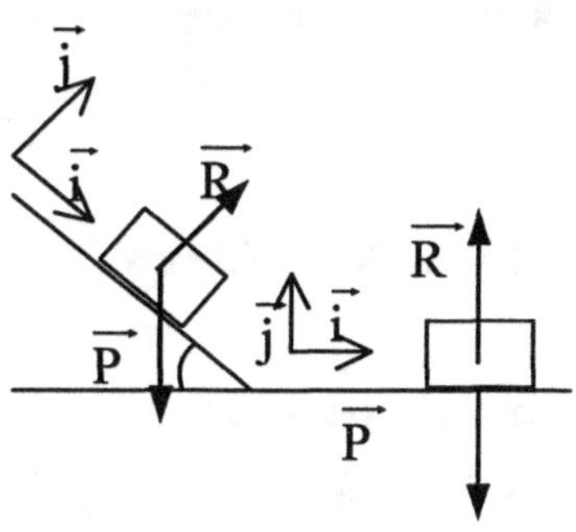

Mouvement sur un plan incliné et sur le plan horizontal

Application du TCI.

- Système : solide.
- Référentiel du laboratoire supposé galiléen.
- Bilan des forces : le poids $\vec{P}$ du solide, la réaction $\vec{R}$ du plan.

$\sum \vec{F} = \vec{P} + \vec{R} = m\vec{a}$. (1)

<u>Phase 1 sur le plan incliné</u> : projetons la relation obtenue en appliquant le TCI dans le repère : $(O, \vec{i}, \vec{j},)$: Sur l'axe Ox, on a $P\sin\alpha + 0 = ma$, et sur l'axe Oy, $-P\cos\alpha + R = 0$; la première relation obtenue s'écrit encore : $mg\sin\alpha = ma$; on en déduit l'accélération du solide sur le plan incliné : $a = g\sin\alpha$; le solide est donc animé d'un mouvement rectiligne uniformément varié sur la ligne de plus grande pente du plan incliné. On peut donc écrire $x = \frac{1}{2}(g\sin\alpha)t^2$.

<u>Phase 2 sur le plan horizontal</u> : on utilise un autre repère : un axe Ox horizontal orienté de la gauche vers la droite et un axe Oy vertical ascendant.

La projection de (1) sur l'axe Ox donne $0 + 0 = a \Rightarrow a = 0$; sur l'axe Oy, on obtient $R = P$; sur le plan horizontal, le solide a un mouvement rectiligne uniforme ; sans frottement, le solide continuerait sans s'arrêter, jusqu'à l'infini, en vertu du principe de l'inertie.

Exercice d'application :

Un skieur de masse m = 80 kg (équipement compris) glisse sur une piste plane et rectiligne inclinée d'un angle $\alpha = 30°$ par rapport à un plan horizontal. La piste est verglacée : toutes les forces de frottement peuvent donc être considérées comme négligeables. Le skieur part, en haut de la piste avec une vitesse nulle.

1. Utiliser le Théorème du centre d'inertie pour calculer son accélération, et la distance nécessaire pour que la vitesse du skieur passe de la valeur v_1 = 1 m/s acquise à l'instant t_1, à la valeur v_2 = 10 m/s acquise à l'instant t_2.

2. En déduire que la somme des travaux des forces exercées sur le skieur est égale à la variation de l'énergie cinétique de ce dernier. On donne $g = 9{,}8\ m.s^{-2}$.

Réponses : $a = 4{,}9\ m.s^{-2}$; distance parcourue 10,1 m.

2. APPLICATION DES LOIS DE NEWTON AUX MOUVEMENTS PLANS

a. Mouvement d'un projectile dans le champ de pesanteur

Un projectile de masse m, de centre d'inertie G est lancé à partir d'un point O avec une vitesse $\overrightarrow{v_o}$ qui fait un angle α appelé angle de tir.

Repère d'étude : $(O, \vec{i}, \vec{j}, \vec{k})$ lié au référentiel terrestre supposé galiléen. $\overrightarrow{v_o}$ est dans le plan xOz. Les coordonnées de G à chaque instant sont (x, y, z).

Le projectile est soumis à la seule action de son poids ; le théorème du centre d'inertie s'écrit

$$\sum \vec{F} = \vec{P} = m\vec{g} = m\vec{a} \Rightarrow \vec{a} = \vec{g} \quad (1)$$

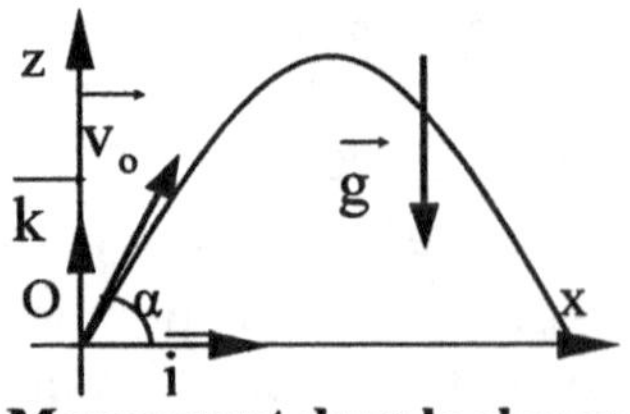

Mouvement dans le champ de pesanteur.

A t = 0, on a

$$\overrightarrow{OG_o}\begin{vmatrix} x_o = 0 \\ y_o = 0 \\ z_o = 0 \end{vmatrix} \text{ et } \overrightarrow{v_o}\begin{vmatrix} v_{ox} = v_o\cos\alpha \\ v_{oy} = 0 \\ v_{oz} = v_o\sin\alpha \end{vmatrix}$$

La projection de (1) sur les différents axes donne :

$$\vec{a}\begin{vmatrix} a_x = 0 \\ a_y = 0 \\ a_z = -g \end{vmatrix} \text{ à partir d'ici, on trouve } \vec{v}\begin{vmatrix} v_x = \dot{x} = v_o\cos\alpha \\ v_y = \dot{y} = 0 \\ v_z = \dot{z} = -gt + v_o\sin\alpha \end{vmatrix}$$

$$\text{et } \overrightarrow{OG}\begin{vmatrix} x = v_o\cos\alpha\, t \\ y = 0 \\ z = -\frac{1}{2}gt^2 + v_o\sin\alpha\, t \end{vmatrix}$$

Ces équations horaires montrent que :

- G a un mouvement uniforme suivant Ox et un mouvement uniformément varié suivant Oz ;
- y = 0 quelle que soit la valeur de t ; le mouvement se fait dans le plan vertical $(O, \vec{i}, \vec{k})$ contenant $\overrightarrow{v_o}$.

Pour écrire l'équation de la trajectoire, on élimine t : $t = \frac{x}{v_o \cos\alpha}$ ce qui n'est possible que si cosα ≠ 0, c'est-à-dire α ≠ ± π/2 ; on obtient en remplaçant, $z = -\frac{1}{2}\frac{g}{v_o^2 \cos^2\alpha}x^2 + x\tan\alpha$; c'est l'équation d'une parabole contenue dans le plan xOz.

Portée du tir : c'est le point d'impact du projectile au sol, c'est-à-dire lorsque z=0 ; cela se traduit par l'équation suivante : $-\frac{1}{2}\frac{g}{v_o^2 \cos^2\alpha}x^2 + x\tan\alpha = 0$; elle a deux solutions :

- x= 0 ; c'est l'origine, avant le tir du projectile ;
- $x_P = \frac{2v_o^2 \sin\alpha\cos\alpha}{g} \Rightarrow x_P = \frac{v_o^2 \sin 2\alpha}{g}$.

La portée est *maximale* pour sin2α =1, soit α = 45° ; la portée maximale est obtenue pour *α = 45°*.

La hauteur maximale atteinte est encore appelée *flèche*. C'est le point où la composante verticale s'annule avant de changer de sens ; $v_z = -gt_F + v_o\sin\alpha = 0$, ce qui donne $t_F = \frac{v_o \sin\alpha}{g}$; lorsqu'on remplace dans z, on obtient $z_F = \frac{v_o^2 \sin^2\alpha}{2g}$.

b. Mouvement d'une particule chargée dans un champ électrique uniforme

Dans une ampoule où règne un vide assez poussé, on soumet un faisceau d'électrons à l'action d'un champ électrostatique uniforme $\vec{E}$. Le champ $\vec{E}$ est crée par deux plaques parallèles A et C entre lesquelles est établie une d.d.p. $U_{AC} = V_A - V_C > 0$.

Chaque particule de charge q du faisceau homocinétique se comporte comme si elle était seule. La vitesse du faisceau est $\vec{v_o}$ au point O. Le repère choisi est formé par le système d'axes X'X, Y'Y, Z'Z du référentiel terrestre supposé galiléen. Son

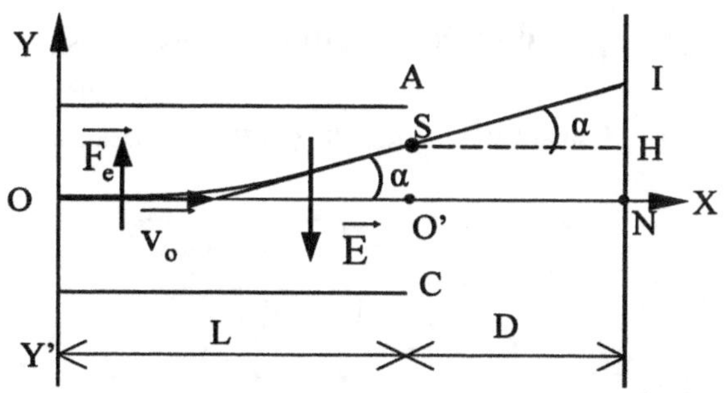

Faisceau d'électrons entre deux plaques

origine est le point O. Les caractéristiques du mouvement sont les mêmes pour toutes les particules du faisceau. Il suffit alors d'étudier le mouvement d'une seule particule. Application du théorème du centre d'inertie.

Système : particule.

Forces appliquées : la force électrostatique $\overrightarrow{F_e} = q\overrightarrow{E}$, et le poids de la particule $\overrightarrow{P} = m\overrightarrow{g}$.

Le TCI s'écrit : $\sum \overrightarrow{F_{ext}} = \overrightarrow{F_e} + \overrightarrow{P} = m\overrightarrow{a}$; on néglige toujours le poids devant la force électrostatique ; il reste par conséquent : $q\overrightarrow{E} = m\overrightarrow{a} \Rightarrow \overrightarrow{a} = \frac{q}{m}\overrightarrow{E}$.

A t =0, on a $\overrightarrow{OG_o}\left| \begin{array}{l} x_o = 0 \\ y_o = 0 \end{array} \right.$ et $\overrightarrow{v_o}\left| \begin{array}{l} v_{ox} = v_o \\ v_{oy} = 0 \\ v_{oz} = 0 \end{array} \right.$ pendant le mouvement, on a

$$\left.\begin{array}{l} x_o = 0 \\ y_o = 0 \\ z_o = 0 \end{array}\right.$$

$$\overrightarrow{a}\left| \begin{array}{l} a_x = 0 \\ a_y = -\dfrac{qE}{m} \\ a_z = 0 \end{array} \right. ; \text{à partir d'ici, on trouve } \overrightarrow{v}\left| \begin{array}{l} v_x = \dot{x} = v_o \\ v_y = \dot{y} = -\dfrac{qE}{m}t \\ v_z = \dot{z} = 0 \end{array} \right. \text{et } \overrightarrow{OG}\left| \begin{array}{l} x = v_o t \\ y = -\dfrac{1}{2}\dfrac{qE}{m}t^2 \\ z = 0 \end{array} \right.$$

On remarque à partir des équations horaires que :

- $z = 0$; le mouvement se déroule dans le plan XOY ;
- Le mouvement est uniforme suivant X'OX ;
- Le mouvement est uniformément varié suivant Y'OY.

Lorsqu'on élimine t, on trouve l'équation de la trajectoire de la charge q : $y = -\frac{1}{2}\frac{qE}{mv_o^2}x^2$ avec $0 \leq x \leq L$.

- Durée t_1 de passage entre les plaques : à la sortie, $x = L$; en remplaçant dans l'équation horaire, cela donne $L = v_o t_1 \Rightarrow t_1 = \frac{L}{v_o}$.
- Coordonnées du point de sortie : $x_S = L$ et $y_S = -\frac{1}{2}\frac{qE}{mv_o^2}L^2$.
- Caractéristiques du vecteur vitesse au point de sortie.

$$\overrightarrow{v_S}\left| \begin{array}{l} v_x = v_o \\ v_y = -\dfrac{qEL}{mv_o} \Rightarrow v_S = \sqrt{v_o^2 + \left(\dfrac{qEL}{mv_o}\right)^2} . \\ v_z = 0 \end{array} \right.$$

- *Déviation électrostatique* : à la sortie du champ, la particule n'est plus soumise à aucune force. D'après le principe de l'inertie, sa trajectoire est une droite, de même direction que $\overrightarrow{v_S}$. L'angle formé par la direction de $\overrightarrow{v_o}$ et celle de $\overrightarrow{v_S}$ est appelée déviation électrostatique. On peut la déterminer de deux manières : sur le schéma on détermine α par sa tangente $\tan\alpha = \frac{v_{ys}}{v_{xs}} = -\frac{qEL}{mv_o^2}$; on peut aussi dériver l'équation de la trajectoire et faire x = L.
- *Déflexion électrostatique* : c'est la distance NI. Les coordonnées du point d'impact I sur l'écran sont : $\overrightarrow{OI}\left|\begin{array}{l} x_I = L + D \\ y_I = NH + HI \end{array}\right.$;

d'autre part, $NH = y_S = -\frac{qEL^2}{2mv_o^2}$. $\tan\alpha = \frac{HI}{HS} \Rightarrow HI = D\tan\alpha$;

d'où $HI = -\frac{DqEL}{mv_o^2} \Rightarrow y_I = -\frac{qEL}{mv_o^2}\left(D + \frac{L}{2}\right)$ en remplaçant $E = \frac{U_{AC}}{d}$, on obtient finalement $y_I = -\frac{qL}{mv_o^2}\left(D + \frac{L}{2}\right)U_{AC}$; y_I est proportionnel à U_{AC}.

c. Applications à l'oscillographe électronique

Les organes essentiels d'un oscillographe cathodique sont :

- le *tube cathodique* : c'est une ampoule dans laquelle règne un vide assez poussé, permettant aux électrons de se déplacer ;
- le *canon à électrons* qui émet, accélère et focalise les électrons extraits d'une cathode chauffée indirectement par un filament incandescent ;
- *deux paires de plaques* (horizontales et verticales) permettant de dévier le faisceau respectivement suivant les directions verticales et horizontales ;
- l'*écran* qui permet de visualiser l'impact du faisceau encore appelé *spot lumineux* ;

Les coordonnées X et Y du *spot* dépendent des tensions d'entrée U_x et U_y (la déflexion électrostatique est proportionnelle à la tension appliquée) $X = KU_x$ et $Y = KU_y$.

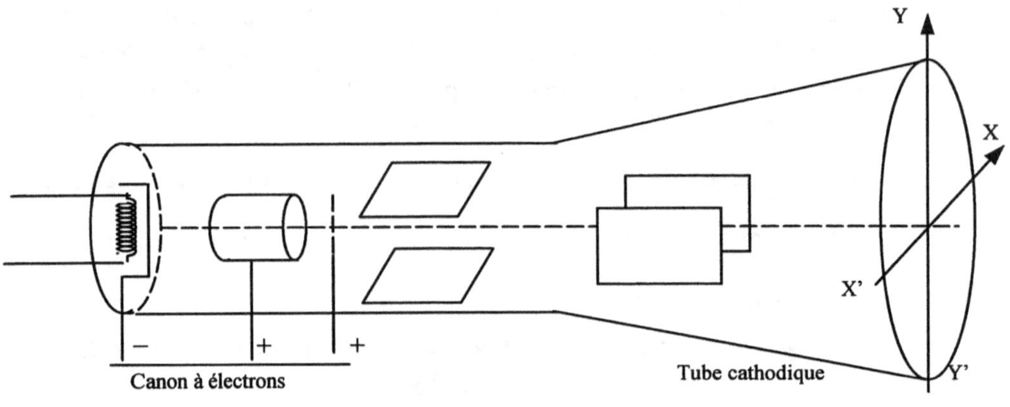

Organes essentiels d'un oscillographe

Pour faire apparaître sur l'écran la courbe donnant les variations en fonction du temps d'une tension variable u(t),

- on applique la tension u entre les plaques de déviation verticale.
- on applique entre les plaques de déviation horizontale une tension appelée *tension de balayage* ou *base des temps*.

Un oscillographe peut servir :

- de voltmètre ;
- à visualiser les variations d'une tenson en fonction du temps ;
- à mesurer les déphasages entre deux tensions ;
- à mesurer la fréquence.

Exercice d'application. CANON À ÉLECTRONS

Un électron quitte la cathode d'un canon à électrons avec une vitesse de valeur négligeable. La tension entre anode et cathode est U_{AC} = 2,4 kV. La distance entre ces deux plaques parallèles est d = 3,0 cm.

1. Faire un schéma du dispositif.
   a. Représenter le vecteur champ électrique.
   b. Calculer la valeur de ce champ, supposé uniforme. (rép : 80kV/m)
2. Représenter le vecteur force $\vec{F}$ agissant sur l'électron.
   a. Caractériser le vecteur accélération $\vec{a}$. (rép : a = $1{,}41.10^{16}$ m.s^{-2})
3. Quelle est la trajectoire d'un électron ?
   a. Établir l'équation horaire de son mouvement.

b. Calculer la durée de passage entre l'anode et la cathode. (rép : t = 2,92 ns)

c. Calculer la valeur de la vitesse à l'arrivée sur l'anode. (rép : $2,05.10^7$ m.s^{-1})

Exercice résolu.

Un skieur parcourt une côte inclinée d'un angle $\alpha = 40°$ sur l'horizontale. Au sommet O de cette côte, sa vitesse a pour valeur v_o=12m.s^{-1}. Après le point O se présente une descente inclinée d'un angle β=45° sur l'horizontale. Le skieur accomplit un saut et reprend contact avec la piste en un point C (voir figure). Déterminer :

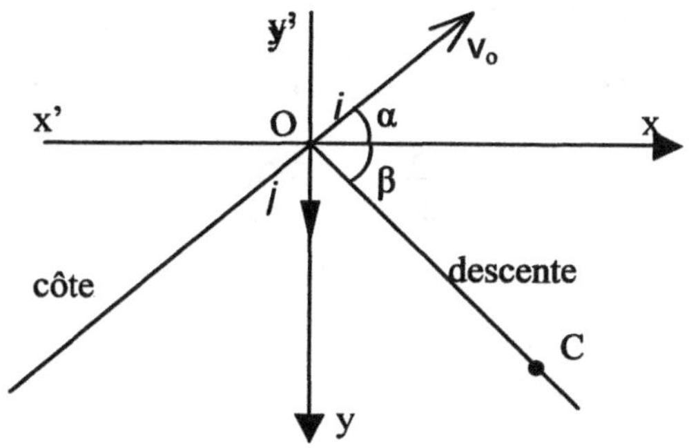

1. la nature de la trajectoire correspondant au saut du skieur ;
2. les coordonnées du point C dans le repère $(O , \vec{i}, \vec{j})$ indiqué sur la figure ;
3. la longueur OC ;
4. la durée du saut.

On prendra g = 10 m.s^{-2} et on négligera la résistance de l'air. La masse du skieur n'est pas donnée car elle s'élimine dans les calculs. On étudiera le mouvement du centre d'inertie du skieur.

Solution :

Application du TCI au skieur ; il est soumis à la seule action de son poids

donc : $\sum \vec{F} = \vec{P} = m\vec{a} = m\vec{g}$ c'est-à-dire $\vec{a} = \vec{g}$;

$$\vec{a}\left|\begin{array}{l} a_x = 0 \\ a_y = g \end{array}\right. \text{ et } \vec{v_o}\left|\begin{array}{l} v_{ox} = v_o \cos\alpha \\ v_{oy} = -v_o \sin\alpha \end{array}\right. \overrightarrow{OG_o}\left|\begin{array}{l} x_o = 0 \\ y_o = 0 \end{array}\right. ;$$

à un instant quelconque,

$$\vec{v}\left|\begin{array}{l} v_x = v_o \cos\alpha \\ v_y = gt - v_o \sin\alpha \end{array}\right. \Rightarrow \overrightarrow{OG}\left|\begin{array}{l} x = (v_o \cos\alpha)t \\ y = \frac{1}{2}gt^2 - (v_o \sin\alpha)t \end{array}\right.$$

; l'équation de la trajectoire s'écrit : $y = \frac{1}{2}g\frac{x^2}{v_o^2(\cos\alpha)^2} - x\tan\alpha$; OC étant la première bissectrice, son équation s'écrit : y = x. Le point de contact avec le sol est l'intersection de la trajectoire avec la droite d'équation y = x; soit

$$\frac{1}{2}g\frac{x^2}{v_o^2(\cos\alpha)^2} - x\tan\alpha = x \Leftrightarrow \frac{gx^2}{2v_o^2(\cos\alpha)^2} - x(\tan\alpha + 1) = 0 \ ;$$

on en tire $x = \frac{2v_o^2\cos^2\alpha}{g}(1+\tan\alpha)$; l'autre solution, x = 0 correspond à l'origine du repère.

A.N. x = 31,08 m ; l'ordonnée du point de contact avec le sol est y = x = 31,08 m.

La distance OC = $\sqrt{x^2+y^2}$ = 43,95 m ; la durée du saut est déduite de l'abscisse : $t = \frac{x}{v_o\cos\alpha} = 3{,}38\,s$.

EXERCICES

Sauf indication contraire, prendre g = 9,80 m.s^{-2}.

Exercice 1.

Une balle est lancée verticalement vers le haut à partir d'un point A situé à 1,8 m du sol, avec une vitesse de 36 km/h.

1. Etablir les équations horaires du mouvement dans un repère $(O,\vec{i},\vec{j},\vec{k})$ pour lequel l'origine est sur le sol, à la verticale de A, et le vecteur unitaire $\vec{k}$ dirigé vers le haut.
2. En déduire :
   a. la hauteur maximale atteinte par la balle ;
   b. le temps que met la balle pour retomber sur le sol ;
   c. la vitesse de la balle lors de l'impact sur le sol.

Exercice 2.

Un projectile est lancé à partir d'un point O, origine d'un repère $(O, \vec{i},\vec{j},\vec{k})$. $\vec{k}$ dirigé vers le haut. Le vecteur vitesse initiale $\vec{v_o}$ est dans le plan $(\vec{i},\vec{k})$ et fait un angle α avec $\vec{i}$.

1. Montrer que les composantes de la vitesse sont de la forme $\dot{x} = C_1$; $\dot{y} = C_2$; $\dot{z} = -gt + C_3$, où C_1, C_2 et C_3 sont des constantes d'intégration.
   a. Utiliser les conditions initiales pour déterminer les constantes C_1, C_2 et C_3.
   b. En déduire les équations horaires x(t), y(t) et z(t) du mouvement.
2. Déterminer l'équation de la trajectoire du mobile.
3. Calculer la flèche.
4. Pour quelle valeur de α la portée est-elle maximale ?

Exercice 3.

La grosse Bertha, utilisée par les artilleurs allemands en 1918, avait une portée maximale de 120 km pour un angle de tir égal à 45°. En utilisant les résultats de l'exercice précédent :

1. déterminer la vitesse théorique de l'obus de masse 104 kg à la sortie du fût ;

2. déterminer la flèche théorique ;
3. en réalité, la vitesse de sortie du fût était de 1600 m/s et la flèche de 19000 m. Conclure.

Exercice 4.

Une bille d'acier est lâchée sans vitesse initiale à partir d'un point situé à une altitude h.

1. Quelle est l'action qui a été négligée pour pouvoir assimiler ce mouvement à celui d'une chute libre ?
2. On propose pour t la durée de chute de la bille les expressions suivantes : $t = 2gh$; $t = \frac{2h}{g}$; $t = \sqrt{\frac{2h}{g}}$; $t = \frac{mg}{h}$, où m désigne la masse de la bille. À partir d'une analyse dimensionnelle, choisir la bonne formule.
3. Pour doubler la valeur de cette durée, on propose de :
   a. multiplier la masse par 2 ;
   b. diviser la masse par 2 ;
   c. multiplier la hauteur de chute par 4.

   Choisir et justifier la bonne réponse.
4. Etablir l'expression de la vitesse du centre d'inertie de la bille à son arrivée au sol.
5. Calculer cette vitesse pour une bille d'acier.

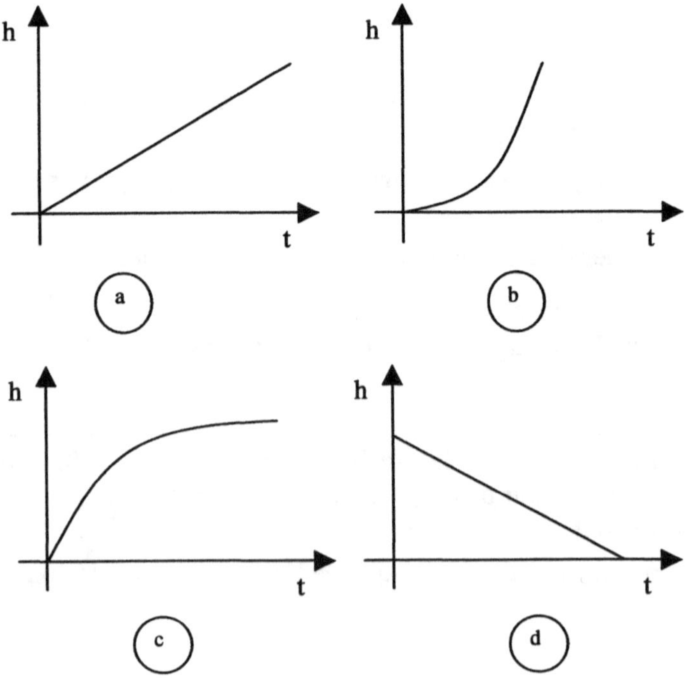

On donne : rayon de la bille r = 1 cm ; masse volumique de l'acier $\rho = 7{,}8\ g.cm^{3}$; hauteur de chute h = 10 m. Certaines données sont inutiles ; lesquelles ?

6. Parmi les graphiques ci-dessus représentant la hauteur de chute en fonction de la durée t, choisir le bon graphe en justifiant la réponse.

Exercice 5.

Un mobile de masse m peut glisser sans frottement sur un plan incliné d'un angle β par rapport à l'horizontale. Lancé avec un vecteur vitesse initiale $\overrightarrow{v_o}$ faisant un angle α avec le plan horizontal, il est animé d'un mouvement de translation.

1. Effectuer le bilan des forces appliquées au solide.
2. Soit un repère orthonormal (O, $\vec{i}, \vec{j}, \vec{k}$) avec :

- $\vec{i}$ horizontal et $(\overrightarrow{v_o}, \vec{i}) = \alpha$;
- $\vec{j}$ parallèle aux lignes de plus grande pente et orienté vers le haut ;
- la position initiale du centre d'inertie.
    a. Établir les équations horaires du mouvement dans ce repère.
    b. En déduire l'équation de la trajectoire du centre d'inertie.
    c. Indiquer la nature de la trajectoire.

3. À quelle date le centre d'inertie est-il au sommet de sa trajectoire ?
4. Quelles sont alors ses coordonnées ?

On donne : $\beta = 20°$; $\alpha = 40°$; $v_o = 2{,}0$ m/s.

Exercice 6. Mouvement d'une luge

Une luge part sans vitesse initiale et glisse sans frottement le long d'une piste rectiligne AB, de longueur ℓ, faisant un angle α = 20° avec le plan horizontal.

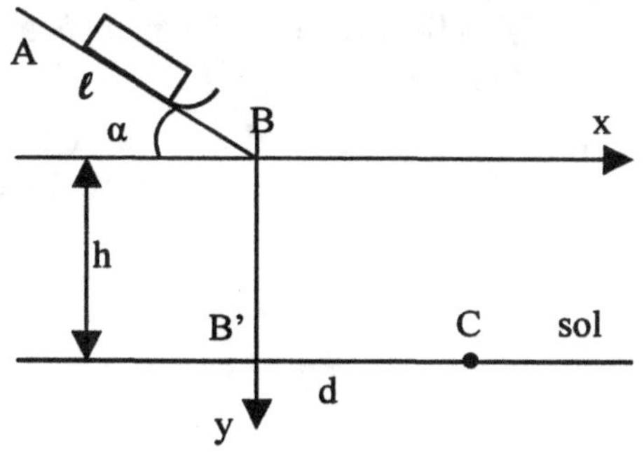

1. Représenter les forces appliquées à la luge lors de ce mouvement. Quelle est la nature de ce dernier ? Exprimer son accélération.
2. Préciser la direction et le sens du vecteur vitesse $\overrightarrow{v_B}$ de la luge au point B. Exprimer v_B en fonction de g, α et ℓ.

3. La luge quitte la piste en B avec la vitesse $\overrightarrow{v_B}$ et tombe en chute libre sur le sol horizontal.
   a. Établir l'équation de la trajectoire du centre d'inertie de la luge dans le repère indiqué sur le schéma.
   b. On donne BB' = h = 1,2 m. Calculer la longueur ℓ que la luge a parcourue, sachant qu'elle touche le sol en un point C tel que B'C = d =1,0 m.

Exercice 7. Joueur de tennis

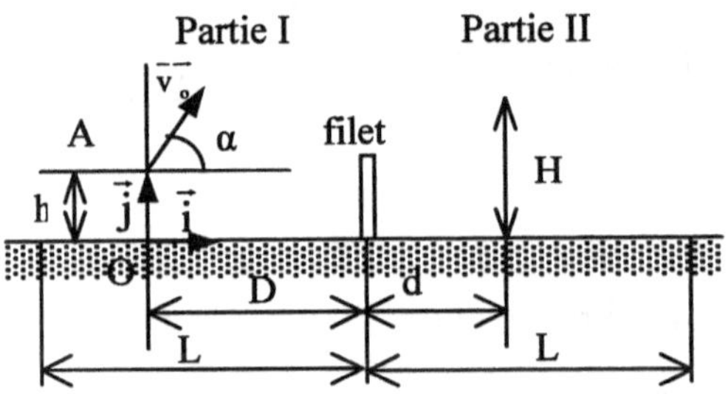

Dans tout l'exercice, la balle de tennis sera assimilable à un point matériel. On négligera la résistance de l'air sur la balle et l'on supposera la surface de jeu parfaitement horizontale. Un joueur de tennis, situé dans la partie I du court, tente de lober son adversaire (faire passer la balle au dessus de ce dernier).

Celui-ci est situé à une distance d = 2,00 m derrière le filet, dans la partie II du court, juste en face du joueur. Le joueur frappe la balle alors que celle-ci est en A, à la distance D = 9,00 m du filet et à la hauteur h = 0,50 m au dessus du sol. La balle part avec une vitesse $\overrightarrow{v_o}$ (v_o = 12,0 ms^{-1}) inclinée d'un angle α = 60° par rapport au sol, dans le plan perpendiculaire du filet.

1. Établir, dans le repère $\left(O, \vec{i}, \vec{j}\right)$, l'équation littérale de la trajectoire de la balle, après le choc sur la raquette.
2. En utilisant les valeurs numériques du texte, écrire l'équation y(x). Elle sera utilisée pour résoudre la suite de cet exercice.
3. L'adversaire tient sa raquette à bout de bras et, en sautant, elle atteint au maximum la hauteur H = 2,50 m par rapport au sol. Peut-il intercepter la balle ? Quelle distance sépare alors la balle de l'extrémité supérieure de la raquette ?
4. La ligne de fond étant à la distance L = 12,0 m du filet, la balle peut-elle tomber dans la surface de jeu ? Autrement dit, le lob est-il réussi ?

Exercice 8.

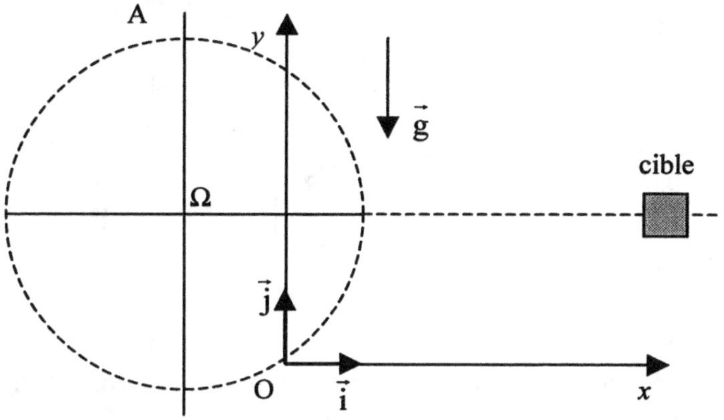

Une fronde est constituée de deux cordelettes inextensibles retenant un projectile de masse M = 100 g, supposé ponctuel. Elle est maniée par le lanceur de manière qu'elle décrive un cercle vertical de centre Ω et de rayon R, à la vitesse angulaire ω constante.

1. Sachant que la fronde tourne à une vitesse constante N = 100 tours par minute, en appliquant la 2è loi de Newton, calculer la valeur de la tension exercée par l'ensemble des deux cordelettes aux points A et B précisées sur le schéma.

2. Le lanceur lâche brusquement le projectile en libérant une cordelette au moment où celui-ci passe par le point O. Les cordelettes font un angle de 45° par rapport à la verticale.

2.1. Établir l'équation de la trajectoire du projectile dans le repère $\left(O, \vec{i}, \vec{j}\right)$. (Ox horizontal, dirigé dans le sens du mouvement et Oy vertical ascendant).

2.2. En déduire la distance à laquelle doit se trouver une cible ponctuelle, située dans le même plan horizontal que le point Ω, pour être atteinte.

Plusieurs solutions sont – elles possibles ? Expliquer.

On donne $g = 10\ m.s^{-2}$; $R = 0{,}80\ m$

Exercice 9.

On négligera tous les frottements et on prendra $g = 10\ m/s^2$.

La piste de lancement d'un projectile M comprend une partie rectiligne horizontale ABC et une portion circulaire CD, centrée en O, de rayon R=1m, d'angle au centre $\alpha = 60°$ et telle que OC est perpendiculaire à AC (voir figure). Le projectile M, assimilable à un point matériel de masse m = 0,5 kg, est lancé suivant

AB = 1m avec une force $\overrightarrow{F}$ constante, horizontale, ne s'exerçant qu'entre A et B.

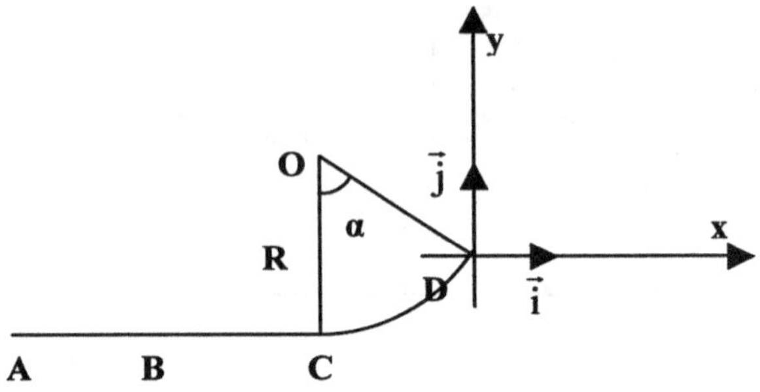

1. Quelle intensité minimale faut-il donner à $\overrightarrow{F}$ pour que le projectile quitte la piste en D ?
2. Avec quelle vitesse $\overrightarrow{v_D}$ le projectile quitte-t-il la piste en D quand F = 150N ? Donner alors l'équation de la trajectoire dans un repère orthonormé d'origine D (D, $\vec{i}$, $\vec{j}$), Dx parallèle à ABC. En déduire la hauteur maximale atteinte au-dessus de l'horizontale ABC.
3. Quelle est l'intensité de la force exercée par le projectile sur la piste au moment de quitter la piste en D avec la vitesse précédente ?

Exercice 10.

Un canon, placé en O, dans une région montagneuse, tire des obus sur une cible A placée à 300 m en contrebas. Les obus, que l'on assimile à des points matériels, sont émis en O avec une vitesse $\overrightarrow{v_o}$ faisant avec l'axe Ox un angle $\alpha = 15°$ et dont la valeur est $v_o = 400$ m/s. Pour toutes les questions la résistance de l'air sera considérée comme négligeable. On prendra g = 9,8 m.s^{-2}. On supposera également que la composante horizontale du vecteur vitesse (v_x) est constante au cours du mouvement.

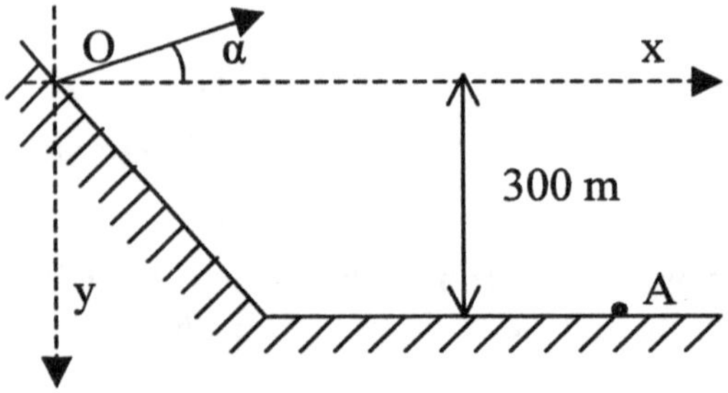

1. Déterminer l'expression de v_x ; la calculer.
2. Déterminer le vecteur vitesse de l'obus lorsqu'il atteint la cible.
3. Calculer la hauteur maximale, par rapport à A, atteinte par l'obus.
4. Déterminer son vecteur vitesse en ce point.
5. À la hauteur h = 250 m au dessus du point A, quel est le vecteur vitesse de l'obus ?
6. À partir de la détermination du vecteur vitesse en différents points, pourriez-vous tracer la trajectoire de l'obus.

Exercice 11.

Un cascadeur veut sauter avec sa voiture sur la terrasse horizontale EF d'un immeuble. (cf. schéma).

Il utilise un tremplin BOC formant un angle α avec le sol horizontal et placé à la distance CD de l'immeuble (OC et DE sont des parois verticales). La masse du système (automobile + pilote) est égale à une tonne. On étudiera le mouvement du centre d'inertie G de l'ensemble. Pour simplifier le problème, on considérera les frottements comme inexistants dans la phase aérienne et on admettra qu'à la date initiale le centre d'inertie G quitte le point O avec la vitesse $\overrightarrow{v_o}$ et qu'il est confondu avec le point E à l'arrivée. On donne g = 10 m.s^{-2}.

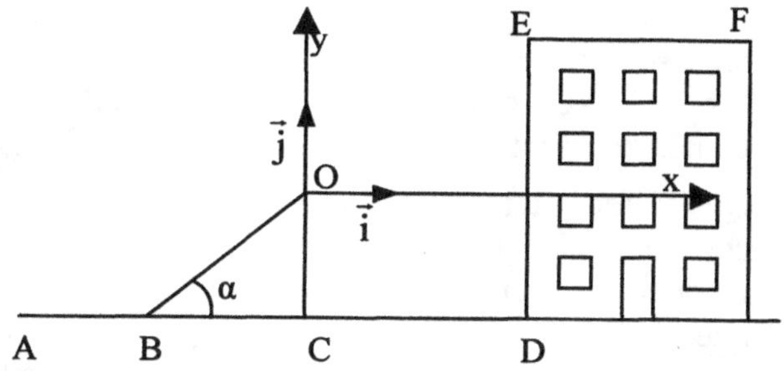

1. Établir dans le repère$\left(O, \vec{i}, \vec{j}\right)$, (cf. Schéma : Ox parallèle à CD), l'équation de la trajectoire du centre d'inertie G entre O et E.
2. Calculer la vitesse initiale v_o en m.s^{-1} et en km.h^{-1}, ainsi que l'angle α, pour que le système arrive en E avec un vecteur vitesse $\overrightarrow{v_E}$ horizontal. On donne CD = 15,0 m ; DE = 10,0 m ; OC = 8,0 m.
3. Calculer la vitesse v_E à l'arrivée de l'automobile en E.
4. En considérant qu'une fois sur la terrasse, les frottements sur l'automobile sont équivalents à une force constante $\vec{f}$ parallèle au déplacement et d'intensité 500 N, calculer l'intensité de la force de freinage $\overrightarrow{f'}$ qui permettra au véhicule de s'arrêter après un trajet EF = L = 100 m

Exercice 12.

Un alpiniste mal assuré sur un rocher A désire « penduler » pour gagner une plateforme B plus confortable. Pour cela, il se laisse partir dans le vide, sans vitesse initiale, suspendu à sa corde fixée en un point I par son compagnon de cordée. On donne g = 10 m.s^{-2} ; on néglige l'action de l'air ; l'alpiniste a une masse de 80 kg ; son centre d'inertie est G, et IG = ℓ = 10 m, et on néglige la masse de la corde devant la masse de l'alpiniste ; l'angle que fait la corde avec la verticale est α = 40° lorsque l'alpiniste se laisse « penduler ».

1. Quelles sont les caractéristiques du vecteur vitesse $\overrightarrow{v_o}$ du point G de l'alpiniste lorsque celui-ci repasse par la verticale de I en O ? Déterminer v_o numériquement.
2. Quelle est la tension de la corde quand G est en O ? Donner sa valeur numérique.
3. Au moment où l'alpiniste passe par la verticale, un objet mal fixé quitte le sac ; il tombe jusqu'au glacier situé à h = 250 m plus bas. On suppose que le centre d'inertie G' de l'objet commence son mouvement en O avec la vitesse $\overrightarrow{v_o}$.
    a. Établir l'équation de la trajectoire du centre d'inertie G' de l'objet dans le repère (Ox, Oy).
    b. À partir de quelle distance de la verticale passant par O, le centre de l'objet touche-t-il le glacier ?

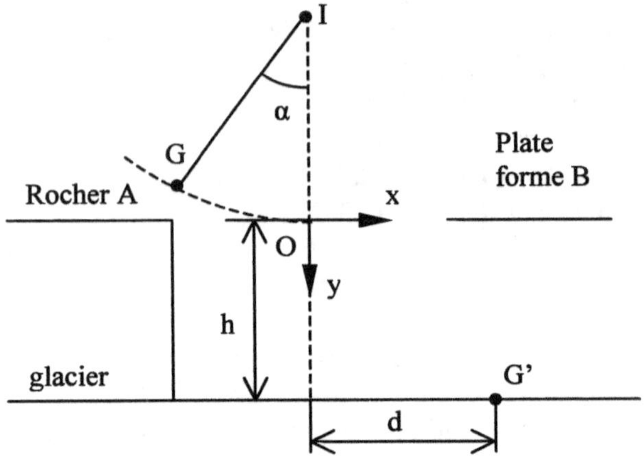

Exercice 13.

Un skieur glisse sur une piste horizontale DA à vitesse constante. En A, commence une portion de piste circulaire de rayon r = BA (B est à la verticale de A). Les frottements sont négligés et on admet que le skieur est assimilable à un point matériel dont la trajectoire suit la forme de la piste. (Voir figure).

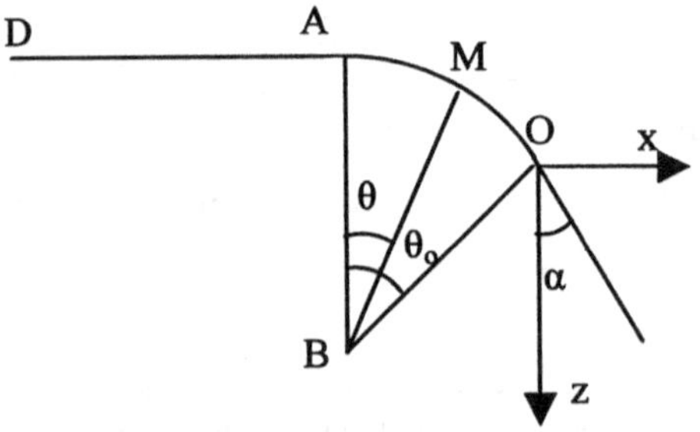

1. Établir l'expression littérale de la vitesse du skieur au point M en fonction de l'angle $\theta = \widehat{ABM}$ et de la vitesse v_A.
2. Montrer que le skieur quitte la piste circulaire en un point O pour lequel il est demandé le calcul de l'angle θ (noté θ_o). A.N. $v_A = 10\ m.s^{-1}$; BA = R = 20 m ; $g = 10\ m.s^{-2}$.
3. Au même point O commence une troisième portion de piste rectiligne faisant un angle α = 45° avec la verticale. Dans le repère Oxz, donner l'équation de la trajectoire de M. Déterminer la distance OC correspondant au point de rencontre du skieur avec la piste de réception.

Exercice 14.

On étudie la trajectoire du centre d'inertie d'un ballon de basket-ball lancé par un joueur. On ne tiendra compte ni de la résistance de l'air, ni de la rotation éventuelle du ballon. Le lancer est effectué vers le haut ; on lâche le ballon lorsque son centre d'inertie est en A (voir schéma). Sa vitesse initiale est représentée par un vecteur $\overrightarrow{v_o}$ situé dans le plan vertical $\left(O, \vec{i}, \vec{j}\right)$ et faisant un angle α avec l'axe horizontal (Ox).

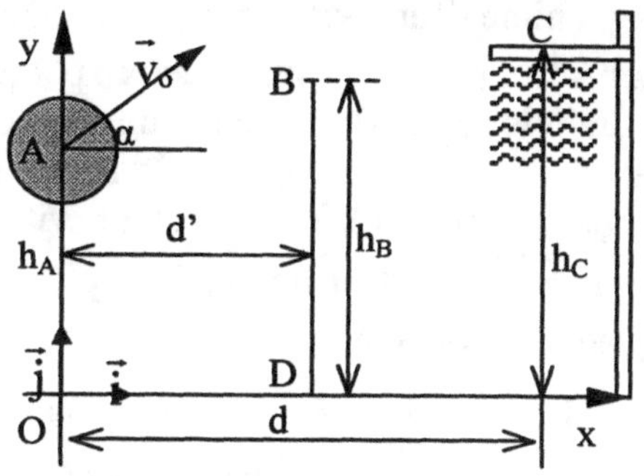

1. Établir les équations paramétriques du mouvement du centre d'inertie d'un ballon. En déduire l'équation de la trajectoire.
2. Calculer la vitesse initiale du ballon, pour que celui-ci (le centre d'inertie du ballon) passe exactement au centre du cercle, panier de centre C.
3. Un défenseur BD, placé entre l'attaquant et le panneau du basket, saute verticalement pour intercepter le ballon ; l'extrémité de sa main se trouve en B à l'altitude h_B = 3,10 m. A quelle distance horizontale maximale d' de l'attaquant doit-il se trouver pour toucher le ballon du bout des doigts ?

Données : $g = 9{,}8\ m.s^{-2}$; $\alpha = 40°$; diamètre du ballon = 25 cm ; $h_A = 2{,}40$ m ; $h_B = 3{,}10$ m ; $h_C = 3{,}05$ m ; d = 6,25 m.

Exercice 15. Canon à électrons

Un électron quitte la cathode d'un canon à électrons avec une vitesse de valeur négligeable. La tension entre anode et cathode est U_{AC} = 2,4 kV. La distance entre ces deux plaques parallèles est d = 3,0 cm.

1. Faire un schéma du dispositif.
   a. Représenter le vecteur champ électrique.
   b. Calculer la valeur de ce champ, supposé uniforme. (rép : 80kV/m)
2. Représenter le vecteur force $\overrightarrow{F}$ agissant sur l'électron.
   a. Caractériser le vecteur accélération $\vec{a}$. (rép : $a = 1{,}41.10^{16}\ m.s^{-2}$)
3. Quelle est la trajectoire d'un électron ?
   a. Établir l'équation horaire de son mouvement.
   b. Calculer la durée de passage entre l'anode et la cathode. (rép : t = 2,92 ns)

c. Calculer la valeur de la vitesse à l'arrivée sur l'anode. (rép : $2{,}05.10^7$ m.s^{-1})

Exercice 16. Proton dans un champ électrique

Un proton H^+ de masse $m = 1{,}67.10^{-27}$ kg, animé d'une vitesse $\overrightarrow{v_o}$ ($v_o = 1500$ km.s^{-1}), pénètre entre deux plaques parallèles A et B, distantes de 10,0 cm, entre lesquelles est appliquée la tension $U_{AB} = +10{,}0$ kV. Le vecteur vitesse initiale $\overrightarrow{v_o}$ est orthogonal au plan des plaques (voir schéma).

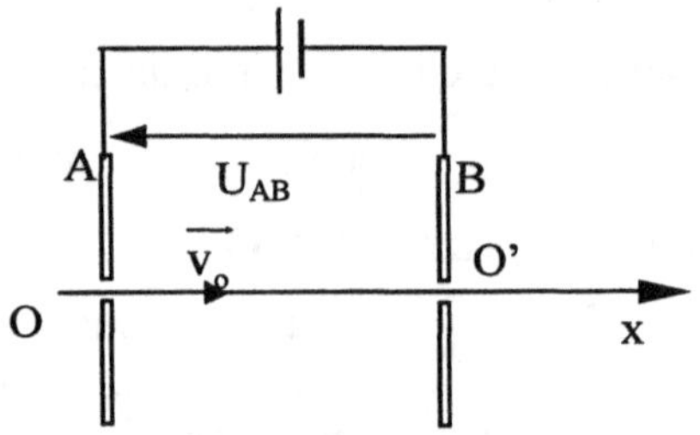

1. Représenter le vecteur champ électrique $\vec{E}$ entre les plaques.
2. Calculer la valeur E de ce champ. (rép : 100 kV/m)
3. Écrire la relation entre le vecteur accélération $\vec{a}$ du proton et le vecteur champ électrique $\vec{E}$.
4. Déterminer les équations horaires du mouvement du proton entre O et O'. En déduire la nature du mouvement.
5. Calculer la valeur v'_o de la vitesse au passage par l'orifice O' et la durée τ du trajet OO'. (rép : $v'_o = 2040$ km/s ; $\tau = 5{,}65\ 10^{-8}$ s)

Exercice 17. Étudier la déflexion électrique de protons

Deux plaques métallique carrées (notées A et B), de coté l, sont placées horizontalement et parallèlement l'une à l'autre dans une enceinte où règne un vide poussé. La distance entre les deux plaques est notée d. Un faisceau homocinétique de protons pénètre, entre les plaques A et B, au point O avec une vitesse $\overrightarrow{v_o}$ horizontale. Soit e la charge et m la masse d'un proton.

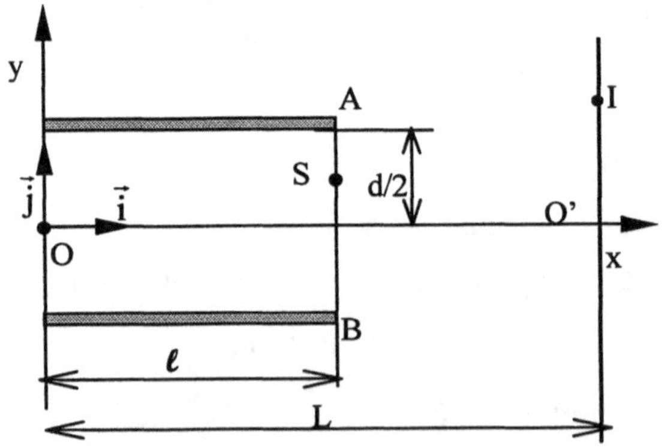

1. Donner la direction et le sens du vecteur champ $\vec{E}$ créé entre les deux plaques pour que le faisceau homocinétique de protons soit dévié vers le haut (point S du schéma).
2. Quel est alors le signe de la tension U_{AB} établie entre les plaques A et B ?

3. La trajectoire d'un proton entre O et S se trouve dans le plan contenant le repère $\left(O, \vec{i}, \vec{j}\right)$ établir, dans ce repère, l'équation de cette trajectoire. Quelle est sa nature ?
4. Les protons sortent du champ au point S et sont reçus en I sur un écran placé perpendiculairement à l'axe (Ox). Quelle est la nature de leur mouvement entre S et I ?
5. Exprimer la distance D = O'I en fonction des données, puis la calculer.

Données : $U = 4{,}00$ kV ; $\ell = d = 6{,}00$ cm ; $L = 0{,}50$ m ; $m = 1{,}67.10^{-27}$ kg ; $v_o = 1500$ km.s^{-1}.

Exercice 18. Déviation de particule α

Un faisceau de particules α (noyaux d'hélium $^4_2He^{2+}$), de charge 2e et de masse m pénètre en O entre les plaques P et P' d'un condensateur plan ($\ell = 20{,}0$ cm ; $d = 10{,}0$ cm). Le vecteur vitesse $\overrightarrow{v_o}$ fait un angle $\alpha = 25°$ avec l'axe (Ox) ; sa valeur v_o est égale à $2{,}0.10^5$ m.s^{-1}. La tension $U_{PP'} = U$ appliquée entre les plaques est égale à +400V. Le champ électrique $\vec{E}$ est uniforme entre les plaques. L'origine du temps t = 0 sera prise lorsque la particule pénètre en O. Données $m = 6{,}68.10^{-27}$ kg ; $e = 1{,}67.10^{-19}$ C.

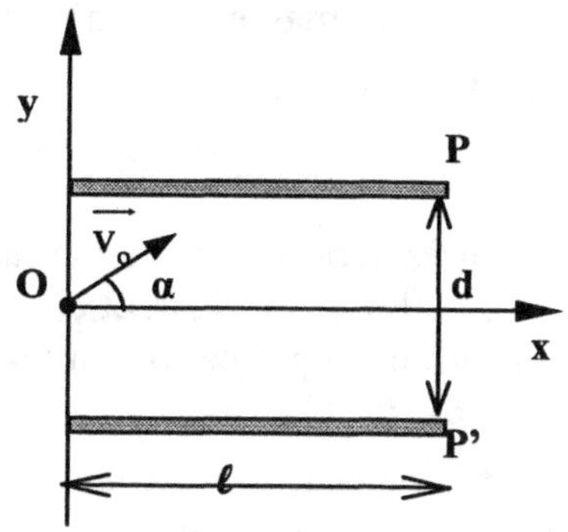

1. Compléter le tableau en donnant l'expression littérale des différentes grandeurs en fonction de U, d, e, m, α et v_o.

	Axe Ox	Axe Oy
Champ électrique	$E_x =$	$E_y =$
Force électrique	$F_x =$	$F_y =$
Accélération	$a_x =$	$a_y =$
Vitesse initiale	$v_{ox} =$	$v_{oy} =$

2. Calculer les valeurs numériques des grandeurs du tableau précédent en précisant les unités.

3. Les équations horaires de la trajectoire s'écrivent :

$$x = v_o.\cos\alpha.t \; ; \; y = -\frac{eUt^2}{md} + v_o \sin\alpha\, t.$$

a. Vérifier que cette solution correspond aux conditions initiales.
b. Retrouver l'équation de la trajectoire.
c. On pose : $y = Ax^2 + Bx$ avec x et y en m. Déterminer les valeurs numériques de A et B.

d. Calculer la valeur numérique maximale de y. La particule frappe-t-elle l'armature P ?

e. Calculer la valeur de l'ordonnée y_S du point S de sortie du champ électrique.

Exercice 19. **Déflexion de protons**

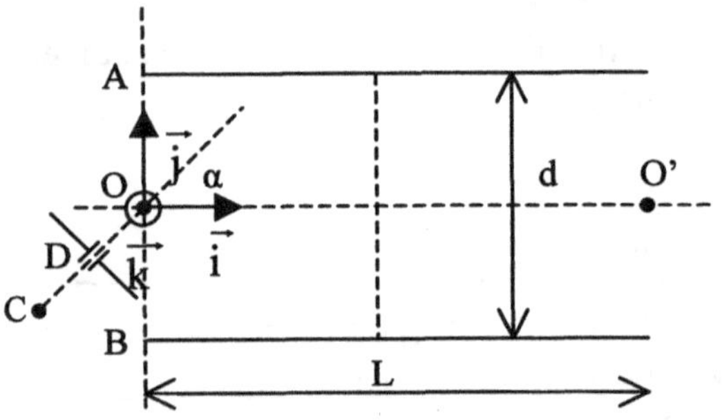

Un condensateur plan est constitué de deux plaques métalliques parallèles rectangulaires, horizontales A et B, de longueur L et séparées par une distance d. On raisonnera dans le repère orthonormé $(O, \vec{i}, \vec{j}, \vec{k})$. Le point O est équidistant des deux plaques. Un faisceau homocinétique de protons de masse m, émis en C à vitesse négligeable, est accéléré entre les points C et D, situés dans le plan $(O, \vec{i}, \vec{j})$. Il pénètre en O, en formant un angle α avec $\vec{i}$, dans le champ électrique $\vec{E}$ supposé uniforme du condensateur.

1. Après avoir indiqué en le justifiant le signe de $V_D - V_C$, exprimer, en fonction de $U = |V_D - V_C|$, m et e, la vitesse v_o de pénétration dans le champ électrique uniforme. Application numérique : $U = 1{,}0$ kV, $m = 1{,}67 \times 10^{-27}$ kg ; $e = 1{,}6 \times 10^{-19}$ C.

2. Indiquer en le justifiant le signe de $V_A - V_B$ tel que le faisceau de protons puisse passer par le point O' (L,0,0).

3. Donner la trajectoire des protons dans le repère $(O, \vec{i}, \vec{j}, \vec{k})$ en fonction de U, $U' = |V_A - V_B|$, α et d. Quelle est sa nature ?

4. Exprimer la tension U' qui permet de réaliser la sortie en O', et calculer sa valeur numérique pour $\alpha = 30°$, L = 20 cm et d = 7cm.

5. Dans le cas où la tension U' a la valeur précédente, calculer à quelle distance minimale du plateau supérieure passe le faisceau de protons.

Toute l'expérience a lieu dans le vide et on néglige les forces de pesanteur.

9. LES OSCILLATEURS ÉLECTRIQUES

<u>OBJECTIFS</u> : Étudier le comportement d'un circuit électrique siège des oscillations libres ou forcées : établir des analogies mécano électriques.

1. OSCILLATIONS ÉLECTRIQUES LIBRES

Les oscillations électriques s'observent dans un circuit formé d'une bobine et d'un condensateur (circuit L, C) préalablement chargé.

a. Le condensateur

Un *condensateur* est l'ensemble de deux solides conducteurs, appelés armatures, séparés par un isolant (ou *diélectrique*) de faible épaisseur.

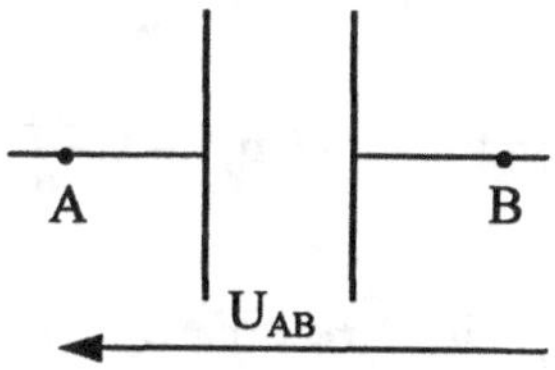

Un condensateur électrique est caractérisé par sa tension U (exprimée en volts) et par sa capacité C (exprimée en farads). La charge Q (positive ou négative), prise par chacune des deux armatures dans le cas d'un courant continu, est proportionnelle à la capacité du condensateur et à la tension appliquée aux bornes ($Q = CU$). L'énergie W qu'il peut emmagasiner est égale à $1/2CU^2$.

Lors de la charge d'un condensateur par un générateur de f.é.m. E constante, un courant circule pendant une courte durée dans le circuit.

La charge dure jusqu'à ce que la tension U_{AB} aux bornes du condensateur soit égale à E.

Ensuite, le courant est nul : un condensateur ne laisse pas passer le courant continu.

i. Charge d'un condensateur

La charge Q d'un condensateur est égale à la valeur absolue des charges des armatures $Q = Q_A = -Q_B$.
Cette relation demeure valable entre les valeurs instantanées de q et de u ; on a $q(t) = Cu(t)$.
Si la charge d'un condensateur varie de dq pendant la durée dt, l'intensité correspondante s'écrit $i = \frac{dq}{dt}$; c'est la dérivée de la charge par rapport au temps.

ii. Capacité d'un condensateur plan

Un condensateur *plan* est un condensateur dont les armatures sont planes, parallèles, de forme quelconque (rectangle, sémicirculaire) en regard l'une de l'autre. Si S est l'aire de la surface commune aux armatures en regard et d leur écartement, la capacité d'un tel condensateur est donné par la formule suivante : $C = \varepsilon_0 \varepsilon \frac{S}{d}$; S en m^2, d en m ; ε_o est la *permittivité* du vide. $\varepsilon_o = \frac{1}{36\pi.10^9} = 8,854.10^{-12}$ $C^2/(N.m^2)$; ε est la *permittivité relative* du diélectrique ou constante diélectrique ; c'est une grandeur sans unité ; sa valeur est de 1 pour le vide et pour l'air. La capacité s'exprime en farad (F). Les sous-multiples les plus courantes du farad sont : le microfarad (μF), le nanofarad (nF), le picofarad (pF). 1 $\mu F = 10^{-6}$ F ; 1nF = 10^{-9} F ; 1pF = 10^{-12} F.

Comme q = Cu, $i = C\frac{du}{dt}$.

iii. Energie d'un condensateur

Lorsque la charge du condensateur varie de dq, l'énergie du condensateur varie aussi de $dW = \frac{q}{C}dq$. L'énergie totale emmagasinée vaut $\int dW = \frac{1}{C}\int q dq = \frac{1}{2}\frac{Q^2}{C} = \frac{1}{2}QU = \frac{1}{2}CU^2$.

b. Généralités sur le courant alternatif

En courant alternatif l'intensité et la tension sont variables, ce sont des fonctions sinusoïdales du temps ; les valeurs instantanées peuvent être écrites ainsi qu'il suit : $i = I_m \cos(\omega t + \varphi_1)$; $u = U_m \cos(\omega t + \varphi_2)$. I_m et U_m sont les valeurs maximales de i et de u.

i. valeurs efficaces

L'intensité efficace I d'un courant alternatif est l'intensité d'un courant continu qui, passant dans le même conducteur, fournit pendant chaque période la même quantité de chaleur que le courant alternatif.

$$RI^2T = R\int_0^T [\,I_m \cos\omega t)\,]^2\,dt \Rightarrow I^2 = \frac{I_m^2}{T}\int_0^T \frac{1+\cos(2\omega t)}{2}dt = \frac{I_m^2}{T}\int_0^T \frac{dt}{2} = \frac{I_m^2}{2}$$

$\Rightarrow I = \frac{I_m}{\sqrt{2}}$. Entre la valeur efficace U de la tension et sa valeur maximale U_m, on a la relation $U = \frac{U_m}{\sqrt{2}}$.

En courant alternatif, les appareils de mesure (ampèremètre et voltmètre) indiquent les valeurs efficaces.

ii. phénomène d'induction

L'intensité d'un courant alternatif est variable et de ce fait, la bobine parcourue par un tel courant est le siège d'une f.é.m. d'auto-induction $e = -L\frac{di}{dt}$ qui s'oppose à la f.é.m. qui crée le courant.

iii. lois des courants

Pour les valeurs de fréquence inférieures à 10^6 Hz, on peut considérer que l'intensité du courant est la même à chaque instant en tout point du circuit. Les lois des courants continus sont applicables aux grandeurs instantanées. En particulier, la loi d'additivité des tensions et la loi d'Ohm.

c. Oscillateur non amorti

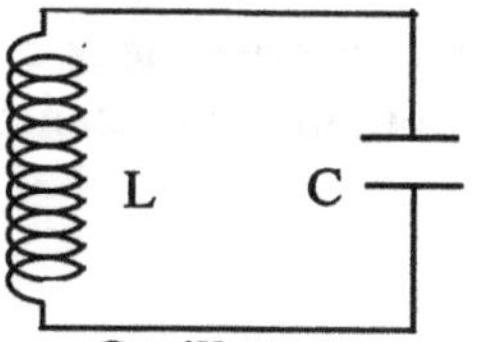

Oscillateur non amorti

Le circuit étudié est composé d'un condensateur de capacité C chargé sous une tension U_o et d'une bobine d'auto-inductance L de résistance nulle. A t = 0, on ferme le circuit : le condensateur se décharge à travers la bobine ; soit i l'intensité du courant dans le circuit, et q la charge du condensateur à l'instant t. La tension aux bornes du condensateur $u = \frac{q}{C}$, et aux bornes de la bobine $u = -L\frac{di}{dt}$; on peut écrire donc $u = \frac{q}{C} = -L\frac{di}{dt}$; or $\frac{di}{dt} = \frac{d^2q}{dt^2}$; finalement, l'équation s'écrit : $\frac{d^2q}{dt^2} + \frac{1}{LC}q = 0$ si $\omega^2 = \frac{1}{LC}$, on a l'équation de forme bien connue $\frac{d^2q}{dt^2} + \omega^2 q = 0$. C'est une équation différentielle du second ordre sans second membre dont une solution peut s'écrire $q = Q_m\cos(\omega t + \varphi)$. L'intensité instantanée vaut $i = \frac{dq}{dt} = -\omega Q_m \sin(\omega t + \varphi)$.

Le circuit formé d'un condensateur et d'une bobine est un *oscillateur harmonique* de pulsation propre $\omega_o = \sqrt{\frac{1}{LC}}$, de période propre $T_o = 2\pi\sqrt{LC}$ et de fréquence $N_o = \frac{1}{2\pi\sqrt{LC}}$.

i. Etude énergétique

L'énergie d'un tel circuit se présente sous deux formes : l'énergie électrostatique emmagasinée dans le condensateur $E_e = \frac{1}{2}\frac{q^2}{C} = \frac{1}{2C}Q_o^2 \cos^2 \omega_o t$, si la phase initiale est nulle ; l'énergie magnétique dans la bobine $E_m = \frac{1}{2}Li^2 = \frac{1}{2}LQ_o^2\omega_o^2 \sin^2 \omega_o t$.

L'énergie totale s'écrit : $E = E_e + E_m = \frac{1}{2C}Q_o^2 \cos^2 \omega_o t + \frac{1}{2}LQ_o^2\omega_o^2 \sin^2 \omega_o t$; or $\omega_o^2 = \frac{1}{LC}$ soit $E = \frac{1}{2}\frac{Q_o^2}{C}(\cos^2 \omega_o t + \sin^2 \omega_o t) = \frac{1}{2}\frac{Q_o^2}{C} = \frac{1}{2}LI_{max}^2 = E_o$. L'énergie totale d'un circuit oscillant non amorti reste constante ; il y a transfert d'énergie du condensateur vers la bobine et vice versa. Les courbes représentant respectivement les variations de l'énergie électrostatique et de l'énergie magnétique sont représentées ci – dessous ; elles sont identiques à celles obtenues avec les oscillateurs mécaniques.

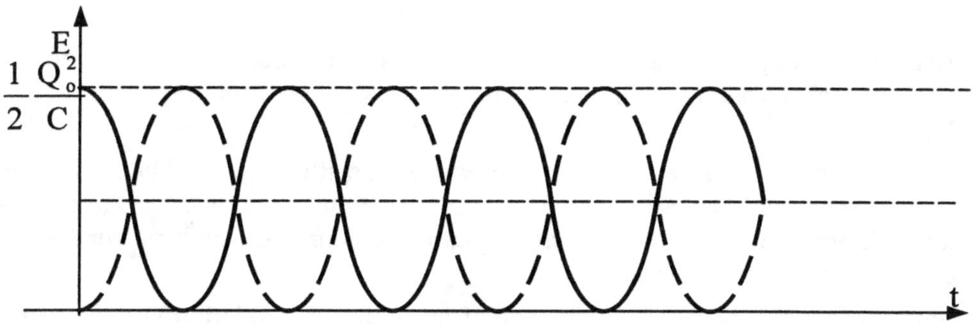

Variation des énergies électrostatique et magnétique

d. Oscillateur amorti

Si on introduit un résistor dans le circuit, il y aura dissipation d'énergie, dont la conséquence sera l'amortissement des oscillations. Considérons maintenant un circuit RLC.

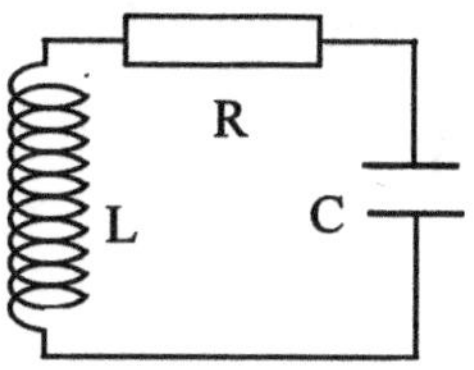

Oscillateur amorti

Aux bornes du condensateur on aura $u_1 = \frac{q}{C}$; aux bornes de la bobine, $u_2 = L\frac{di}{dt}$ et aux bornes du résistor, $u_3 = Ri$; $u_1 + u_2 + u_3 = 0$, on a donc $L\frac{di}{dt}+\frac{q}{C}+Ri=0 \Rightarrow$ $L\frac{d^2q}{dt^2}+R\frac{dq}{dt}+\frac{q}{C}=0$. Le résistor est la seule cause de perte d'énergie dans un oscillateur RLC.

2. OSCILLATIONS ÉLECTRIQUES FORCÉES

a. Étude expérimentale

i. Le dispositif expérimental

Le circuit est composé d'un générateur basse fréquence (GBF), du dipôle X à étudier, et d'un conducteur ohmique de résistance r. Un voltmètre est placé en dérivation aux bornes de l'ensemble. L'ampèremètre mesure l'intensité efficace dans tout le circuit, le voltmètre mesure la tension efficace aux bornes du GBF.

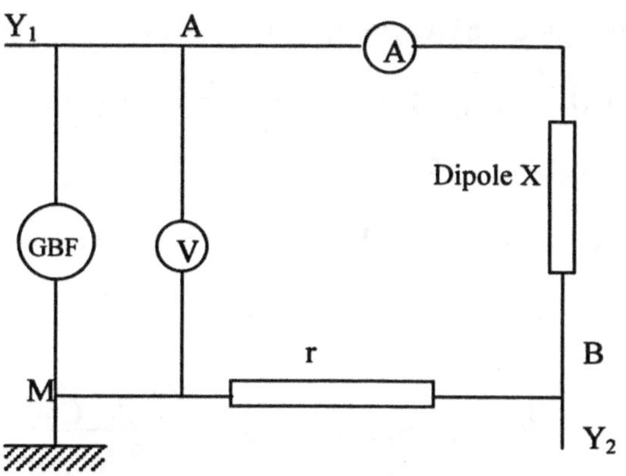

Etude expérimentale d'un circuit RLC

Avec un oscillographe bicourbe, on peut visualiser les tensions U_{AM} aux bornes du GBF sur la voie Y_1, et U_{BM} aux bornes du conducteur ohmique sur la voie Y_2.

Les deux courbes observées sur l'écran de l'oscilloscope ont la même fréquence, mais sont déphasées l'une par rapport à l'autre. Comme dans une résistance, la tension et l'intensité sont en phase ; le déphasage observé sur l'écran est aussi celui entre u_{AM} et i.

Entre la tension efficace et l'intensité efficace, il y a la relation U = ZI ; Z est l'impédance du circuit et comme une résistance elle s'exprime en ohm.

ii. Tension aux bornes d'un dipôle RLC. Impédance

La tension aux bornes du dipôle s'écrit : $u_{AE} = u_{AB} + u_{BD} + u_{DE}$, et la loi d'ohm pour chaque dipôle s'écrit : $u_{AB} = ri$; $u_{BD} = R_L i - e = R_L i + L\dfrac{di}{dt}$; $u_{DE} = \dfrac{q}{C}$; et $i = \dfrac{dq}{dt} \Rightarrow q = \int idt$ donc,

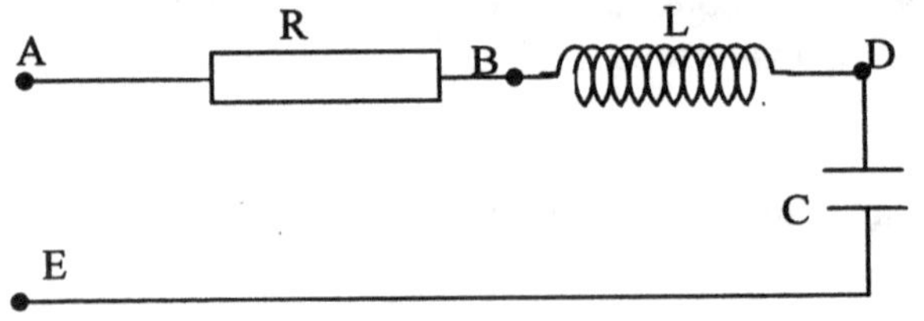

Dipôle RLC

$u_{AE} = ri + R_L i + L\dfrac{di}{dt} + \dfrac{q}{C}$. On peut choisir l'origine des dates telle que $i = I_m\cos\omega t$; dans ce cas $\dfrac{di}{dt} = I_m\omega\cos(\omega t + \dfrac{\pi}{2})$ et $\int idt = \dfrac{I_m}{\omega}\cos(\omega t - \dfrac{\pi}{2})$, il vient alors, $u_{AE} = RI_m\cos\omega t + R_L\ I_m\omega\cos(\omega t + \dfrac{\pi}{2}) + \dfrac{1}{C}.\dfrac{I_m}{\omega}\cos(\omega t - \dfrac{\pi}{2})$ avec $R = r + R_L$; pour déterminer u_{AE} , on utilise la construction de Fresnel : $\vec{U}_{AE} = \vec{U}_{AB} + \vec{U}_{BD} + \vec{U}_{DE}$. On peut écrire les vecteurs qui interviennent ici avec entre parenthèses leurs amplitudes et leurs phases respectives $\vec{U}_{AB}(RI_m, 0)$; $\vec{U}_{BD}(LI_m\omega, \dfrac{\pi}{2})$; $\vec{U}_{DE}(\dfrac{I_m}{C\omega}, -\dfrac{\pi}{2})$; trois cas peuvent se présenter.

- $L\omega > \dfrac{1}{C\omega}$: la tension est en avance de phase sur l'intensité.

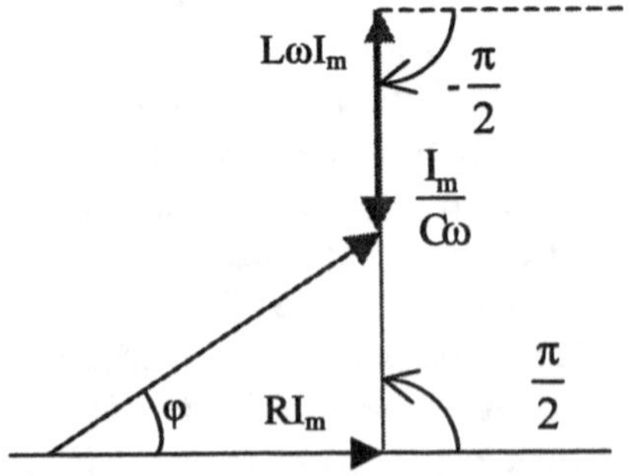

D'après la construction, $\tan\varphi = \dfrac{L\omega I_m - \dfrac{I_m}{C\omega}}{R I_m}$

$$\text{soit } \tan\varphi = \frac{L\omega - \frac{1}{C\omega}}{R}$$

avec $\varphi > 0$;

$$U^2 = (RI)^2 + (LI\omega - \frac{I}{C\omega})^2$$

$$U = I\sqrt{R^2 + \left(L\omega - \frac{1}{C\omega}\right)^2} = ZI$$

$$\text{d'où } Z = \sqrt{R^2 + \left(L\omega - \frac{1}{C\omega}\right)^2}$$

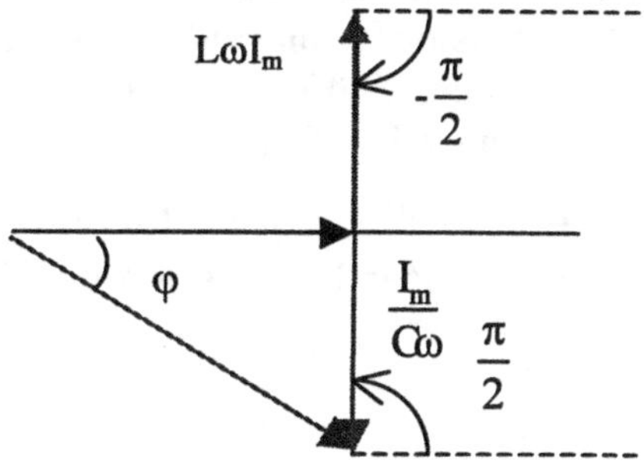

- Deuxième possibilité ; $L\omega < \frac{1}{C\omega}$ la tension est en retard de phase sur l'intensité ; dans ce cas, $\tan\varphi = \frac{\frac{1}{C\omega} - L\omega}{R}$; ici aussi, *l'impédance* vaut $Z = \sqrt{R^2 + \left(L\omega - \frac{1}{C\omega}\right)^2}$; φ est négatif dans ce cas.

- Troisième possibilité, $L\omega = \frac{1}{C\omega}$;
  dans ce cas, $\varphi = 0$ et $Z = R$;
  on dit qu'il y a résonance.
  $L\omega = \frac{1}{C\omega} \Rightarrow LC\omega^2 = 1$.

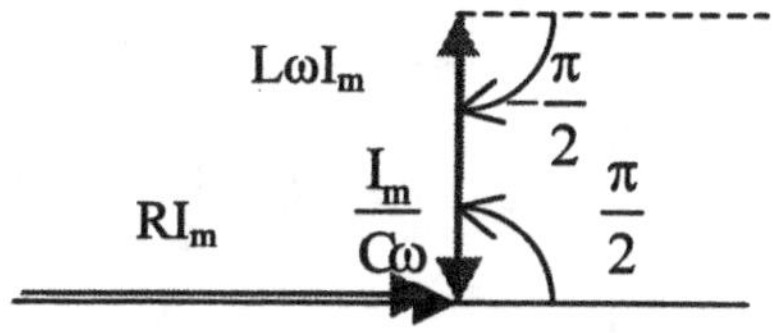

Exercice d'application.

La fréquence de la tension sinusoïdale délivrée par un générateur est N = 200Hz. Calculer l'impédance des dipôles suivants, lorsqu'ils sont branchés à ses bornes :

1. un conducteur ohmique de résistance R = 23 Ω ;
2. un condensateur de capacité C = 80 pF ;
3. une bobine d'inductance L = 34 mH et de résistance négligeable ;
4. bobine de résistance r = 40 Ω et d'inductance L = 34 mH.

Réponses : 1/ $Z_1 = R = 23\ \Omega$; 2/ $Z_2 = \dfrac{1}{C\omega} = 9.95.10^6\ \Omega$; 3/ $Z_3 = L\omega = 42,73\ \Omega$.

$Z_B = \sqrt{r^2 + (L\omega)^2} = 58,53\ \Omega$.

Exercice d'application.

Une tension sinusoïdale exprimée en millivolts par la relation : $u = 150\cos(5000\pi t)$ est établie aux bornes d'une bobine non résistive d'inductance L = 60 mH.

1. Calculer la fréquence de la tension utilisée.
2. Donner l'expression de l'intensité instantanée du courant dans la bobine.

Réponses : 1. $\omega = 2\pi f \Rightarrow f = \dfrac{\omega}{2\pi} = 2500$ Hz ; 2. $U_m = Z.I_m \Rightarrow I_m = \dfrac{U_m}{Z} = \dfrac{U_m}{L\omega} =$ $1,59.10^{-4}$ A ; l'intensité instantanée s'écrit donc $i = I_m \cos(5000\pi t - \pi/2)$.

À la *résonance*, la fréquence des oscillations est égale à celle de l'excitateur (GBF). Lorsque la fréquence ou la pulsation varie, I varie ; la courbe de variation de I en fonction de la fréquence f a l'allure suivante : la courbe la plus épaisse est celle obtenue lorsque la résistance est faible : c'est la *résonance aiguë* ; lorsque la résistance R devient importante, on obtient l'autre courbe ; on parle alors de *résonance floue*.

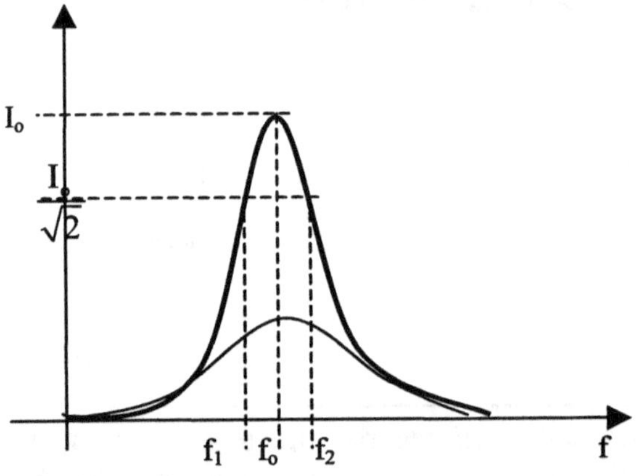

Courbe de résonance

L'oscillateur a une bonne réponse si $I \geq \dfrac{I_o}{\sqrt{2}}$; Io étant l'intensité à la résonance. La *bande passante* est la grandeur $\Delta f = |f_2 - f_1| = \dfrac{\Delta\omega}{2\pi}$, où $\Delta\omega = |\omega_2 - \omega_1|$; on peut montrer que $\Delta\omega = \dfrac{R}{L}$; plus la bande passante est étroite, plus la résonance est aiguë.

Le *facteur qualité* est le rapport $Q = \dfrac{\omega_o}{\omega_2 - \omega_1} = \dfrac{L\omega_o}{R} = \dfrac{1}{RC\omega_o}$.

A la résonance, la tension aux bornes de la bobine vaut $U_L = L\omega_o I$;

par ailleurs, aux bornes du circuit, on a U = ZI avec $Z = R \Rightarrow I = \dfrac{U}{R}$.

Lorsqu'on remplace dans U_L, on a $U_L = \frac{L\omega_o}{R}U = \frac{1}{RC\omega_o}U = QU$.

Généralement, le facteur qualité $Q > 1$; c'est-à-dire que $U_L = U_C > U$ aux bornes du circuit ; on dit qu'il y a *surtension à la résonance.*

b. Puissance en régime sinusoïdal forcé

i. Puissance instantanée

Les lois du courant continu s'appliquent aux valeurs instantanées. On peut donc écrire $p = ui$ avec $i = I\sqrt{2}\cos\omega t$, et $u = U\sqrt{2}\cos(\omega t + \varphi)$, soit $p = 2UI\cos\omega t.\cos(\omega t + \varphi)$; or $\cos a \cos b = 1/2[\cos(a + b) + \cos(a - b)] \Rightarrow p = UI[\cos\varphi + \cos(2\omega t + \varphi)]$; la puissance instantanée n'est pas constante ; c'est une fonction du temps de période T/2.

ii. Puissance moyenne

La **puissance moyenne** est l'énergie échangée par unité de temps par un dipôle $dW = pdt = uidt$. Pendant une période, on peut écrire

$$E = \int_0^T pdt = \int_0^T uidt = UI\int_0^T [\cos\varphi + \cos(2\omega t + \varphi)]\,dt$$

$$= UI\cos\varphi \int_0^T dt + UI\int_0^T \cos(2\omega t + \varphi) = UI\cos\varphi T$$

comme $P = E/t$, il vient $P = UI\cos\varphi$.

Le produit UI est la *puissance apparente* ; elle s'exprime en volt ampère (VA).

$\cos\varphi$ est le *facteur puissance*.

Pour calculer la puissance moyenne, on prend les valeurs efficaces de U et I.

iii. Valeur du facteur puissance

D'après la construction de Fresnel, $\cos\varphi = R/Z$ et on vient de trouver $P = UI\cos\varphi$; or, on sait déjà que $U = ZI$; on déduit de tout ceci que $P = RI^2$.

La puissance moyenne reçue par un circuit RLC apparaît sous forme thermique dans la résistance.

- Dans une résistance pure ; $\varphi = 0$; $\cos\varphi = 1$; $P = UI = RI^2$.
- Dans une inductance pure, $\varphi = +\frac{\pi}{2}$, $\cos\varphi = 0$, donc $P = 0$.
- Dans un condensateur, $\varphi = -\frac{\pi}{2}$, $\cos\varphi = 0$, donc $P = 0$.

Les inductances pures et les condensateurs ne consomment aucune énergie.

iv. Importance du facteur puissance

Pendant une seconde, l'énergie consommée par un abonné de la SONEL est égale à puissance moyenne $P = UI\cos\varphi$, soit $I = \frac{P}{U}\frac{1}{\cos\varphi}$. I est d'autant plus grande que $\cos\varphi$ est petit.

Les pertes en ligne de la SONEL sont proportionnelles à I^2. Si R est la résistance totale de la ligne, la puissance perdue s'écrit alors $P' = RI^2 = R\left(\frac{P}{U}\frac{1}{\cos\varphi}\right)^2$. Les abonnés qui ont $\cos\varphi < 0{,}8$ sont pénalisés : leur facture est calculée sur la puissance apparente et non sur la puissance moyenne $UI\cos\varphi$, qui est nettement inférieure. On peut augmenter le $\cos\varphi$ d'une installation en branchant un condensateur de capacité convenable à ses bornes.

Exercice d'application.

L'intensité instantanée traversant un dipôle (R, L, C) série est $i = I_m \cos(\omega t)$ avec $I_m = 135$ mA et $\omega = 100\pi$ rad.s^{-1}. La tension instantanée appliquée aux bornes du dipôle s'écrit alors : $u = U_m \cos(\omega t + \varphi)$ avec $U_m = 20$ V et $\varphi = +0{,}38$ rad.

1. Calculer le facteur puissance du circuit.
2. Calculer son impédance.
3. Déterminer la valeur de sa résistance.

Solution : 1. $\cos\varphi = 0{,}93$; 2. $Z = \frac{U_m}{I_m} = 148{,}1\ \Omega$; $\cos\varphi = \frac{R}{Z} \Rightarrow R = Z\cos\varphi$ = 137,7Ω.

3. ANALOGIES ENTRE GRANDEURS MÉCANIQUES ET GRANDEURS ÉLECTRIQUES

Le tableau des analogies entre grandeurs mécaniques et grandeurs mécaniques se présente ainsi qu'il suit :

	Grandeurs mécaniques	**Grandeurs électriques**
1.	Elongation (x ou θ)	Charge électrique q
2.	Vitesse linéaire $v = \frac{dx}{dt}$	Intensité $i = \frac{dq}{dt}$
3.	Inertie m ou J_Δ	Auto inductance L
4.	Raideur k ou constante de torsion C	$\frac{1}{C}$ (C capacité du condensateur)
5.	Force F ou moment $\mathcal{M}$	Tension électrique U
6.	Energie potentielle élastique $E_p = \frac{1}{2}kx^2$	Energie du condensateur $W_c = \frac{1}{2}\frac{q^2}{C}$
7.	Energie cinétique $E_c = \frac{1}{2}mv^2$	Energie de la bobine $W_L = \frac{1}{2}Li^2$
8.	Coefficient de frottement h	Résistance R
9.	Période $T = 2\pi\sqrt{\frac{m}{k}}$	Période $T = 2\pi\sqrt{LC}$
10.	$\frac{d^2q}{dt^2} + \frac{1}{LC}q = 0$	$\frac{d^2x}{dt^2} + \frac{k}{m}x = 0$

EXERCICES

Exercice 1.

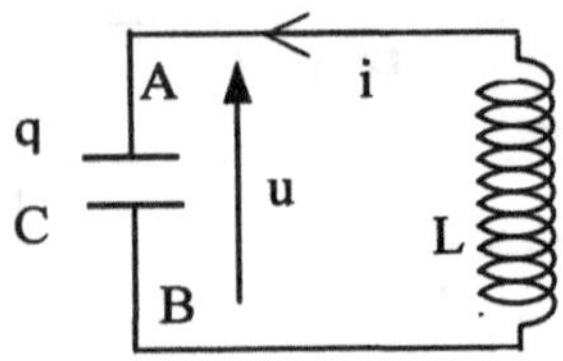

1. Le circuit (L, C) représenté ci-contre est caractérisé par L = 0,2 H ; pulsation propre ω_o = 500 rad.s^{-1}. Quelle est la valeur de la capacité ?

A l'instant t = 0, la charge q portée par l'armature A vaut $q_o = 4.10^{-3}$ C et l'intensité i est nulle.

2. Donner l'expression de la tension u en fonction du temps.
3. Exprimer l'intensité i en fonction du temps.

Exercice 2.

Un condensateur de capacité C = 200 nF, préalablement chargé sous la tension continue U_o = 20 V, se décharge à travers une bobine d'inductance L et de résistance négligeable. On observe des oscillations électriques de période T = 1,26 ms.

1. Calculer la valeur de l'inductance L.
2. La période propre T_o du circuit dépend-elle de la valeur U_o de la tension de charge ?

Exercice 3.

Dans le montage de la figure ci-contre, la charge q évolue en fonction du temps t selon la loi $q = 10^{-4}\cos(2000t)$.

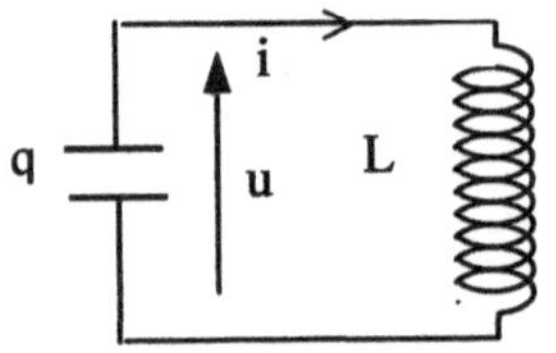

1. À l'instant = 0, la tension u entre les armatures est U_o = 100 V. En déduire la valeur de la capacité C du condensateur et celle de l'inductance de la bobine.
2. Donner, en unités SI, l'expression de l'intensité i du courant dans la bobine en fonction du temps.
3. Exprimer, en utilisant les unités SI, l'énergie électrostatique E_E et l'énergie magnétique E_M en fonction du temps. Que peut-on dire de la somme $E_E + E_M$?

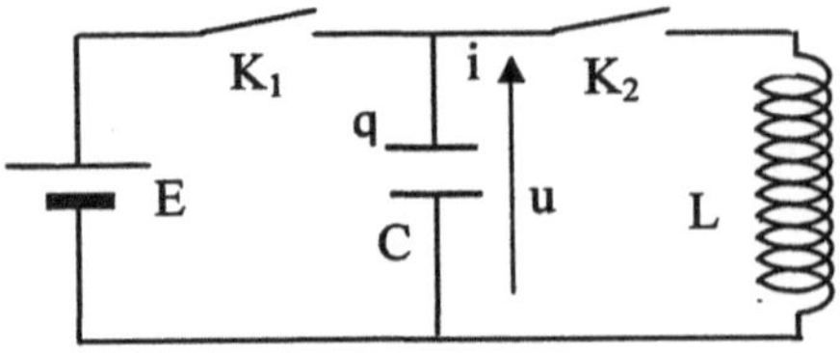

Exercice 4.

Dans le montage de la figure ci-contre, E = 15 V ; C = 0,4 µF ; L = 80 mH. L'interrupteur K_2 est ouvert, on ferme K_1 puis, après quelques secondes, on l'ouvre à nouveau.

1. Quelle est la valeur de la charge q_o portée par l'armature supérieure du condensateur ? Calculer, dans ces conditions, l'énergie électrostatique E_E et l'énergie magnétique E_M emmagasinées, respectivement dans le condensateur et dans la bobine.
2. À l'instant t = 0, on ferme l'interrupteur K_2 et on note : i l'intensité algébrique du courant dans la bobine ; q la charge de l'armature supérieure du condensateur. Quelle relation y a-t-il entre i et $\frac{dq}{dt}$? En exprimant de deux façons différente la tension u aux bornes de la bobine, établir l'équation différentielle du circuit : $\frac{d^2u}{dt^2} + \frac{1}{LC}u = 0$.
3. Vérifier que la solution de cette équation différentielle est de la forme $u = U_m\cos(\omega_o t + \varphi)$. Calculer numériquement U_m et φ sachant qu'à l'instant initial, l'intensité est nulle.
4. Déterminer la valeur numérique de la période propre T_o du circuit et calculer, à l'instant $T_o/4$: la charge q de l'armature supérieure ; l'intensité i dans la bobine ; l'énergie électrostatique E'_E et l'énergie mécanique E'_M présentes dans le circuit.

Exercice 5.

1. On réalise le circuit de la figure ; la bobine, de résistance négligeable, a une résistance L = 50 mH ; la capacité du condensateur vaut C = 5 μF.

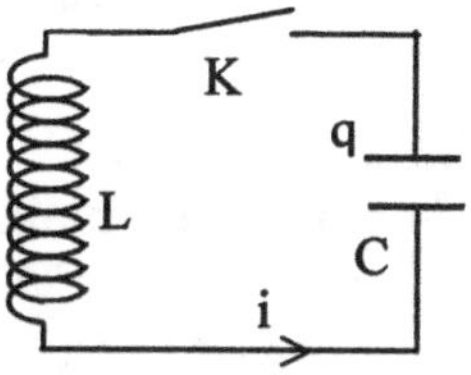

Figure 1

   a. On ferme l'interrupteur K. Quel phénomène se produit ans le circuit ? Établir l'équation différentielle liant la charge q de l'armature de gauche du condensateur à sa dérivée seconde par rapport au temps.
   b. En déduire l'expression littérale de la période propre T_o du circuit, ainsi que sa valeur numérique.
2. On réalise maintenant un pendule élastique horizontal en accrochant, à l'extrémité d'un ressort de raideur k, un solide S de masse m = 100 g, qui peut se déplacer sans frottement sur un support horizontal (fig. 2). On écarte le solide S d'une distance X_m par rapport à sa position d'équilibre O et on le lâche sans vitesse à la date t = 0.

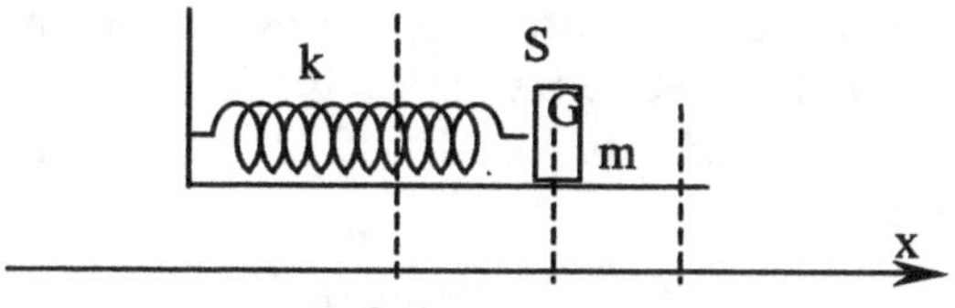

Figure 0

a. Soit x l'élongation, à l'instant t, du centre d'inertie G du solide S. Exprimer, à chaque instant, en fonction de k, m, x et dx/dt, l'énergie cinétique E_c, l'énergie potentielle E_p et l'énergie mécanique E du système ressort + solide S. Que peut-on dire de E ? Pourquoi ?

b. A partir de l'étude énergétique ou de la deuxième loi de Newton, établir l'équation différentielle liant l'abscisse x de G à sa dérivée seconde par rapport au temps.

c. En déduire l'expression littérale de la période T_o des oscillations du pendule. A.N. $k = 25\ N.m^{-1}$.

d. En comparant les équations qui régissent les deux systèmes étudiés, mettre en évidence une analogie entre les grandeurs mécaniques et électriques. Utiliser cette analogie pour trouver l'expression de l'énergie emmagasinée dans le circuit (L,C) à chaque instant.

Exercice 6.

Une tension sinusoïdale exprimée en millivolts par la relation : $u = 75\cos(3000t)$ est établie aux bornes d'un condensateur de capacité C = 110 pF.

1. Calculer l'intensité efficace du courant.
2. Donner l'expression de l'intensité instantanée du courant qui aboutit au condensateur.

Exercice 7.

Un générateur maintient entre ses bornes une tension sinusoïdale dont la valeur efficace vaut U=24 V. La fréquence de cette tension est N=180 Hz. On branche aux bornes de ce générateur une bobine de résistance r =120 Ω et d'inductance L=250 mH.

1. Faire la construction de Fresnel relative à ce circuit.
2. Calculer l'intensité efficace du courant passant dans la bobine.
3. Calculer la phase de la tension par rapport à l'intensité.

Exercice 8.

Un générateur maintient entre ses bornes une tension sinusoïdale de valeur efficace U=12 V et de fréquence N=50 Hz. On branche à ses bornes un conducteur ohmique de résistance : R=85 Ω et un condensateur de capacité C=5 µF en série.

1. Faire la construction de Fresnel relative à cette association.
2. Calculer l'intensité efficace du courant.

3. a. Quelle est la phase de l'intensité par rapport à la tension ?
   b. Quelle est la phase de la tension par rapport à l'intensité ?

Exercice 9.

Un générateur maintient entre ses bornes une tension sinusoïdale de valeur efficace $U = 6{,}3$ V et de fréquence $f=50$ Hz. On branche entre ses bornes, en série : un conducteur ohmique de résistance : $R=11\ \Omega$, une bobine non résistive d'inductance $L = 270$ mH et un condensateur de capacité $C = 45\ \mu F$ en série.

1. Faire la construction de Fresnel relative à cette association.
2. Calculer l'impédance du circuit.
3. Calculer l'intensité efficace du courant.
4. Quelle est la phase de la tension par rapport à l'intensité ?

Exercice 10.

L'intensité instantanée (en milliampères) qui circule dans un circuit (R, L, C) série est : $i = 13{,}5 \cos(300t)$. On donne $R = 110\ \Omega$; $L = 250$ mH ; $C = 12\ \mu F$.

1. Faire la construction de Fresnel relative à cette association.
2. Calculer la tension efficace existant aux bornes du dipôle (R,L, C).
3. Calculer la phase de l'intensité par rapport à la tension.

Exercice 11.

Un dipôle (R,L,C) en série est constitué d'un conducteur ohmique de résistance $R = 50\Omega$, d'une bobine d'inductance $L = 45$ mH et de résistance $r = 10\ \Omega$, et d'un condensateur de capacité $C = 10\ \mu F$. On alimente ce dipôle par une tension sinusoïdale de tension efficace $U = 6V$ et de fréquence $N = 100$ Hz.

1. Faire la construction de Fresnel relative à cette association.
2. Calculer l'impédance du circuit.
3. Calculer l'intensité efficace du courant.
4. Calculer la tension efficace aux bornes de chaque composant.
5. Quelle est la phase de la tension par rapport à l'intensité ?

Exercice 12.

Une source de tension alternative assure, entre les bornes M et N d'une portion de circuit, une différence de potentiel sinusoïdale $u = v_M - v_N = U\sqrt{2} \cos\omega t$. $U = 21V$; $\omega = 100\pi$ rad/s. Le circuit comprend : un ampèremètre d'impédance négligeable (dipôle MP_1), une bobine B de résistance R_2 et d'inductance L (dipôle P_2N) montés en série. Un voltmètre branché entre P_2 et N indique $U_1 = 14$

V et un autre, branché entre P_2 et M indique $U_2 = 11{,}9$ V lorsque l'ampèremètre marque 35 mA.

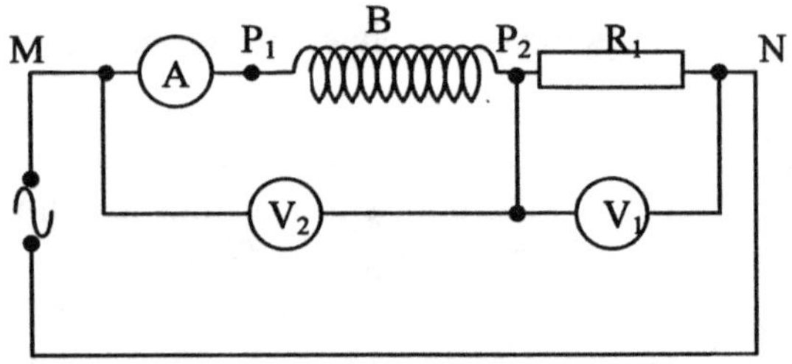

1. Déterminer les valeurs numériques des impédances Z_1 de R_1, Z_2 de la bobine B et Z de l'ensemble (R_1+B), puis à partir des expressions littérales des impédances des dipôles que vous rappellerez, calculer les valeurs numériques R_1, R_2 et L.
2. Déterminer le déphasage φ entre la tension u aux bornes de l'ensemble et l'intensité du courant dans le circuit. Préciser quelle est celle de ces deux grandeurs qui est en retard par rapport à l'autre et donner l'expression de i en fonction du temps.

Exercice 13.

Soit le circuit schématisé ci-contre. Le générateur fournit une tension sinusoïdale de pulsation ω. Entre A et B se trouve une bobine de résistance R_1 d'auto-inductance L_1 ; son impédance sera noté Z_1. Entre B et C se trouve un conducteur ohmique de résistance R_2. Soit $i = I_m \sin\omega t$ l'expression de l'intensité instantanée du courant.

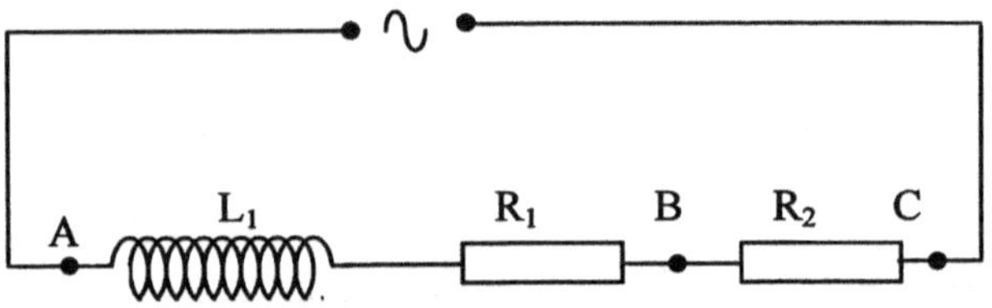

1. On désigne par φ la phase de la tension entre A et B par rapport à l'intensité du courant. Donner l'expression de Z_1, R_2, I_m, ω, t et φ les expressions des tensions instantanées u_{AB} et u_{BC}.
2. Un voltmètre de grande impédance est placé successivement entre A et B, entre B et C puis entre A et C. Il indique les valeurs efficaces suivantes $U_{AB} = 45$ V ; $U_{BC} = 40$ V ; $U_{AC} = 75$ V.
   a. Ecrire la relation entre les tensions instantanées u_{AB}, u_{BC} et u_{AC}.
   b. En utilisant la construction de Fresnel, déterminer la valeur de φ.
3. Sachant que $R_2 = 20\ \Omega$ calculer :
   a. la puissance consommée dans le conducteur ohmique ;
   b. la puissance consommée dans la bobine ;
   c. la résistance de la bobine.

Exercice 14. Bande passante – surtension à la résonance

On monte en série : un condensateur de capacité C inconnue, une bobine d'inductance propre L = 0,1 H et de résistance r = 10 Ω, enfin un milliampèremètre d'impédance négligeable. Une tension sinusoïdale de valeur efficace constante U est appliquée entre les bornes A et B de l'ensemble. Le générateur utilisé est à fréquence variable. On effectue une série de mesures de l'intensité efficace I pour des valeurs croissantes de la fréquence N. On obtient les résultats suivants :

N (Hz)	160	180	200	210	215	220	230	240	250	270	300
I (mA)	1,0	1,8	4,3	7,2	8,5	7,2	4,7	3,2	2,4	1,5	1,0

1. Tracer sur papier millimétré la courbe représentant I en fonction de N. Quel phénomène cette courbe met-elle en évidence ? Pour quelle valeur numérique N_o de N peut-on admettre que ce phénomène est obtenu ?
2. De l'étude précédente, déduire une valeur approchée de la capacité C du condensateur.
3. Exprimer, en fonction de U, la tension efficace U_C aux bornes du condensateur, pour $N = N_o$. Comment peut-on appeler le rapport $\frac{U_C}{U}$? Le calculer numériquement.
4. a) Déterminer à partir de la courbe tracée au 1, les limites en fréquence de la bande passante à 3 dB. Calculer sa largeur ΔN.

   b) Calculer le rapport $Q = \frac{N_o}{\Delta N}$. Quelle remarque ce résultat suggère-t-il lorsqu'on le compare au rapport $\frac{U_C}{U}$ précédemment calculé au 3. ?

Exercice 15. Méthode graphique

Un générateur de tension $u = 24 \cos(500t)$ (unités SI) alimente un conducteur ohmique de résistance $r = 10\Omega$, monté en série avec une bobine de résistance R et d'auto-inductance L.

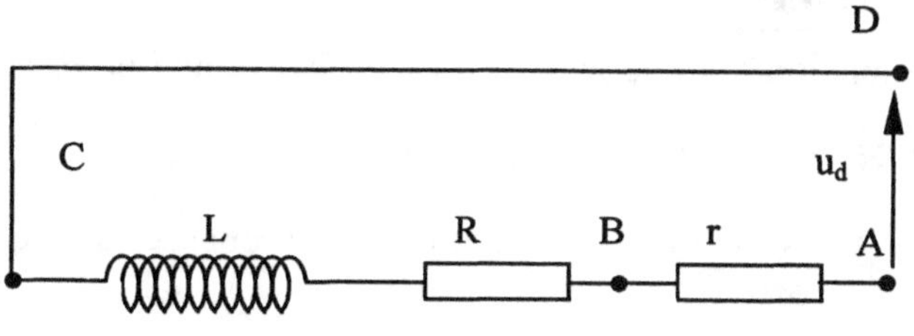

Les tensions maximales aux bornes de r et de la bobine valent respectivement $U_{mr} = 8{,}0$ V et $U_{mRL} = 20$ V.

1. Construire soigneusement, à la règle et au compas, les vecteurs de Fresnel associés aux tensions (échelle : 1 cm pour 2V).
2. Mesurer au rapporteur la phase de u(t) par rapport à i(t). Déterminer l'expression de l'intensité instantanée.
3. Décalquer la construction précédente et réaliser la construction de Fresnel des impédances (échelle : 1 cm pour 2Ω). À partir de mesures au double décimètre, déterminer la résistance et l'auto-inductance de la bobine.

Exercice 16. Puissance, résonance

Une portion de circuit MN comprend, en série : un condensateur de capacité C = 32 μF et un conducteur ohmique de résistance R = 75 Ω. Aux bornes de l'ensemble, un générateur impose une tension sinusoïdale de fréquence N.

1. La tension efficace aux bornes du condensateur est 72 V quand l'intensité efficace du courant est 0,72 A. Calculer :
   a. l'impédance du condensateur ;
   b. la fréquence de la tension ;
   c. l'impédance du circuit MN ;
   d. la tension efficace délivrée par le générateur ;
   e. la puissance moyenne et le facteur puissance cosφ de la portion de circuit MN. Préciser le signe de la phase de la tension u_{MN} par rapport à l'intensité.
2. Calculer la résistance du conducteur ohmique à placer en série avec le dipôle MN pour que le facteur puissance de l'ensemble soit égal à 0,86, la fréquence restant inchangée. Que devient la puissance moyenne ?
3. À la fréquence N = 50 Hz, calculer le coefficient d'auto-inductance L de la bobine à monter en série avec le dipôle MN (1ère question) pour que la tension aux bornes du nouveau dipôle ainsi formé et le courant aient la même phase. Quel est phénomène observé ? quelle est la puissance moyenne du nouveau dipôle ?

Exercice 17.

La tension appliquée à un dipôle série constitué par une bobine R, L et un condensateur C est : $u = U\sqrt{2}\cos(\omega t + \varphi)$. La pulsation est égale à $\frac{1}{\sqrt{LC}}$. La date t = 0 est choisie de façon que la charge du condensateur s'exprime par $q = Q_m\cos(\omega t)$.

1. Exprimer l'intensité i(t) qui parcourt le dipôle R, L, C en fonction de Q_m, ω et t.

2. Établir l'expression de $u(t) = u_{AB}$. Quelle est la phase de u par rapport à i ?
3. Soient U, U_B et U_C les tensions efficaces aux bornes du dipôle RLC de la bobine et du condensateur. Exprimer le rapport $Q = \frac{U_C}{U}$ en fonction de R, L et ω.
4. Calculer l'énergie E emmagasinée dans le dipôle RLC et E_B et E_C emmagasinée dans la bobine et le condensateur. Montrer que E est constante. La comparer à l'énergie E_J dissipée par effet joule pendant une période. Exprimer le rapport $\frac{E}{E_J}$ en fonction de Q. En déduire une interprétation de Q.

Données : R = 10 Ω ; L = 0,1 H ; C = 0,5 μF.

Exercice 18. Résonance – facteur puissance

Un dipôle (R, L, C) série possède les caractéristiques suivantes : R = 22 Ω ; L = 550 mH ; C = 0,80 μF. Il est alimenté par un générateur de tension sinusoïdale de fréquence N_o, de valeur efficace U = 5 V, qui provoque la résonance du dipôle (R, L, C).

1. Calculer N_o.
2. Calculer le facteur de qualité du dipôle.
3. Quelle est l'énergie stockée dans le dipôle (R, L C) ?
4. Quelle est l'énergie consommée par le dipôle (R, L, C) pendant une durée $t_1 = 25s$?
5. Quel est le facteur puissance du circuit ?

Exercice 19. Facteur qualité – bande passante

Une bobine d'inductance L = 250 mH et de résistance R = 37 Ω est branchée en série avec un condensateur de capacité C = 3,2 μF. On alimente le dipôle ainsi constitué par un générateur B.F. dont la fréquence est réglée sur N = 100 Hz.

1. Quel est le facteur puissance du circuit ?
2. Calculer la fréquence qui impose la résonance au circuit (R, L, C) série.
3. a) Calculer le facteur qualité du circuit.

   b) Déterminer la bande passante.

Exercice 20. Facteur qualité

Un circuit comprend, en série, les éléments suivants : un générateur de courant alternatif sinusoïdal de fréquence N et de pulsation ω = 2πN ; un condensateur de capacité C = 0,5 μF ; une résistance R = 100 Ω ; une inductance pure

L = 0,5 H ; un ampèremètre A de résistance négligeable. La tension aux bornes du générateur est de la forme $u = U\sqrt{2}\cos(\omega t)$ avec U = cte. Le courant qui traverse le circuit vaut $i = I\sqrt{2}\cos(\omega t - \varphi)$.

1. a) Pour quelle valeur ω_o de ω a-t-on $\varphi = 0$?
Pour quelles valeurs de ω a-t-on $\varphi < 0$ et $\varphi > 0$?

   b) À toute pulsation $\omega_1 < \omega_o$, correspondant à un déphasage $\varphi = \varphi_1$, on peut associer une autre pulsation $\omega_2 > \omega_o$, correspondant à un déphasage $\varphi_2 = -\varphi_1$. Montrer qu'on a $\omega_1 . \omega_2 = \omega_o^2$.

   c) Calculer ω_1 et ω_2 pour avoir $|\varphi_1| = |\varphi_2| = \frac{\pi}{4}$ rad.

2. On pose $x = \frac{\omega}{\omega_o}$ et on appelle Z l'impédance du circuit.

   a) Exprimer le facteur qualité Q de ce circuit en fonction de L, R et ω_o et calculer sa valeur numérique.

   b) Montrer que l'on a $\frac{Z}{R} = \sqrt{1 + Q^2\left(x - \frac{1}{x}\right)^2}$. Représenter la courbe

   donnant les variations de $\frac{Z}{R}$ en fonction de x pour $x \in]0;3]$

Exercice 21.

Un dipôle (R, L, C) série, constitué d'une bobine et d'un condensateur de capacité C = 0,5 µF, est alimenté par un générateur délivrant une tension sinusoïdale de fréquence N variable. Un ampèremètre donne l'intensité efficace I pour chaque valeur de N ; la tension efficace U aux bornes du générateur est maintenue constante et réglée à 0,9 V.

N(Hz)	2000	2100	2150	2200	2250	2275	2300	2325	2350
I(mA)	22	32	42	57	84	102	120	130	118

N(Hz)	2375	2400	2450	2500	2600	2700	2800
I(mA)	100	85	60	43	30	22	16

1. Tracer la représentation graphique de la fonction I = f(N).
2. Déterminer, à l'aide de la courbe tracée, la fréquence de résonance, et l'intensité efficace I_o correspondante.
3. Calculer l'inductance de la bobine.
4. Evaluer, à l'aide de la représentation graphique, la bande passante et le facteur qualité du circuit. Calculer la résistance R du circuit.

10. LA RADIOACTIVITÉ

1. LE NOYAU ATOMIQUE
   a. Les nucléons
   b. Isotopie
   c. Défaut de masse ; énergie de liaison du noyau
   d. Les unités
2. GÉNÉRALITÉS SUR LA RADIOACTIVITÉ
3. DÉSINTÉGRATIONS RADIOACTIVES
   a. Les lois de conservation
   b. Radioactivité α
   c. Radioactivité β^-
   d. Radioactivité β^+
   e. Radioactivité γ
4. PROPRIÉTES GÉNÉRALES DE LA RADIOACTIVITÉ
   a. Loi de décroissance
   b. Période ou demi-vie
   c. Activité d'une source radioactive
5. APPLICATIONS ET DANGERS

<u>OBJECTIFS :</u>

mettre en évidence et interpréter l'émission spontanée des particules par des noyaux radioactifs ;

connaître les applications de la radioactivité ainsi que ses inconvénients.

1. LE NOYAU ATOMIQUE

Un atome est formé d'un noyau autour duquel gravitent les électrons. Le noyau est donc la partie centrale de l'atome.

a. Les nucléons

Les nucléons sont les particules élémentaires constitutives du noyau de l'atome. Ce sont les protons et les neutrons. Le nombre total de nucléons est appelé nombre de masse ; il se note A ; le nombre de protons est appelé nombre de charges ou numéro atomique ; on le note Z. Si N est le nombre de neutrons, on a donc N = A – Z.

Un nucléide est un noyau atomique défini par son numéro atomique Z et son nombre de masse A. Un nucléide est noté ${}^{A}_{Z}X$. Il en existe environ 325 dans la nature.

b. Isotopie

Les isotopes sont les nucléides ayant le même nombre de charge, mais des nombres de neutron différents ; les isotopes diffèrent par le nombre de masse. Exemple : les isotopes de l'hydrogène sont : ${}^{1}_{1}H$, ${}^{2}_{1}H$, ${}^{3}_{1}H$; pour le carbone ${}^{12}_{6}C$, ${}^{13}_{6}C$, ${}^{14}_{6}C$, ${}^{15}_{6}C$; pour l'oxygène, on a ${}^{16}_{8}O$, ${}^{17}_{8}O$, ${}^{18}_{8}O$; pour le chlore ${}^{35}_{17}Cl$, ${}^{37}_{17}Cl$; pour l'uranium ${}^{234}_{92}U$, ${}^{235}_{92}U$, ${}^{238}_{92}U$; l'isotope le plus intéressant est le 235 ; comme il ne constitue que 0,7% du mélange naturel, il faut l'enrichir, ou l'isoler si on veut fabriquer la bombe atomique.

Les isotopes ayant le même nombre de protons, donc le même cortège électronique, et par suite les propriétés chimiques identiques, on ne peut les séparer que par des méthodes physiques : la diffusion gazeuse, l'ultracentrifugation.

c. Défaut de masse ; énergie de liaison du noyau

La masse d'un noyau est toujours inférieure à la somme des masses des ses nucléons. Le défaut de masse est différence entre la somme des masses des nucléons et la masse du noyau. Si on note M la masse du noyau, M_N la masse d'un neutron, M_P la masse d'un proton, le défaut de masse $\Delta M = [ZM_P + (A - Z)M_N] - M$. Le défaut de masse est toujours positif.

Albert Einstein a montré que la masse est une forme d'énergie, et on peut calculer l'énergie E correspondant à la masse m par la relation $E = mc^2$, où c est la vitesse de la lumière dans le vide.

Au défaut de masse ΔM correspond, selon la relation d'Einstein, l'énergie E_ℓ telle que :

$E_\ell = \Delta Mc^2 = [ZM_P + (A - Z)M_N - M]c^2$. E_ℓ est appelée *énergie de liaison* du noyau ; c'est l'énergie nécessaire pour briser le noyau et le séparer en ses différents composants ; c'est aussi l'énergie libérée lorsqu'un noyau se forme à partir de ses nucléons séparés.

Pour un nucléide de nombre de masse A et d'énergie de liaison E_ℓ, l'énergie de liaison par nucléon vaut $E = E_\ell/A$.

d. Les unités

- Les énergies s'expriment en multiple de l'électronvolt (eV) ; 1 keV = 10^3 eV ; MeV = 10^6 eV ; 1 GeV = 10^9 eV. 1 eV = $1{,}6.10^{-19}$ J.
- Les masses s'expriment en *MeV/c²*. La masse d'une particule s'exprime en MeV/c^2 par le même nombre que son énergie de masse en MeV.
- La quantité de mouvement s'exprime en *MeV/c*.

Pour convertir la masse en *MeV/c²*, on la multiplie par le carré de la célérité de la lumière dans le vide (on fait mc^2), puis on divise le résultat obtenu (en joules) par $1{,}6.10^{-19}$ J.

Application : Convertir en MeV/c^2 la masse du proton, de l'électron. On donne $m_p = 1{,}67.10^{-27}$ kg ; $m_e = 9{,}1.10^{-31}$ kg ; $c = 3.10^8$ m/s.

Réponse : $m_p = 938$ MeV/c^2 ; $m_e = 0{,}511$ MeV/c^2.

L'unité de masse atomique, noté u est le douzième de la masse de ${}^{12}_{6}C$.

$$1\ u = \frac{1}{12} x \frac{12.10^{-3}}{6{,}02.10^{23}} = 1{,}66.10^{-27}\,kg = 931\,MeV/c^2.$$

Les masses du proton et du neutron sont voisines de 1 u.

Exercice d'application :

Les réactions nucléaires qui se produisent dans le Soleil libèrent une énergie voisine de $3{,}46.10^{31}$ J par jour.

1. Calculer la diminution de masse du soleil en une journée, puis en une année.
2. Calculer la durée de vie probable du soleil sachant que sa masse évaluée est de 2.10^{30} kg.

Exercice d'application :

Calculer, en MeV par nucléon, l'énergie de liaison par nucléon pour le tritium ${}^{3}_{1}H$= T. On donne : masse du proton m_p = 1,0073 u ; masse du neutron m_n = 1,0087 u ; masse du noyau de tritium m = 3,0165 u.

Réponse : 2,55 MeV/nucléon.

2. GÉNÉRALITÉS SUR LA RADIOACTIVITÉ

Une réaction nucléaire est une réaction dans laquelle est impliqué le noyau atomique : il existe deux grandes catégories de réactions : les réactions provoquées comme par exemple la fusion et la fission, et les réactions spontanées comme la radioactivité. Certains éléments lourds, comme l'uranium, le radium ou le thorium, se désintègrent spontanément en émettant des rayonnements. On les appelle radionucléides (ou radioéléments, ou radio-isotopes) naturels. En bombardant des éléments non radioactifs à l'aide de particules (neutrons, par ex.), on obtient des radionucléides artificiels dont la désintégration produit des rayonnements. Tous les éléments de numéro atomique égal ou supérieur à 84 sont radioactifs. Il faut leur ajouter le prométhium (Z = 61) et le technétium (Z = 43).

a. Etude expérimentale

On place au fond d'un fin canal percé dans une épaisse chape de plomb un radioélément.

L'étude de la déviation des rayonnements émis a montré que suivant le radioélément utilisé, il existe quatre types de rayonnements radioactifs. Trois sont déviés par les champs : le rayonnement α, le rayonnement β^- et β^+. Le rayonnement qui n'est pas dévié est appelé rayon γ.

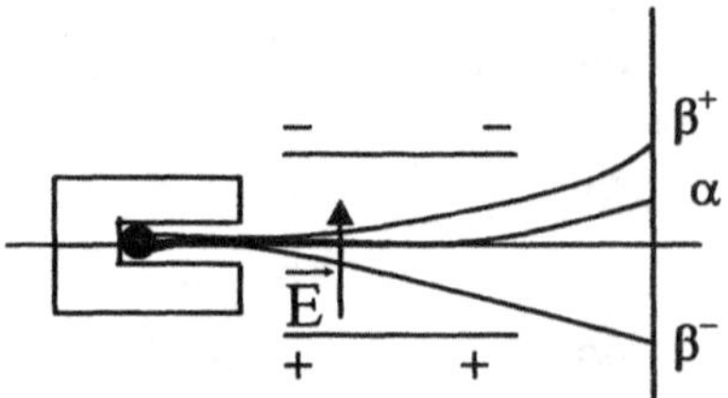

Déviations des rayons par un champ électrique

3. DÉSINTÉGRATIONS RADIOACTIVES

a. Les lois de conservation

Dans le cas des désintégrations α, β^- et β^+, l'équation de la désintégration s'écrit : ${}^{A}_{Z}X \rightarrow {}^{A'}_{Z'}Y + {}^{a}_{z}p$. ${}^{A}_{Z}X$ est le noyau père, ${}^{A'}_{Z'}Y$ est le noyau fils, p est la particule émise.

Au cours des transformations radioactives (transmutation) les lois de conservation sont respectées :

- conservation du nombre de nucléons A = A' + a ;
- conservation de la charge électrique Z = Z' + z ;
- conservation de l'énergie ;
- conservation de la quantité de mouvement.

b. Radioactivité α

Les particules α sont des noyaux d'hélium ${}^{4}_{2}He$; ce type de désintégration concerne les nucléides qui ont trop de nucléons ; l'équation correspondante s'écrit :

${}^{A}_{Z}X \rightarrow {}^{4}_{2}He + {}^{A-4}_{Z-2}Y$.

Exemple : ${}^{238}_{92}U \rightarrow {}^{4}_{2}He + {}^{234}_{90}Th$

${}^{226}_{88}Ra \rightarrow {}^{4}_{2}He + {}^{222}_{86}Rn$

Les particules α produites ont des vitesses qui varient de 15 à 20.000 km/s ; elles sont peu pénétrantes. L'énergie libérée au cours d'une désintégration α est la conséquence d'une perte de masse ; elle est voisine de 5 MeV, et elle est emportée, dans sa quasi-totalité, par les particules α.

c. Radioactivité β^-

On l'observe avec les noyaux qui ont trop de neutrons ; le rayonnement β^- est constitué d'électrons, que l'on note ${}_{-1}^{0}e$, très rapides et très pénétrants. L'équation bilan s'écrit :

${}_{Z}^{A}X \rightarrow {}_{-1}^{0}e + {}_{Z+1}^{A}Y$. Dans la classification périodique, le noyau fils suit le noyau père.

Exemple : ${}_{15}^{32}P \rightarrow {}_{-1}^{0}e + {}_{16}^{32}S$

${}_{6}^{14}C \rightarrow {}_{-1}^{0}e + {}_{7}^{14}N$

Quelle est l'origine des électrons quand on sait que le phénomène se déroule dans le noyau atomique ? On admet qu'un neutron se transforme en proton suivant le schéma : ${}_{0}^{1}n \rightarrow {}_{-1}^{0}e + {}_{+1}^{1}p$.

Si on cherche à vérifier la conservation de la quantité de mouvement et de l'énergie totale, on aboutit à des contradictions ; on est amené à considérer l'existence d'une particule sans charge ni masse appelée *antineutrino* et notée ${}_{0}^{0}\bar{\nu}$; l'équation de la désintrégation β^- doit donc s'écrire : ${}_{Z}^{A}X \rightarrow {}_{-1}^{0}e + {}_{0}^{0}\bar{\nu} + {}_{Z+1}^{A}Y$. C'est cette antiparticule qui emporte l'énergie émise lors de la désintégration β^-.

d. Radioactivité β^+

Ce rayonnement est émis par des radioéléments artificiels ; elle est caractéristique des noyaux comportant trop de protons. Il est constitué de positons, qui sont des électrons positifs. L'équation bilan s'écrit : ${}_{Z}^{A}X \rightarrow {}_{+1}^{0}e + {}_{Z-1}^{A}Y$ dans la classification périodique, le noyau fils précède le noyau père.

Exemple : ${}_{7}^{13}N \rightarrow {}_{+1}^{0}e + {}_{6}^{13}C$

${}_{15}^{30}P \rightarrow {}_{+1}^{0}e + {}_{14}^{30}Si$

Le positon provient de la transformation d'un proton en un neutron suivant le schéma : ${}_{1}^{1}p \rightarrow {}_{+1}^{0}e + {}_{0}^{1}n$.

Comme pour la désintégration β^-, le bilan des énergies et des quantités de mouvement amène à admettre l'émission, concomitamment aux rayons β^+, d'une

particule appelée **neutrino** ; elle n'a ni charge, ni masse et on la note ${}^{0}_{0}\nu$.
L'équation bilan doit s'écrire : ${}^{A}_{Z}X \rightarrow {}^{0}_{+1}e + {}^{0}_{0}\nu + {}_{Z-1}^{A}Y$.

e. Emission γ

Les noyaux fils obtenus au cours des désintégrations α, β^- et β^+ sont excités ; leur désexcitation s'accompagne de l'émission des rayons γ. Le rayonnement γ est formé de photons énergiques (de l'ordre du MeV) de longueur d'onde $10^{-2}\,\text{Å} < \lambda < 10^{-4}\,\text{Å}$. Ils sont très pénétrants.
Equation bilan : ${}^{A}_{Z}Y^* \rightarrow {}^{A}_{Z}Y + \gamma$.

4. PROPRIÉTÉS GÉNÉRALES DE LA RADIOACTIVITÉ

a. Loi de désintégration

Soit N_o le nombre de noyaux à t_o ; N leur nombre à l'instant t ; N + dN leur nombre à l'instant t + dt. N diminue au cours du temps, donc dN < 0.

Le nombre de noyaux désintégrés entre t et t + dt est proportionnel au nombre N de noyaux présents à t et à l'intervalle de temps dt considéré $-dN = \lambda N dt$; λ est la constante radioactive du nucléide ; elle s'exprime en s^{-1}.

$$dN = -\lambda N dt \Rightarrow \frac{dN}{N} = -\lambda dt \Rightarrow \int \frac{dN}{N} = -\lambda \int dt \;\; ; \text{ soit } \ln N = -\lambda t + C \; ;$$

on pose $C = \ln N_o$; cela donne $\ln \frac{N}{N_o} = -\lambda t \Rightarrow N(t) = N_o e^{-\lambda t}$.

b. Période ou demi-vie

La période radioactive T d'un nucléide est le temps nécessaire pour que la moitié des noyaux de ce nucléide se désintègrent. A t = T, N = $\frac{N_o}{2}$; $\frac{N_o}{2} = N_o e^{-\lambda T} \Rightarrow T = \frac{\ln 2}{\lambda} = \frac{0{,}693}{\lambda}$.

L'ensemble des nucléides obtenus à partir d'un nucléide radioactif naturel constitue une *famille radioactive* dont le dernier élément est stable (plomb, par ex.).

c. Activité d'une source radioactive

L'activité d'une source est le nombre de désintégration qui s'y produisent par unité de temps.

L'activité s'exprime en *Becquerel* (Bq). L'activité s'exprime aussi en Curie (Ci) ; 1 Ci = $3{,}7.10^{10}$ Bq.

$A = -\frac{dN}{dt}$ comme $dN = -\lambda N dt$, on en déduit $A = -\lambda N$; N est le nombre de noyaux à l'instant t

$N = N_0 e^{-\lambda t}$; on peut remplacer et obtenir $A = -\lambda N_0 e^{-\lambda t}$; $-\lambda N_0 = A_0$; c'est l'activité de la source à l'instant initial ; cela donne en fin de compte $A = A_0 e^{-\lambda t}$.

La mesure de l'activité d'un corps radioactif permet de déduire le temps depuis lequel ce corps se désintègre et, en particulier, de procéder à la datation d'échantillons, à condition que la période du radioélément retenu ne soit pas trop courte par rapport à l'âge à déterminer.

Exercice d'application :

Le thorium $^{227}_{90}Th$ est radioactif émetteur α.

1. Ecrire l'équation-bilan de sa désintégration radioactive sachant qu'elle conduit au radium Ra.
2. La période (ou demi-vie) du thorium 227 vaut T = 18,3 jours. Calculer l'activité A_0 d'un échantillon de masse 1 mg de thorium. Nombre d'Avogadro : $N = 6{,}02.10^{23}\ mol^{-1}$.
3. Quelle masse de thorium 227 de l'échantillon considéré a-t-elle disparu au bout de 36 heures ? Quelle est alors l'activité de l'échantillon ?

La radioactivité est un phénomène :

- *spontané* ; elle ne nécessite aucune intervention ;
- *aléatoire* : il est impossible de la prévoir ;
- *inéluctable*: rien ne peut l'empêcher ;
- *indépendante* des paramètres habituels comme la température, la pression, etc.

Définition : la radioactivité est la transformation des noyaux atomiques en d'autres noyaux.

5. APPLICATIONS ET DANGERS DE LA RADIOACTIVITÉ

a. Applications

Parmi les applications les plus courantes, on peut citer :

- *les traceurs radioactifs* ou traceurs isotopiques ; ce sont des isotopes utilisés pour observer le cheminement de différentes substances au cours de processus chimiques, biologiques ou physiques ; les radionucléides sont utilisés pour étudier la diffusion d'un élément dans un solide ou un liquide (recherches sur le métabolisme, expériences visant à détecter la vie sur la planète Mars, etc.); un isotope radioactif a les mêmes propriétés chimiques qu'un isotope stable du même élément ;

- *la radiothérapie* : c'est l'utilisation de la bombe au cobalt (cobaltothérapie) pour détruire les cellules cancéreuses ;

- *la détermination de l'âge des objets anciens* (datation au carbone 14, au potassium 80) ; ainsi, le carbone 14, dont la période est de 5600 ans, permet de mesurer des âges allant jusqu'à 50000 ans et le potassium 40 jusqu'à 80 millions d'années.

b. Dangers

Les corps radioactifs agissent sur l'organisme par irradiation (action des rayonnements) ou par contamination (inhalation, ingestion ou contamination externe). Ils provoquent des ionisations entraînant des modifications biochimiques plus ou moins graves. La dose de rayonnements reçus est exprimée en röntgens ou en rems (des lésions apparaissent en général au-delà de 50 rems). L'effet destructeur des irradiations sur les organismes vivants est mis à profit lors du traitement de certaines tumeurs (radiothérapie), pour stériliser les denrées alimentaires (lait, viande, etc.) et pour créer, par mutation, de nouvelles espèces (horticulture, agronomie). L'homme est soumis à la radioactivité naturelle à laquelle s'ajoute la radioactivité artificielle (examens radiologiques, retombées radioactives, contamination par les déchets nucléaires, etc.). Une extension non contrôlée des processus donnant naissance à des corps radioactifs (réacteurs nucléaires, explosions nucléaires, etc.) pourrait, à long terme, par le jeu des accumulations des doses reçues et des mutations génétiques qui en découlent, mettre en danger l'espèce humaine, même si un accident tel que la catastrophe de Tchernobyl (1986) ne se produisait presque jamais.

Exercice résolu

Le noyau de polonium $^{210}_{84}Po$ se désintègre spontanément, en donnant un nucléide et en émettant une particule d'énergie cinétique $E_c = 5{,}30$ MeV.

1. Ecrire l'équation de la réaction nucléaire en précisant le nom du nucléide formé, son nombre de charge et son nombre de masse.
2. Exprimer la vitesse d'une particule α émise en fonction de E_c, N_o, M(He).
3. La période du $^{210}_{84}Po$ est de 138 jours. Définir le terme « période radioactive ».
4. Calculer la quantité de noyaux radioactifs qui reste dans un échantillon d'un gramme de polonium au bout d'un mois de 30 jours.

Données : nombre d'Avogadro : $N_o = 6{,}02.10^{23}$ mol^{-1} ; M(He) = 4 g.mol^{-1} ; $h = 6{,}62.10^{-34}$ J.s; $c = 3.10^8$ m.s^{-1}; unité de masse atomique $u = 1{,}6.10^{-27}$ kg; chargé élémentaire $e = 1{,}6.10^{-19}$ C.

Numéro atomique de quelques éléments : He : Z = 2 ; Ra : Z = 88 ; Rn : Z = 86 ; Po : Z = 84 ; Pb : Z = 82.

Solution

$^{210}_{84}Po \rightarrow ^{4}_{2}He + ^{206}_{82}Pb$; le nucléide formé est le Pb 206 ; Z = 82, et A = 206.

$$E_c = \frac{1}{2}m_\alpha v_\alpha^2 = \frac{1}{2}\frac{M(He)}{N_o}v_\alpha^2 \Rightarrow v_\alpha = \sqrt{\frac{2N_oE_c}{M(He)}} ;$$

$$\text{A.N. } v_\alpha = \sqrt{\frac{2 \text{ x } 6{,}02.10^{23} \text{ x } 5{,}30 \text{ x } 1{,}6.10^{-13}}{4.10^{-3}}} = 15{,}976.10^6 \text{ m.s}^{-1}.$$

N.B. Pour trouver la masse d'une particule α, on divise la masse molaire par le nombre d'Avogadro. Ne pas oublier de convertir la masse molaire en kg.

La période radioactive est le temps au bout duquel la moitié des noyaux présents à l'instant initial est désintégrée.

$$N(t) = n_o e^{-\lambda t} \text{ avec } \lambda = \frac{\ln 2}{T} = 0{,}693/T \text{ ; } n_o = \frac{m_o}{M(He)}N_o = 2{,}88.10^{21} \text{ noyaux.}$$

$$\text{A.N. } N = n_o e^{-\frac{\ln 2}{T}t} = 2{,}88.10^{21} e^{-\frac{\ln 2 \text{x} 30}{138}} = 2{,}47.10^{21} \text{ noyaux.}$$

EXERCICES

Exercice 1.

Le nucléide cadmium ${}^{107}_{48}Cd$ est radioactif. Sa réaction de désintégration donne le nucléide argent ${}^{107}_{47}Ag$ et une particule chargée. Sa période est T = 6h 42 min.

1. Ecrire l'équation bilan de cette désintégration en la justifiant par les lois connues de conservation. Quelles sont les autres particules formées ?
2. Au bout de combien de temps ne restera-t-il plus que le quart de la masse initiale du cadmium radioactif ?
3. Cette désintégration est accompagnée de l'émission d'un rayonnement γ d'énergie 0,0933 Mev. Quelle est la nature physique de ce rayonnement ? Calculer sa longueur d'onde. Comment expliquez-vous son émission ?

On donne : constante de Planck ; $h = 6{,}62 \times 10^{-34}$ Js ; célérité de la lumière dans le vide : $c = 3 \times 10^{8}$ m/s ; charge de l'électron : $q = -1{,}6 \times 10^{-19}$ C.

Exercice 2.

On étudie la désintégration d'un échantillon contenant des atomes de vanadium 52 ; soit n_o le nombre de noyaux à l'instant $t_o = 0$ et N le nombre de noyaux à l'instant de date t.

1. Donner l'expression de N en fonction de t et de la constante radioactive λ que l'on définira ; définir ensuite la période radioactive T.
2. À l'aide d'un compteur, on détermine le nombre n de désintégrations pendant une durée constante $\tau = 5$s. Les mesures sont toutes faites en minute, soit t la date moyenne d'une mesure.

t(s)	0	60	120	180	240	300	360	420	480	540	600	660	720	780
n	1586	1257	1075	873	741	584	471	128	355	296	235	195	155	132

L'expérience fournit donc le taux de désintégration que l'on définit par $A = n/\tau$ (τ étant considéré comme petit et assimilable à dt). Montrer que $A = \lambda N$ et en déduire que $A = A_o e^{-\lambda t}$, A_o étant la valeur de A à la date 0. Déterminer l'expression de log A en fonction de T. Construire la courbe A en fonction de la date et en déduire les valeurs de λ et de T.

Exercice 3.

L'isotope le plus abondant du cuivre est ${}^{63}_{29}Cu$. La masse de l'atome correspondant vaut 62,9596 u.

1. Préciser la constitution du noyau de cet atome.
2. Quelle est, exprimée en u, la masse du noyau du nucléide correspondant.
3. On rappelle que le rayon du noyau atomique, assimilé à une sphère de rayon R, est donné (en fm) par $R=1,2\sqrt[3]{A}$, où A désigne le nombre de masse. Calculer le volume et la masse volumique du noyau ^{63}Cu. Quel est le volume occupé en moyenne par un nucléon dans le noyau ?
4. Calculer la charge volumique (en $C.m^{-3}$) et la charge massique (en $C.kg^{-1}$).

Exercice 4.

1. L'énergie de liaison nucléaire est d'environ 8 Mev par nucléon. Calculer l'énergie de liaison d'un noyau de néon : $^{20}_{10}Ne$.
2. En déduire l'énergie qu'il faudrait fournir à un noyau de néon pour l'éclater en ces nucléons.
3. Calculer, en exajoule, l'énergie qu'il faudrait fournir pour éclater tous les noyaux de néon contenus dans $1m^3$ de néon liquide. La masse volumique du néon liquide est de 1,2 $g.cm^{-3}$
4. La production annuelle française d'énergie électrique est de 350 TWh, calculer, en unité de temps (seconde, ou heure, ou année, ou siècle), la durée nécessaire pour produire l'énergie requise en question 3).

1eV = 1,6 x 10^{-19} J; le nombre d'Avogadro N_A = 6,02 x 10^{23} ; méga = 10^6 ; giga = 10^9 ; téra = 10^{12} ; péta = 10^{15} ; exa =10^{18}. Masse d'un électron 1,61 x 10^{-27} kg.

Exercice 5.

Le radium $^{226}_{88}Ra$ est radioactif et émetteur α.

1. Ecrire l'équation de la désintégration.
2. En utilisant la mécanique classique et en écrivant la conservation de la quantité de mouvement et de l'énergie, montrer que la particule α emporte la quasi-totalité de l'énergie libérée par la désintégration.
3. En admettant que chaque particule α émise a une énergie cinétique de 4,7 Mev, calculer, en joule, l'énergie libérée par la désintégration complète de 1 mg de radium. Quelle est la perte de masse correspondante ? Calculer également le rapport entre la perte de masse et la masse de radium désintégré (c = 300000 km/s ; N_A = 6,02 x 10^{23}).

Exercice 6.

On étudie la désintégration radioactive du nucléide $^{238}_{92}U$.

1. L'uranium 238 subit plusieurs désintégrations successives : x désintégrations α et y désintégrations β^- et se transforme en $^{226}_{88}Ra$. Le radium 226, lui-même radioactif, se transforme, conduit par plusieurs désintégrations successives à un isotope stable $^{206}_{82}Pb$, après avoir subi x' désintégrations α et y' désintégrations β^-. Déterminer x, y, x', et y'.
2. La première désintégration de l'uranium est de type α et conduit à un noyau de thorium (Th). La masse du noyau de $^{238}_{92}U$ est 238,086 u, celle du noyau formé après désintégration, 234,078 u et celle d'une particule α, 4,0026u.

   En admettant que toute l'énergie libérée au cours de la réaction nucléaire est transmise à la particule α sous forme d'énergie cinétique, calculer la valeur de la vitesse d'émission v des particules α. On donne $1u = \frac{1}{6,02} x10^{-26}$ kg.

Exercice 7.

On considère les deux nucléides : hydrogène $^{1}_{1}H$ et fer $^{56}_{26}Fe$.

1. Calculer pour chacun d'eux la valeur approximative :
   a. de la masse d'une mole d'atomes et d'un atome ;
   b. de la masse du (ou des) électron(s) d'un atome ;
   c. de la masse du noyau.
2. On donne la valeur approximative des rayons des atomes d'hydrogène 50 pm et du 120 pm ; du rayon du noyau d'hydrogène r_o = 1,2 fm. Calculer :
   a. la masse volumique des atomes d'hydrogène et de fer ;
   b. le rayon du noyau de fer ;
   c. les masses volumiques des noyaux d'hydrogène et de fer ;
   d. comparer les valeurs trouvées en a. et en c. et conclure.

Exercice 8.

Un noyau d'hélium contient deux protons et deux neutrons, d'où le symbole $^{4}_{2}He$. On donne : masse du noyau d'hélium : 4,00260 u ; masse du proton isolé : 1,00728 u ; masse du neutron isolé : 1,00867 u. Calculer le défaut de masse du noyau d'hélium et son énergie de liaison en eV.

Exercice 9.

Le polonium se désintègre en émettant des particules α selon la réaction nucléaire : $^{210}_{84}Po \rightarrow {}^{4}_{2}He + Pb$.

1. Déterminer le numéro atomique et le nombre de masse de l'isotope du plomb obtenu en rappelant les règles qui permettent d'équilibrer cette équation nucléaire.
2. Quelle est en joules et en électronvolts, l'énergie libérée par la désintégration d'un noyau de polonium 210 ? On donne : masse du noyau de polonium : 210, 04821 u ; masse de la particule α : 4,00260 u ; masse du noyau de plomb obtenu ; 206,03853 u.
3. La demi-vie du polonium 210 est 138,5 jours. À la date t = 0, on considère la masse de polonium m_o = 1 g ; quelle est à la date t'=277 jours, la masse d'hélium obtenu ? Quel est son volume dans les conditions normales ?

Masse atomique molaire du polonium et de l'hélium : 210 g/mol et 4 g/mol.

Exercice 10.

La constante radioactive du polonium 212 est voisine de $2{,}3.10^{6}\ s^{-1}$.

1. Calculer sa période.
2. Si on dispose de 1µg de ^{212}Po à l'instant t=0, combien en reste-t-il au bout de 1µs ?

Exercice 11.

L'isotope 210 du bismuth Bi est radioactif β^-.

1. Ecrire l'équation de sa désintégration. On donne les numéros atomiques : Pb : 82 ; Bi : 83 ; Po : 84.
2. Calculer, en Mev, la valeur de l'énergie libérée au cours de cette désintégration ; on donne masse du noyau de bismuth : 210,05088 u ; masse du noyau fils : 210,04962 u ; masse de l'électron ; 0,00055u. L'unité de masse atomique u équivaut à 931,5 Mev.
3. Un échantillon de bismuth 210 a la masse m_o à l'instant t=0 ; sa période est égale à 5 jours. M étant sa masse à l'instant t, évaluer le rapport m/m_o en fonction du temps et calculer sa valeur aux instants : 1 jour ; 2 jours ; 4 jours ; 6 jours ; 10 jours.

Exercice 12.

Le polonium $^{210}_{84}Po$ a pour constante radioactive $\lambda=5{,}8.10^{-8}\ s^{-1}$.

1. Calculer sa période radioactive T (en seconde et en jours).

2. On considère un échantillon contenant initialement N_0 noyaux de $^{210}_{84}Po$. Combien en reste-t-il aux instants T, 2T, 3T, 4T ? Donner l'allure de la courbe de décroissance.
3. On considère un second échantillon contenant initialement 1mg de polonium 210. Calculer en Becquerels, l'activité de cette source au bout de 1 jour, 60 jours ; 1 année ; 10 années.

11. APPLICATION DES LOIS DE NEWTON AUX MOUVEMENTS CIRCULAIRES UNIFORMES

Dynamique du mouvement circulaire uniforme

1. LA FORCE CENTRIPÈTE
2. PENDULE CONIQUE
3. VÉHICULE DANS UN VIRAGE
4. MOUVEMENT D'UN SATELLITE DANS LE CHAMP DE GRAVITATION
5. MOUVEMENT D'UNE PARTICULE CHARGÉE DANS UN CHAMP MAGNÉTIQUE UNIFORME

OBJECTIFS : déterminer à partir des lois de Newton, les caractéristiques des mouvements circulaires uniformes d'un système de points matériels ou d'une particule dans un champ uniforme.

Ne pas confondre mouvement circulaire et mouvement de rotation. On s'intéresse uniquement au mouvement du centre d'inertie du solide.

1. LA FORCE CENTRIPÈTE

On considère un corps de masse M animé d'un mouvement circulaire uniforme. Dans un tel mouvement le vecteur accélération n'a qu'une seule composante : la composante normale, orientée vers le centre de la trajectoire ; ce vecteur est donc centripète. Si $\vec{F}$ est la somme vectorielle des forces qui s'appliquent au solide, l'application du théorème du centre d'inertie s'écrit $\vec{F} = M\vec{a}$. Nous, avons vu ci-dessus que l'accélération $\vec{a}$ est centripète. Comme la masse M est toujours positive, on en déduit que $\vec{F}$ aussi est une force centripète, c'est-à-dire portée par le rayon de la trajectoire et orien-

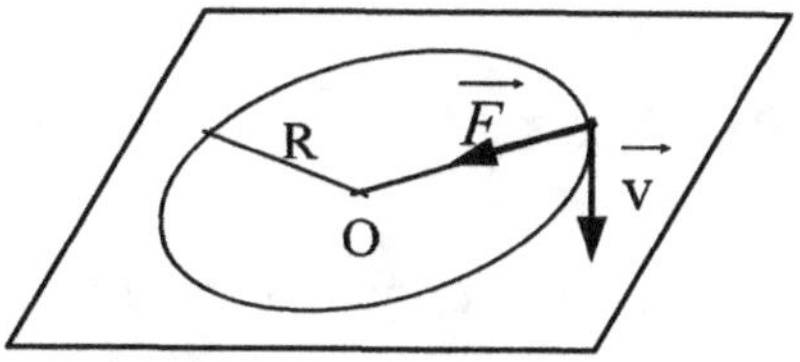

Force centripète

tée vers le centre du mouvement. Si R est le rayon de la trajectoire, $\vec{F} = M\frac{v^2}{R}\vec{N} = MR\dot{\theta}^2\vec{N}$.

Dans un repère galiléen, un solide animé d'un mouvement circulaire uniforme est soumis à des forces dont la somme vectorielle est une force centripète d'intensité $F = M\frac{v^2}{R} = M\dot{\theta}^2 R$.

2. LE PENDULE CONIQUE

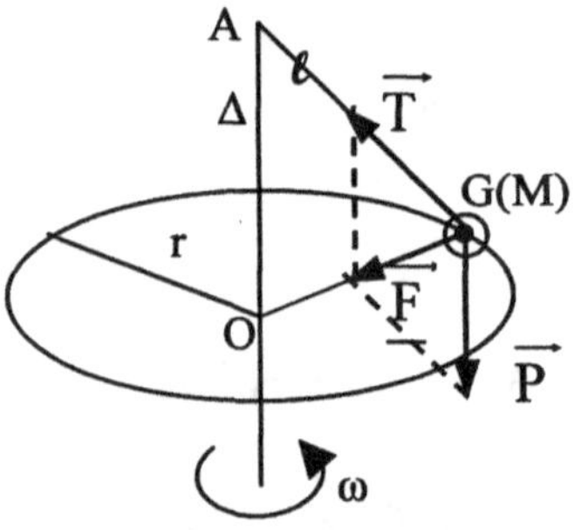

Pendule conique

Le pendule conique est formé d'une petite boule (B) de masse m et d'un fil de masse négligeable accroché à une tige verticale. La tige verticale est solidaire de l'arbre d'un moteur. Soit G le centre d'inertie de la boule et A le point d'attache du fil à la tige. On lance le moteur. Tant que la vitesse angulaire $\dot{\theta}$ de l'ensemble est inférieure à une certaine valeur $\dot{\theta}_o$, la boue reste en contact avec la tige. Dès que $\dot{\theta} > \dot{\theta}_o$, la boule, et donc le fil, s'écarte de la tige. L'angle α d'inclinaison croît avec la vitesse angulaire jusqu'à ce que cette dernière devienne constante de valeur ω. Dans ce cas, α est constant. Le rayon du cercle décrit par la boule est $r = \ell\sin\alpha$, ave $\ell = AG$. Le triangle AOG est rectangle en O.

Application du théorème du centre d'inertie.

- Système : boule.
- Référentiel du laboratoire supposé galiléen.
- Bilan des forces : le poids de la boule $\vec{P}$, la tension du fil $\vec{T}$.

$\vec{P} + \vec{T} = m\vec{a}$. En exploitant la construction graphique, on peut écrire $\tan\alpha = \frac{F}{P} = \frac{ma}{mg} = \frac{a}{g}$; comme le mouvement de la boule est circulaire uniforme, $a = r\omega^2 = \omega^2\ell\sin\alpha \Rightarrow \tan\alpha = \frac{\omega^2\ell\sin\alpha}{g} \Rightarrow \frac{\ell}{\cos\alpha} = \frac{\omega^2\ell}{g} \Rightarrow \cos\alpha = \frac{g}{\omega^2\ell}$. Comme $\cos\alpha \le 1$, $\frac{g}{\omega^2\ell} \le 1 \Rightarrow \omega \ge \sqrt{\frac{g}{\ell}}$; la valeur minimale de $\dot{\theta}$ est $\omega_o = \sqrt{\frac{g}{\ell}}$, et on a $T = \frac{P}{\cos\alpha} = m\omega^2\ell$.

Exercice d'application :

Un solide métallique de faibles dimensions et de masse M = 20 g est suspendu à l'extrémité d'un fil de masse négligeable et de longueur ℓ = 50 cm. L'autre extrémité du fil est fixée en un point O d'un axe vertical Δ. Lorsque cet axe tourne à une vitesse angulaire suffisante, le fil s'incline et le centre d'inertie G du solide prend un mouvement circulaire uniforme sur le cercle de centre I et de rayon r.

1. Déterminer la mesure de l'angle α formé par le fil et la verticale lorsque la vitesse angulaire vaut $\omega = 7{,}33\ \text{rad.s}^{-1}$. On prendra $g = 9{,}8\ \text{m.s}^{-2}$.
2. Calculer, dans ces conditions, la tension T du fil.
3. Quelle est la valeur minimale ω_m de la vitesse angulaire qui permet au pendule de prendre une inclinaison par rapport à la verticale ?

Réponses : α = 68,6° ; T = 0,54 N ; valeur minimale de ω_o : 4,43 rad/s.

3. VÉHICULE DANS UN VIRAGE

On étudie le mouvement d'un cycliste dans un virage. Le système homme-vélo a pour masse totale M et pour centre d'inertie G. Dans le référentiel terrestre supposé galiléen, les forces qui s'appliquent sont : le poids de l'ensemble homme-vélo $\vec{P}$, la réaction de la chaussée $\vec{R}$. Le TCI permet d'écrire, $\sum \vec{F}_{ext} = \vec{P} + \vec{R} = M\vec{a}$.

Sur une piste horizontale et en l'absence de frottements, $\vec{P} + \vec{R} = \vec{0}$ soit $\vec{a} = \vec{0}$; le mouvement du cycliste est rectiligne uniforme, il ne peut donc prendre le virage.

Pour que la manœuvre réussisse, la somme vectorielle du poids et de la réaction de la piste doit être égale à la force centripète. Ce n'est possible que si la réaction de la chaussée est inclinée sur la verticale d'un angle α. On y arrive en procédant de l'une des deux façons qui suit :

- soit on tient compte des forces de frottements : le cycliste peut s'incliner sans déraper ;
- soit la piste est inclinée d'un angle α par rapport à l'horizontale.

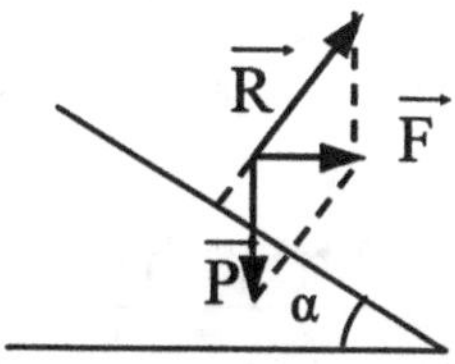

Véhicule dans un virage

L'exploitation de la construction graphique permet d'écrire :

$$\tan\alpha = \frac{F}{P} = \frac{Ma}{Mg}, \text{ avec } a = \frac{v^2}{r} \Rightarrow \tan\alpha = \frac{v^2}{rg}.$$

Application : calculer la vitesse pour α = 5° ; r = 250 m ; $g = 9{,}8\ \text{ms}^{-2}$.

Réponse : $v = 14{,}6\ \text{ms}^{-1}$.

4. MOUVEMENT D'UN SATELLITE DANS LE CHAMP DE GRAVITATION.

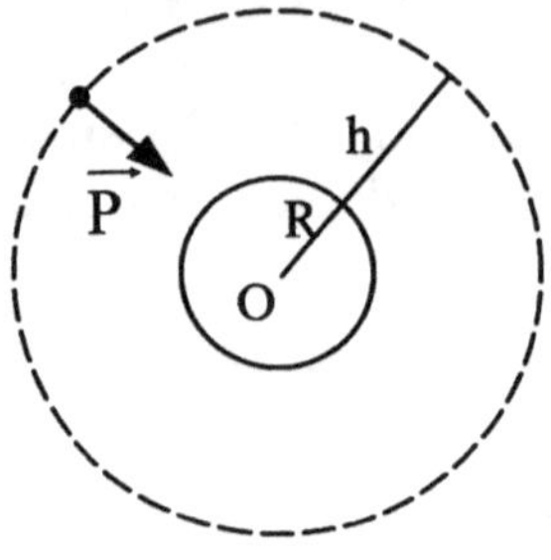

Mouvement d'un satellite

On considère un satellite (S) de masse m évoluant sur une orbite circulaire de rayon r = R +h du centre de la Terre. L'étude se fait dans le référentiel géocentrique supposé galiléen. Le théorème du centre d'inertie s'écrit : $\sum \overrightarrow{F_{ext}} = \overrightarrow{P} = M\overrightarrow{g_h} = M\overrightarrow{a} \Rightarrow \overrightarrow{a} = \overrightarrow{g_h}$. Dans le repère de Frenet, on peut écrire : $\overrightarrow{g_h}\begin{vmatrix} 0 \\ g_h \end{vmatrix} \Rightarrow \overrightarrow{a}\begin{vmatrix} a_T = 0 \\ a_N = g_h \end{vmatrix}$. La composante tangentielle de l'accélération étant nulle, on en déduit que le satellite a un mouvement circulaire uniforme.

a. Vitesse du satellite

La vitesse du satellite se calcule à partir des expressions de l'accélération normale et de l'intensité du champ de pesanteur à l'altitude h ; ainsi,

$$a_N = \frac{v^2}{R+h} \text{ et } g_h = g_o \frac{R^2}{(R+h)^2} \Rightarrow \frac{v^2}{R+h} = g_o \frac{R^2}{(R+h)^2} \quad ;$$

cela donne $v = R\sqrt{\frac{g_o}{R+h}}$. La vitesse du satellite ne dépend pas de sa masse.

b. Période de révolution du satellite

La période T du satellite est la durée d'un tour complet autour de la Terre. $T = \frac{2\pi}{\dot{\theta}}$ (1) et $\dot{\theta} = \frac{v}{R+h}$ (2) ; on obtient, en remplaçant (2) dans (1),

$$T = \frac{2\pi(R+h)}{v} = \frac{2\pi}{R}\sqrt{\frac{(R+h)^3}{g_o}} = \frac{2\pi(R+h)}{R}\sqrt{\frac{R+h}{g_o}} = \frac{2\pi}{R\sqrt{g_o}}(R+h)^{\frac{3}{2}}.$$

Des satellites de masses différentes évoluant à la même altitude ont la même période.

Exercice d'application.

Calculer la distance moyenne séparant les centres de la Terre et de la Lune connaissant la période de révolution de la lune dans sa rotation autour de la Terre : T_L = 27,25 jours, et le rayon terrestre : R = 6,37.10^3 km. L'intensité de la pesanteur sur le sol terrestre : g = 9,81 m.s^{-2}.

Réponse : $T = \frac{2\pi}{R\sqrt{g_o}}(R+h)^{\frac{3}{2}} \Rightarrow R+h = \left(\frac{TR\sqrt{g_o}}{2\pi}\right)^{\frac{2}{3}} = 382300$ km.

Un satellite est dit géostationnaire lorsqu'il parcourt son orbite en 24 heures et reste toujours au-dessus du même point de la Terre ; un tel satellite se trouve dans le plan équatorial et tourne à la même vitesse et dans le même sens que la Terre.

Exercice d'application.

Calculer l'altitude d'un satellite géostationnaire, sachant que la période de révolution de la Terre vaut 86140 s.

Réponse : 35800 km.

5. MOUVEMENT D'UNE PARTICULE CHARGÉE DANS UN CHAMP MAGNÉTIQUE.

On étudie le mouvement de la particule dans le repère $(O, \vec{i}, \vec{j})$ lié au référentiel terrestre supposé galiléen. La particule n'est soumise qu'à la force de Lorentz. $\vec{F} = q\vec{v_o} \wedge \vec{B}$.

- Cas où le champ magnétique $\vec{B}$ a la même direction que $\vec{v_o}$: le produit vectoriel $\vec{v_o} \wedge \vec{B}$ est un vecteur nul : donc la Force de Lorentz est nulle. $\vec{B}$ est sans action sur la particule.
- Cas où le champ magnétique $\vec{B}$ est perpendiculaire à $\vec{v_o}$: la force de Lorentz $\vec{F}$ est contenue dans le plan xOy et elle est :
  - perpendiculaire à $\vec{B}$;
  - perpendiculaire à $\vec{v_o}$ qui est tangente à la trajectoire en tout point ; elle est donc normale à la trajectoire ; sa direction et son sens sont ceux du vecteur $\vec{N}$ de la base de Frenet.

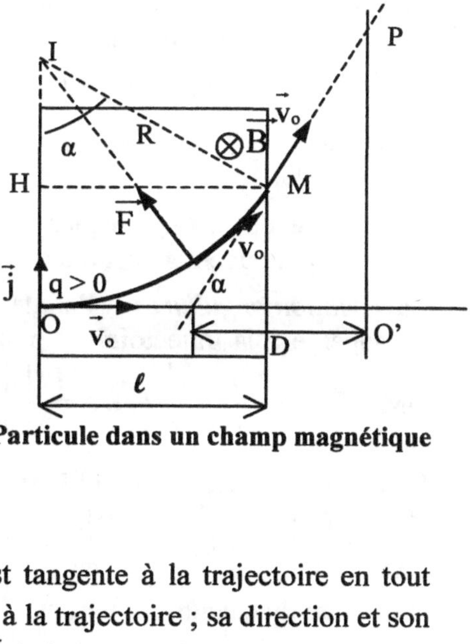

Particule dans un champ magnétique

La trajectoire de la particule est donc *plane*.

La force de Lorentz vaut $\vec{F} = |q|v_oB\vec{N}$ et d'après le TCI, $\vec{F} = m\vec{a}$;

$m\vec{a} = |q| v_o B \vec{N} \Rightarrow \vec{a} = \frac{|q| v_o B}{m} \vec{N}$; d'autre part, $\vec{a} = a_T \vec{T} + a_N \vec{N}$ avec $a_T = \frac{dv}{dt}$ et $a_N = \frac{v^2}{R}$. Par identification, on obtient :

- $\frac{dv}{dt} = 0 \Rightarrow v = \text{constante}$ donc le mouvement de la particule est uniforme.
- $\frac{v_o^2}{R} = \frac{|q| v_o B}{m} \Rightarrow R = \frac{m v_o}{|q| B}$; le rayon de la trajectoire est constant : c'est un mouvement circulaire.

La période T du mouvement est telle que $v_o T = 2\pi R \Rightarrow T = 2\pi \frac{m}{|q| B}$ et la pulsation $\omega = \frac{2\pi}{T} \Rightarrow \omega = \frac{|q| B}{m}$.

Le centre I de la trajectoire est le point I tel que $OI = R = \frac{m v_o}{|q| B}$.

Dans un champ magnétique uniforme, $\vec{B} \perp \vec{v_o}$ une particule chargée a un mouvement circulaire uniforme.

Remarque : le produit $m v_o$ est égal à la quantité de mouvement p ; on peut donc écrire $R = \frac{p}{|q| B}$. *(Riz = poisson sur cube).*

A la sortie du champ magnétique, la particule n'est plus soumise à aucune force : son mouvement est rectiligne uniforme d'après le principe de l'inertie.

La *déviation angulaire* est l'angle entre la tangente à la trajectoire au point O et la tangente à la trajectoire au point M. α = OM/R. Pour une faible déviation, $OM \approx \ell \Rightarrow \alpha = \frac{\ell}{R} = \frac{\ell |q| B}{m v_o}$. $\alpha = \frac{\ell |q| B}{m v_o}$.

La *déflexion magnétique* O'P se calcule de la manière suivante : $\tan\alpha \approx \alpha \approx \frac{O'P}{D} = \frac{\ell |q| B}{m v_o} \Rightarrow O'P = D \frac{\ell |q| B}{m v_o}$. La déflexion magnétique est proportionnelle à l'intensité du champ magnétique qui la produit.

Quand le champ magnétique $\vec{B}$ et la vitesse $\vec{v_o}$ font un angle quelconque, la particule a un mouvement hélicoïdal.

Applications de la déflexion magnétique.

Parmi les applications les plus courantes, on peut citer :

- Séparation des isotopes dans les *spectrographes de masse*;
- Accélération des particules chargées avec le *cyclotron* ;
- Téléviseurs, oscilloscopes.

Exercice résolu : Principe d'un spectromètre de masse

On se propose de séparer des noyaux d'hélium $_2^3He^{2+}$, de masse $m_1 = 5{,}01.10^{-27}$ kg et des noyaux d'hélium $_2^4He^{2+}$, de masse $m_2 = 6{,}65.10^{-27}$ kg. Ces noyaux pénètrent en E avec une vitesse considérée comme nulle. Ils y sont accélérés par une tension $U = V_E - V_S$ établie entre les plaques d'entrée et de sortie. En S, ils quittent l'accélérateur avec la vitesse acquise, perpendiculaire à la plaque de sortie, et entrent dans le déviateur magnétique. Dans ce dernier, ils sont soumis à un champ magnétique uniforme B perpendiculaire au plan du schéma. Ils sont enfin reçus sur un écran fluorescent F.

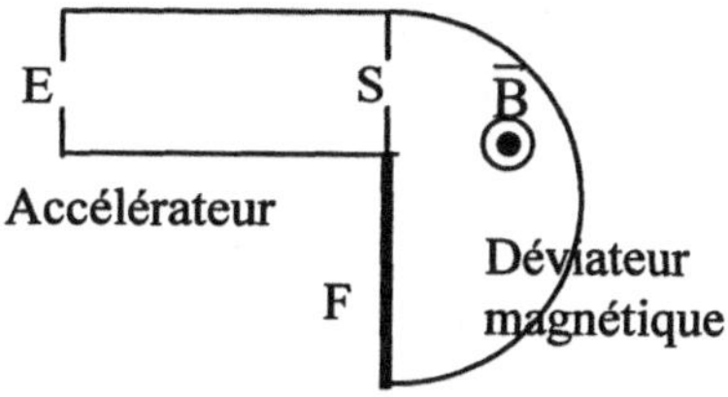

1. Exprimer, en fonction de e et U, la vitesse v_1 d'un ion m_1 et la vitesse v_2 d'un ion de masse m_2.
2. Dans le déviateur magnétique, les trajectoires des noyaux sont des demi circonférences.
   a. Donner l'expression littérale de leurs rayons R_1 et R_2 en fonction de m_1 ou m_2, e, U et B.
   b. Calculer numériquement R_1 et R_2. On donne $B = 0{,}5$ T ; $U = 10$ kV.
3. A_1 désigne le point d'impact des noyaux $_2^3He^{2+}$ sur l'écran et A_2 celui des noyaux $_2^4He^{2+}$. Calculer la distance A_1A_2.

Solution :

Le théorème de l'énergie cinétique s'écrit : $\Delta Ec = qU \Leftrightarrow$ la vitesse en E est nulle, et la charge de chaque ion est de 2e ; on peut donc écrire :

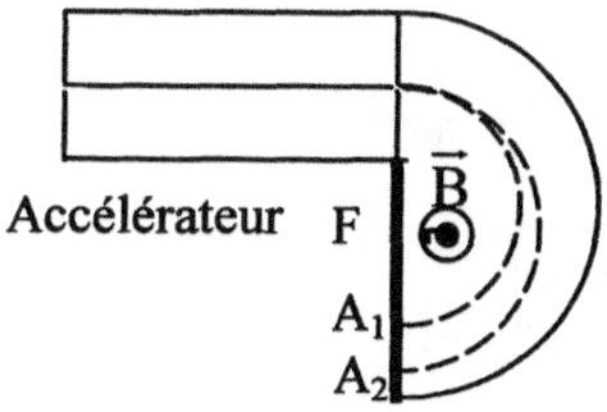

$$\frac{1}{2}mv_s^2 = 2eU \Rightarrow v_s = \sqrt{\frac{4eU}{m}} \; ;$$

$$v_1 = \sqrt{\frac{4eU}{m_1}} \; ; v_2 = \sqrt{\frac{4eU}{m_2}} \; .$$

L'application du TCI permet d'écrire :

$F = qvB = \dfrac{mv^2}{R}$; on en déduit $R = \dfrac{mv}{qB} = \dfrac{mv}{2eB}$; après remplacement de la vitesse par les expressions trouvées ci-dessus, on obtient :

$R_1 = \dfrac{m_1}{2eB}\sqrt{\dfrac{4eU}{m_1}} = \dfrac{1}{B}\sqrt{\dfrac{m_1U}{e}}$ et $R_2 = \dfrac{1}{B}\sqrt{\dfrac{m_2U}{e}}$.

Application numérique $R_1 = 3{,}54.10^{-2}$ m ; $R_2 = 4{,}1.10^{-2}$ m.

$A_1A_2 = 2R_2 - 2R_1 = 2(R_2 - R_1) = 1{,}11.10^{-2}$ m.

EXERCICES

Sauf indication contraire, prendre g=9,80 m.s^{-2}.

Exercice 1.

Une petite sphère solide S de rayon négligeable et de masse m = 200 g est accrochée à un fil souple, de masse négligeable, inextensible et de longueur $\ell = 1$ m. L'autre extrémité du fil est attaché à un point fixe O.

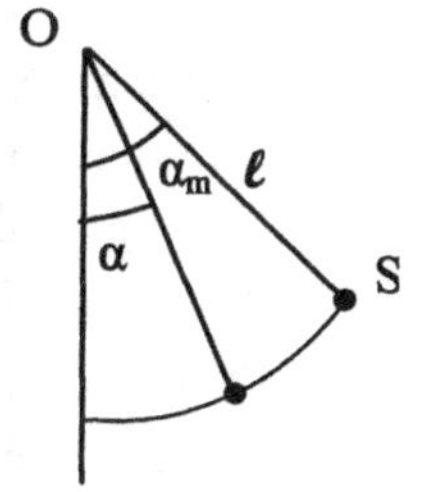

1. On écarte la sphère S de la position d'équilibre ; le fil tendu fait alors un angle $\alpha_m = 60°$ avec la verticale. On lâche la sphère sans vitesse.
   a. Déterminer la vitesse du solide en fonction de l'angle α que fait le fil avec la verticale.
   b. Calculer cette vitesse au passage à la position d'équilibre.

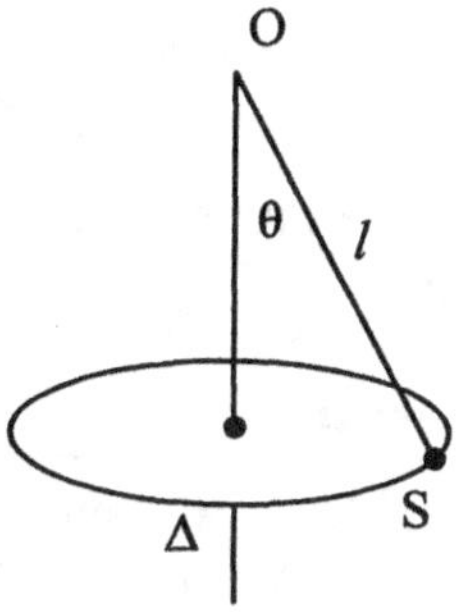

2. L'ensemble tourne à la vitesse angulaire ω constante autour d'un axe vertical Δ passant par O. Le fil fait alors un angle constant $\theta = 30°$ avec la verticale.
   a. Trouver une relation entre l'angle θ et la vitesse angulaire ω. Calculer ω.
   b. Exprimer, puis calculer la tension du fil.

   On néglige tous les frottements. g = 9,80 N/kg.

Exercice 2.

On suppose que la Terre et le satellite sont sphériques et homogènes.

1. Exprimer la valeur f de la force exercée par la terre sur un satellite en fonction de la masse m du satellite, de la masse M et du rayon R de la Terre et de l'altitude z du satellite comptée à partir de la surface de la terre.
2. Le satellite décrit une orbite circulaire de rayon r dont le centre coïncide avec celui de la Terre. Montrer que le mouvement du satellite est uniforme dans un repère que l'on précisera. Etablir les expressions littérales de la vitesse v du satellite et de la durée T d'une révolution.
3. Quelle devrait être l'altitude z' d'un satellite dont la période de révolution serait T' = 86164 s ? quelle serait alors sa vitesse v' ? A.N. : R = 6370 km ; M = $5{,}97 \times 10^{24}$ kg.

Dans quel plan devrait être située cette trajectoire pour que le satellite semble immobile par rapport à un observateur terrestre (satellite géostationnaire) ? Justifier la réponse.

Exercice 3.

Un solide S de masse m de petites dimensions, est attaché à l'extrémité B d'un fil très fin, de masse négligeable, de longueur ℓ ; l'autre extrémité est attachée en A.

1. S étant lancé de façon convenable, l'ensemble tourne autour d'un axe vertical Δ passant par A avec une vitesse ω constante. S a alors un mouvement circulaire uniforme autour de Δ. On appelle α l'angle de AB avec Δ. Déterminer les caractéristiques de l'accélération de B. La valeur de l'accélération sera exprimée en fonction de ω, ℓ et α.
2. Toujours attaché au fil précédent, S est maintenant relié à un point fixe C de Δ par un fil très fin, de longueur constante, de masse négligeable : le fil BC est tendu et horizontal lorsque α prend la valeur α_0. L'ensemble tournant autour de Δ comme dans la question 1. on suppose tendu le fil BC. Exprimer en fonction de m, ω, ℓ, α_0, et g.

Donnée numériques : $\ell = 0{,}30$ m, $\omega = 12$ rad/s, $\alpha_o = 30°$, m = 0,1 kg, g = 10 N/kg.

Exercice 4.

Le tableau ci-contre comporte des données relatives à deux types de satellites artificiels de la terre en rotation uniforme dans le référentiel géocentrique.

	MÉTÉOSTAT	SPOT
Date de lancement	1977 1981	1986 1990
Altitude (km)	35800	832
Période (min)	1436	102
Cham d'observation	Quasiment la moitié de la surface de la terre	Carré de 60 km de coté

1. L'un de ces satellites est dit géostationnaire. Indiquer lequel et justifier votre réponse.
2. Connaissant l'altitude de chacun de ces satellites, on se propose de vérifier, par le calcul, leur période de révolution. La valeur du champ de pesanteur à l'altitude h est donnée par $g_h = g_o \dfrac{R^2}{(R+h)^2}$, avec g_o l'intensité de la pesanteur au sol et R le rayon de la Terre.
3. En appliquant la deuxième loi de Newton au mouvement circulaire uniforme du satellite, déterminer l'expression de la vitesse de chaque satellite.

4. Calculer les vitesses de ces satellites.

Données : R = 6380 km ; $g_o = 9{,}8\ m.s^{-2}$.

Exercice 5.

Le premier vol d'un homme autour de la terre a été effectué par Youri Gagarine le 12 avril 1961. Son vaisseau, VOSTOK 1, avait une trajectoire quasi circulaire d'altitude moyenne 238 km.

1. Le champ gravitationnel terrestre est donné par la formule $g = G.\frac{M_T}{(R_T + h)^2}$. Quelle est la signification de chacune des lettres intervenant dans cette formule ?
    a. Etablir cette formule.
    b. Donner l'expression de g en fonction de g_o (valeur du champ gravitationnel au sol), R_T et h.
2. Montrer que la vitesse d'un satellite en mouvement circulaire uniforme autour de la Terre est donnée par $v = R_T.\sqrt{\frac{g_o}{R_T + h}}$.
    a. Calculer la vitesse de VOSTOCK 1 sur son orbite. On donne $g_o = 9{,}80\ m.s^{-2}$; $R_T = 6380$ km.
3. Donner l'expression de la période T d'un tel satellite en fonction de g_o, R_T, et h. Calculer la période de révolution de VOSTOCK 1.
    a. En réalité, Gagarine n'a effectué qu'une révolution et la durée du vol a été de 1h 48 min. Comment expliquer cette différence ?

Exercice 6.
Étudier la trajectoire d'une particule dans un champ magnétique

Dans un accélérateur de particules, des ions He^{2+}, de masse $m_{HE} = 6{,}65.10^{-27}$ kg, sont accélérés jusqu'à une vitesse $v_o = 1{,}25.10^7\ m.s^{-1}$. Ils pénètrent dans une région où règne un champ magnétique $\vec{B}$ uniforme de valeur B = 1,30 T. Leur vecteur vitesse $\vec{v_o}$ est perpendiculaire au vecteur champ magnétique $\vec{B}$.

1. Calculer la valeur de la force magnétique.
2. Caractériser le mouvement de ces ions.
3. Calculer le rayon de la trajectoire.

Exercice 7. Exprimer une déflexion magnétique

Un faisceau homocinétique de protons pénètre à la vitesse $\overrightarrow{v_o}$ en un point O d'une région où règne un champ magnétique uniforme de vecteur $\vec{B}$ perpendiculaire à $\overrightarrow{v_o}$. Dans cette région, de largeur ℓ, leur trajectoire est circulaire, de centre C et de rayon $R = \frac{mv_o}{eB}$. Les protons sortent de cette région en un point S.

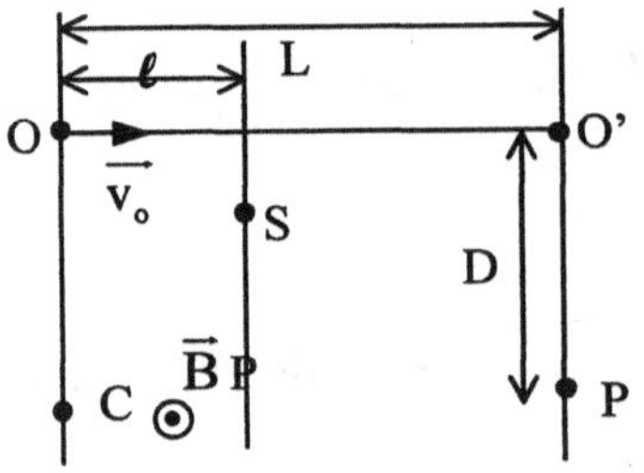

1. Préciser l'orientation du vecteur $\vec{B}$.
2. On considère l'angle α = (CS, CO). Montrer que $\sin\alpha = \frac{\ell}{R}$
3. Quelle est la nature du mouvement des protons après leur sortie du champ magnétique ?
4. Les protons heurtent, en un point P, un écran situé à la distance L = OO' du point O. En supposant L nettement supérieur à ℓ, donner une valeur approchée de tanα en fonction de la déviation D = O'P et de L.
5. On suppose que l'angle α est petit ; par conséquent sinα = tanα = α, α exprimé en radians. Exprimer alors la déviation D en fonction de rapport $\frac{e}{m}$ et de la vitesse v_o.

Exercice 8. Etudier le principe du cyclotron

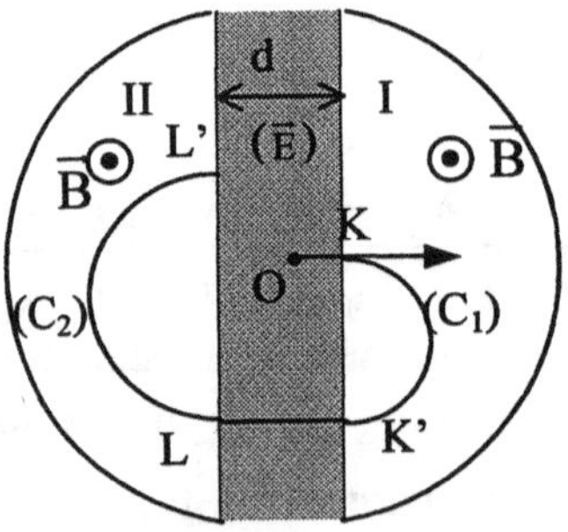

Une particule de masse m et de charge q, pénètre en O, avec une vitesse négligeable, dans un espace (E) où règne un champ électrique $\vec{E}$ (voir schéma). Cet espace est limité par deux grilles planes (P_1) et (P_2), assimilables à deux plaques métalliques distantes de d. On applique entre ces plaques une tension électrique U_{P1P2} positive. La particule se déplace de O en K où elle arrive avec une vitesse $\overrightarrow{v_o}$. De part et d'autre des grilles règne un champ magnétique $\vec{B}$ uniforme et constant, perpendiculaire au plan de la figure. La particule pénètre au point K dans la région I avec la vitesse v_o précédente. Elle décrit alors une trajectoire circulaire (C_1).

1. a. Quel est le rôle du champ magnétique $\vec{B}$?

1. b. Exprimer l'énergie cinétique de la particule en K' en fonction de m et v_o.

1. c. Exprimer le rayon R_1 de la trajectoire (C_1) en fonction de m, q, v_o et B.

2. Lorsque la particule est dans l'espace I, le signe de la tension U_{P1P2} change. Entre (P_1) et (P_2), la particule est alors animée d'un mouvement rectiligne uniformément accéléré suivant la trajectoire K'L. Exprimer son énergie cinétique en L en fonction de m, q, v_o, et U_{P1P2}. Quel est l'intérêt du passage de la particule dans la zone (E) ?

3. La particule décrit ensuite la trajectoire circulaire (C_2).

   a. Exprimer le rayon R_2 de la trajectoire (C_2) en fonction de m, q, v_o, B et U. Vérifier que R_2 est supérieur à R_1.

   b. Exprimer la durée du demi-tour LL' et la comparer à la durée du demi-tour KK'.

   c. En déduire la fréquence de la tension de la tension alternative U_{P2P1}.

4. Etablir l'expression $E_{Kmax} = \dfrac{q^2B^2R_{max}^2}{2m}$.

Exercice 9. Filtre de vitesse

Une source d'ions émet les deux isotopes $^6Li^+$ et $^7Li^+$. Ces ions pénètrent en O_1 dans une zone où règnent simultanément un champ électrique uniforme vertical $\vec{E}$ et un champ magnétique uniforme $\vec{B}$. $\vec{B}$ est perpendiculaire au plan de figure et dirigé vers l'avant. Les vitesses d'entrée des ions en O_1 ont des valeurs différentes, mais les vecteurs vitesse ont tous même direction (O_1x). L'action de la pesanteur est négligeable.

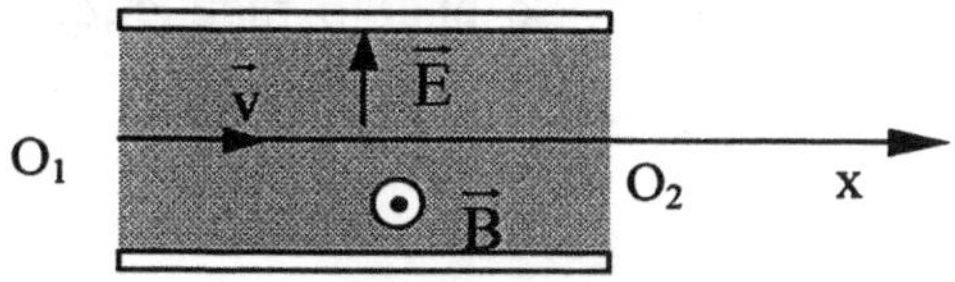

1. Donner la direction, le sens et l'expression littérale de la force électrique $\vec{F_e}$ s'exerçant sur un ion lithium pénétrant dans cette zone.
2. Reproduire le schéma et représenter cette force.
3. Donner la direction, le sens et l'expression littérale de la force $\vec{F_m}$ s'exerçant en O_1 sur un ion lithium animé de la vitesse v_o.
   a. Représenter cette force sur le schéma.
4. Des ions pénétrant en O_1 avec une vitesse donnée v_o sortent en O_2 en n'ayant subi aucune déviation. Déterminer la relation existant alors entre les valeurs E, B et v_o.
   a. Justifier le nom du dispositif.

Exercice 10. Filtre de vitesse

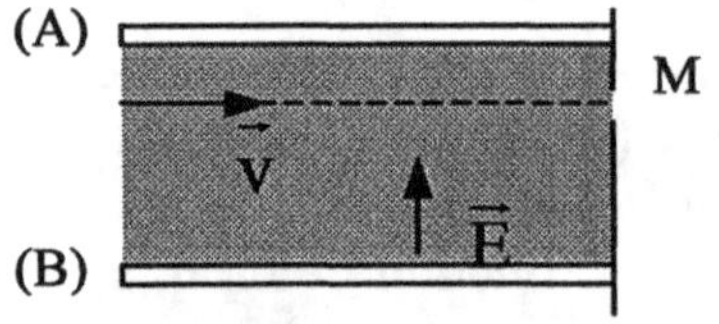

Un faisceau de particules électrisées positivement pénètre avec un vecteur vitesse $\vec{v}$ horizontal entre deux plaques conductrices A et B, parallèles, horizontales et distantes de d. On établit entre les plaques une tension U telle que le champ électrique $\vec{E}$ soit orienté vers le haut. Dans cette région de l'espace règne aussi un champ magnétique uniforme $\vec{B}$ orthogonal à $\vec{v}$.

1. Déterminer à quelle condition le faisceau de particules traverse le dispositif en ligne droite (ce qui lui permet d'atteindre l'orifice M).

   a. Le vecteur champ électrostatique $\vec{E}$ ayant la direction et le sens indiqués sur le schéma, préciser le vecteur $\vec{B}$ satisfaisant à cette condition et le représenter.

   b. Calculer v_o lorsque $B = 0{,}1$ T et $E = 10^4$ V.m^{-1}.

2. Le faisceau n'est plus constitué de particules identiques, mais par des ions hélium ${}^4_2He^{2+}$ et ${}^3_2He^{2+}$, de masses respectives $m_1 = 6{,}65.10^{-27}$ kg et $m_2 = 5{,}01.10^{-27}$ kg, préalablement accélérés à partir d'une vitesse nulle par une même tension U_o.

   a. Le champ magnétique ayant toujours pour valeur $B = 0{,}1$T, montrer qu'en choisissant convenablement U on peut recueillir en M l'un ou l'autre des isotopes.

   b. Soit $U_1 = 100$V la valeur de U qui permet de recueillir en M les ions ${}^4_2He^{2+}$. Exprimer la valeur U_2 de U qui permet de recueillir les ions ${}^3_2He^{2+}$ en M en fonction de U_1, m_1 et m_2. Calculer U_2.

EXERCICES RÉCAPITULATIFS

Exercice 1.

Tiré par un remonte pente, un skieur de masse m = 80 kg gravit une piste rectiligne, inclinée d'un angle $\alpha = 30°$ par rapport au plan horizontal, d'un mouvement qui comporte deux phases : une phase uniformément accélérée, sans vitesse initiale, d'accélération $a = 0,25\ m.s^{-2}$; une phase uniforme à vitesse constante v = 2 m/s.

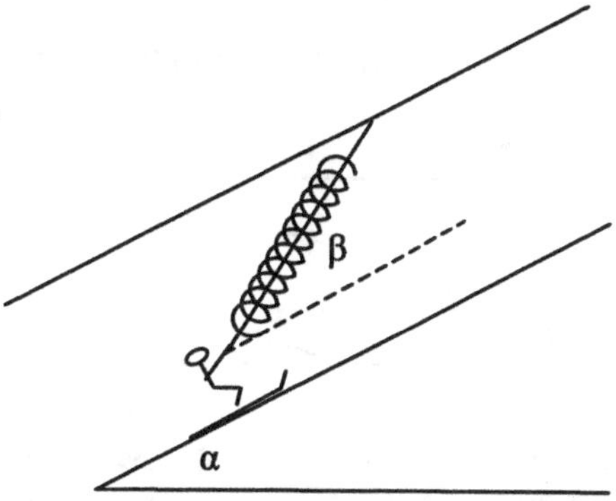

1. Calculer les durées respectives de ces deux phases, sachant que la distance totale parcourue est d= 500m.
2. Le skieur est lié à un câble tracteur par une tige métallique, T et par un ressort R, tous deux de masse négligeable. La tige fait un angle constant $\beta = 30°$ avec la ligne de plus grande pente de la piste inclinée. Calculer pendant les deux phases du mouvement, les tensions respectives du ressort R, en admettant l'existence d'une force de frottement au contact du sol, dont l'intensité est 25 N et dont la direction est parallèle à celle de la ligne de plus grande pente de la piste.
3. Au moment où il se libère, de la tige T qui le tire, le skieur arrive sur une piste horizontale sur laquelle il effectue un mouvement rectiligne uniformément retardé de vitesse v = 2 m/s. Au bout de combien de temps et après avoir parcouru quelle distance s'arrête-t-il, sachant que la force de frottement est alors de 40 N ?
4. Le skieur descend, en suivant la ligne de plus grande pente, une piste rectiligne de longueur 20 m, inclinée d'un angle $\alpha_1 = 45°$ par rapport à l'horizontale. Calculer la vitesse du skieur au bas de la pente, sachant qu'il est parti sans vitesse initiale et que la force de frottement est nulle.
5. Lorsque la vitesse est de 7 m/s, le skieur aborde un virage horizontal de 5 m de rayon, sur un tronçon de piste verglacée où la force de frottement est nulle ; de quel angle la piste doit – elle être relevée à cet endroit pour que le virage ho-

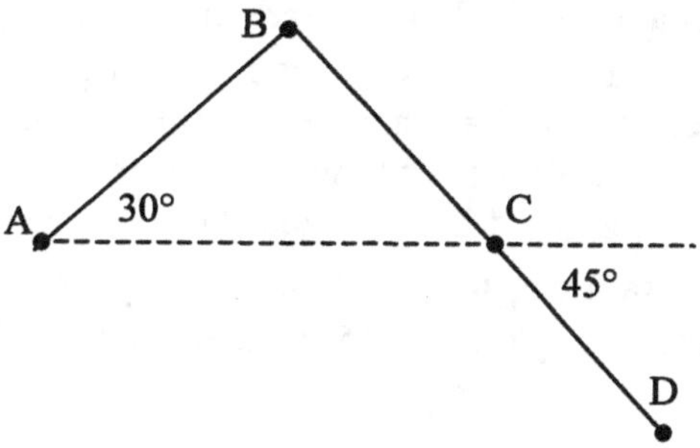

rizontal soit possible sans dérapage ?

6. Au cours de la descente, le skieur rencontre un tronçon de piste rectiligne AB qui remonte en faisant un angle constant $\alpha = 30°$ avec le plan horizontal. En B se produit une brusque rupture de pente, et le tronçon BC fait un angle constant $\alpha_1 = 45°$ avec le plan horizontal. Arrivant en B avec une vitesse de 14 m/s, le skieur effectue un saut. Situer le point D de BC où le skieur reprend contact avec la piste et calculer sa vitesse à cet instant.

Dans tout le problème on prendra $g = 9{,}8\ m/s^2$.

Exercice 2.

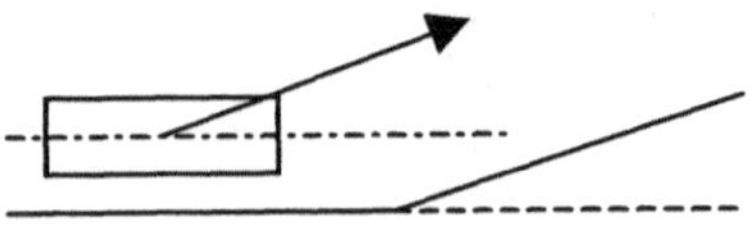

Les avions à décollage et à atterrissage vertical (ADAC) possèdent un dispositif de poussée vectorielle : grâce à un jeu de tuyères orientables, la poussée du réacteur, de valeur constante (F = 95700 N), et passant par le centre d'inertie de l'avion, peut prendre une direction variable, qui sera repérée par l'angle α qu'elle fait par rapport à l'axe de l'appareil. Ces avions décollent souvent à l'aide d'un plan incliné en deux phases :

1. Roulement sur le plan horizontal : la poussée $\vec{F}$ fait un angle $\alpha = 0{,}11$ rad avec l'horizontale ; l'ensemble des forces résistantes (frottement sur le sol, réaction du sol, résistance de l'air) se réduisent à une force unique $\vec{R}$, inclinée d'un angle $\gamma = 0{,}06$ rad sur la verticale, passant par le centre d'inertie et de composante horizontale f = 6500 N. La longueur du roulement est de 100 m.

   1. Schématiser sur un dessin l'ensemble des forces qui s'exercent sur l'avion en mouvement.
   2. La masse de l'avion considéré ici est de 10,8 t ; la valeur de la pesanteur est g = 9,81 N/kg. Quelle est l'accélération de l'avion ? Quelle est la vitesse à la fin de la phase de roulement ? Quelle est la durée du mouvement ?
   3. Quelle est la valeur de la composante perpendiculaire au sol de la force $\vec{R}$?

2. Passage sur le plan incliné (tremplin). La poussée, par rotation des tuyères, devient verticale (perpendiculaire au sol horizontal). Le tremplin fait un angle $\beta = 0{,}1$ rad avec le sol et a une longueur de 20 m. Pendant toute cette phase, la réaction du plan incliné est nulle : celui-ci sert uniquement de guide, l'appareil ayant pratiquement décollé et restant presque en contact avec le tremplin. L'ensemble des forces résistantes se réduit à la résistance de l'air que l'on assimilera à une force $\vec{R'}$ unique appliquée au centre d'inertie de l'appareil et faisant un angle $\delta = 0{,}35$ rad avec la normale au tremplin.

1. Faire le schéma de l'ensemble des forces agissant sur l'avion.
2. Que peut-on dire de la projection $\vec{R}_N$ de l'ensemble de toutes ces forces sur la normale au tremplin ? En déduire la valeur de $\vec{R'}$
3. Calculer l'accélération de l'avion selon la direction du plan incliné. Que penser du résultat ? Déterminer la vitesse de l'appareil lorsqu'il quitte le tremplin et le temps mis à parcourir ce dernier.

Exercice 3.

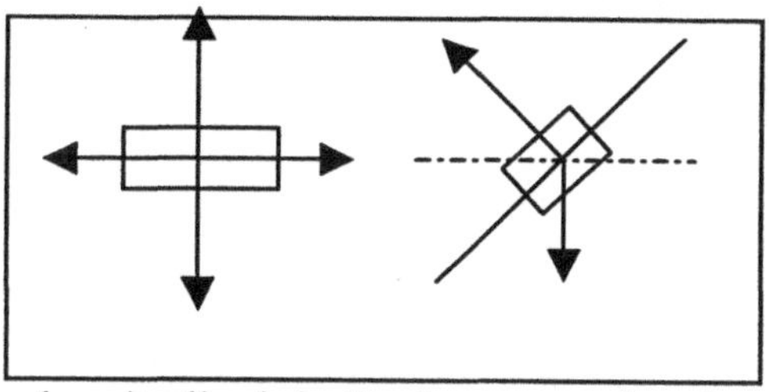

Les forces s'exerçant sur un avion en vol peuvent se réduire à quatre forces appliquées au centre de gravité de l'avion : le poids $\vec{P}$ de l'avion, la force motrice $\vec{F}$ dirigée suivant l'axe longitudinal de l'avion et due à l'action du moteur, la portance $\vec{R}$ que nous supposerons toujours perpendiculaire à l'axe longitudinal de l'avion et au plan des ailes, la traînée colinéaire avec l'axe longitudinal de l'avion et dirigée de l'avant vers l'arrière de l'avion.

1. Un avion de masse M = 1000 kg atteint la vitesse de décollage v = 108 km/h sur une piste horizontale en parcourant la distance L = 300 m. En supposant le mouvement uniformément accéléré, calculer pendant la phase de décollage : l'accélération de l'avion ; la valeur de la force motrice $\vec{F}$ lorsque l'avion atteint la vitesse de 108 km/h sachant que la puissance développée par le moteur et utilisée effectivement pour la traction est alors 225 kW ; la valeur des forces s'opposant à l'avancement de l'avion (traînée et résistance de roulement supposée dirigée suivant l'axe longitudinal de l'avion) au moment où l'avion atteint la vitesse de 108 km/h.
2. Une fois une altitude suffisante atteinte, l'avion est placé en vol horizontal avec une vitesse de croisière uniforme v = 90 m/s ; la puissance du moteur n'est plus que de 150 kW ; calculer pour cette phase de vol les valeurs de la traînée et de la portance.
3. Cet avion effectue un virage horizontal de rayon r = 500 m en conservant sa vitesse de croisière 90 m/s. Calculer pour cette phase de vol : l'inclinaison α de l'avion sur l'horizontale ; la valeur R' que le pilote doit donner à la portance au cours de ce virage.
4. Le même avion volant horizontalement à sa vitesse de 90 m/s traverse sur une distance D = 500 m une zone de turbulence où règne un vent ascendant qui double la valeur de la portance de l'avion dans toute la zone de turbulence, l'axe de l'avion restant horizontal. Les forces $\vec{F}$ et

$\vec{T}$ conservent les mêmes valeurs que dans la question 2. Calculer pour la traversée de la zone de turbulence : l'accélération verticale que subira l'avion ; l'équation de la trajectoire de l'avion rapportée à un système d'axes liés au sol que l'on précisera ; le gain d'altitude à l'issue de la traversée des 500 m.

On prendra $g = 10$ m/s^2.

REPONSES A QUELQUES EXERCICES

Chapitre 1. Cinématique.

Exercice 1.

1/ 1,92 $m.s^{-2}$. 2/ 2,97 s . 3/ $0,96t^2 - t - 0,5$. 4/ 4,65 s ; 15,6 m.

Exercice 2.

1/ $y = -4\left(\frac{x}{3}\right)^2 + \frac{5x}{3}$. 2/ $v_y = 0$; $v_x = 3$. 3/ x = 3,75 m. 4/ v = 43,10 $m.s^{-1}$.

Exercice 3.

1/ $y = \frac{3x^2}{25} - \frac{4x}{5}$. 2/ x = 6,67 m. 3/6,40 $m.s^{-1}$. 4/ 20,61 $m.s^{-1}$. 5/ a = 6 $m.s^{-2}$.
a est constante

Exercice 5.

1/ 2 s et 8,25 s. 2/5 m et 83,125 m. 3/ 5 $m.s^{-1}$ et 17,5 $m.s^{-1}$.

Exercice 6.

1/ non. 2/ 6,46 m.

Exercice 7.

1/14 s et 238 s. 2/83,33 m et 1416,67 m. 3/ 11,9 $m.s^{-1}$.

Chapitre 2. Forces et champs.

Exercice 12.

2/ $q = -1,15.10^{-6}$ C. 3/ $7,21.10^{12}$.

Exercice 13.

1/ signes contraires. 2/ $7,35.10^{-5}$ N. 3/ $\pm 3,67.10^{-9}$ C.

Exercice 14.

$$\left(\frac{q}{R}\right)^2 = \frac{mg\sqrt{3}}{k}\frac{R}{\sqrt{l^2 - R^2}} \Rightarrow q = R\sqrt{\frac{mg\sqrt{3}}{k}\frac{R}{\sqrt{l^2 - R^2}}} = \mathbf{1{,}20.10^{-7}\ C.}$$

Exercice 15.

$1,75.10^{+8}$ N/C.

Exercice 18.

$E = 3,44.10^{6}$ N/C

Exercice 20.

$1/\frac{q}{m} = 3,3.10^{-8}\,C.kg^{-1}$. $2/\ m = \frac{20.1,610^{-6}}{3,3.10^{-8}} = 9,6.10^{-11}\,kg$. $3/\ R = \sqrt[3]{\frac{3M}{4\pi\rho}} =$ $2,95.10^{-5}$ m.

Exercice 24.

$0,2.10^{-3}$ kg/A ; $B = 9,8.10^{-2}$ T.

Exercice 27.

1/ 4 A. 2/ $\alpha = 45°$

Exercice 28.

15,69 A

Exercice 29.

$M = 0,04$ kg.

Chapitre 5. Les lois de Newton.

Exercice 5.

1/ 3,36 $m.s^{-1}$; 3,63 $m.s^{-1}$ 2/ 1,02 N. 3/ 1,16 N.

Exercice 7.

1/ $v_B = \sqrt{\frac{2Fl}{m}}$.

2/ $v_M = \sqrt{\frac{2Fl}{m} - 2gr(1-\cos\theta)}$; $R = \frac{2Fl}{r} - 5mg$. $3/F_o = \frac{5mgr}{2l} = 8{,}16$ N.

Exercice 13.

1/ $v_S^2 = 2gr(1-\cos\theta)$. 2/ $R = 3mg\cos\theta - 2mg$. 3/ θ = 48,2° ; v = $\sqrt{2gR(1-\cos\theta)} = 2{,}56$ m/s.

Chapitre 6. Les oscillateurs mécaniques.

Exercice 2.

1.2/ $x_o = l - l_o = 0{,}02$ m. 1.3/ $k = \frac{mg}{x_o} = 24{,}5\ Nm^{-1}$. 2/

$T = \frac{2\pi}{\omega} = 2\pi\sqrt{\frac{m}{k}}$ A.N. T = 0,28 s. 3.1/ E_{pp} = -mgx. 3.2/$\Delta l = x + x_o$; E_{pe} = $\frac{1}{2}k(x+x_o)^2$. 4/ $E_M = \frac{1}{2}k(a+x_o)^2 - mga = 6{,}12.10^{-3}$ J ; E_M est constante si on néglige les frottements.

Exercice 3.

1/T = 0,8 s ; $a = 2.10^{-2}$ m ; $k = 4\pi^2 f^2 m = 12{,}70 N.m^{-1}$.

$E_{PE} = \frac{1}{2}kx^2; E_{PEmax} = \frac{1}{2}ka^2; E_M = E_{PEmax} = 2{,}54.10^{-3}J.$

$E_{CM} = E_{PEmax} = 2{,}54.10^{-3}J; E_{CM} = \frac{1}{2}mv^2 \Rightarrow v_M = \sqrt{\frac{2E_{CM}}{m}} = 0{,}157\ m.s^{-1}.$

$E_{PE} = \frac{1}{2}kx^2 = 1{,}43.10^{-3}J; E_C = E_M - E_{PE} = 1{,}11.10^{-3}J \Rightarrow v = 0{,}10 m.s^{-1}.$

Exercice 5.

2/ $T = \frac{2\pi}{\omega} = 2\pi\sqrt{\frac{m}{2k}}$ A.N. T = 1,24 s ; 3/$v_{max} = a\omega = a\sqrt{\frac{2k}{m}}$ A.N v_{max} = 0,63 $m.s^{-1}$.

4/E = $E_{pe1} + E_{pe2} = \frac{1}{2}k(l-l_o+d)^2 + \frac{1}{2}k(l-l_o-d)^2$ A.N. E = 0,275 J.

Exercice 13.

Pour les ressorts montés en série, $\frac{1}{k} = \frac{1}{k_1} + \frac{1}{k_2}$.

Exercice 18.

$J_\Delta = ml^2/3$; $\frac{d^2\theta}{dt^2} + \frac{mgl}{2J_\Delta}\sin\theta = 0$; pour les petites valeurs de θ, l'équation devient $\frac{d^2\theta}{dt^2} + \frac{3g}{2l}\theta = 0$; $\omega = \sqrt{\frac{3g}{2l}}$ donc T = $2\pi\sqrt{\frac{2l}{3g}}$ = 1,46 s. E_m = $\frac{ml^2}{6}\left(\frac{d\theta}{dt}\right)^2 + \frac{mgl}{2}(1-\cos\theta)$; E_m = 0,29 J. $\dot{\theta} = \sqrt{\frac{6E_c}{ml^2}} = 4,26\ rad.s^{-1}$.

Chapitre 7. La lumière.

Exercice 2.

$E_c = E - W_o = eU_o$.

$$\begin{cases} hc\left(\frac{1}{\lambda_1} - \frac{1}{\lambda_o}\right) = eU_1 \\ hc\left(\frac{1}{\lambda_2} - \frac{1}{\lambda_o}\right) = eU_2 \end{cases}$$

le raport de ces deux équations donne $\frac{\frac{1}{\lambda_1} - \frac{1}{\lambda_o}}{\frac{1}{\lambda_2} - \frac{1}{\lambda_o}} = \frac{U_1}{U_2}$

$$\Rightarrow \lambda_o = \frac{1 - \frac{U_1}{U_2}}{\frac{1}{\lambda_1} - \frac{U_1}{\lambda_2 U_2}} =$$

h = $6,65.10^{-34}$ J.s et λ = $6,55.10^{-7}$ m.

Chapitre 8. Application des lois de Newton à l'étude de quelques mouvements dans un champ uniforme

Exercice 7.

1/ $y = -\frac{1}{2}g\frac{x^2}{v_o^2(\cos\alpha)^2} + x\tan\alpha + h$

2/ $y = -0,136x^2 + 1,73x + 0,5$;

3/ non, car pour x = 9 + 2 = 11 m, on a y = 3,074 m > 2,50 hauteur maximale atteinte par la raquette ; la distance qui sépare la balle de l'extrémité supérieure de la raquette est la différence $\Delta y = 3,074 - 2,50 = 0,57$ m.

4/ La balle touche le sol pour y = 0m ; on obtient l'équation suivante $-0,136x^2 + 1,73x + 0,5 = 0$ dont les deux solutions sont $x_1 = -0,28$ et $x_2 = 13$ m.

L'abscisse de la ligne de fond est $x_F = 12 + 9 = 21$ m > x_2 ; donc le lob est réussi.

Exercice 8.

$\vec{T} + \vec{P} = m\vec{a}$; la projection de cette relation suivant Oy aux points A et B donne :

$$T_A = m\left(4\pi^2 RN^2 - g\right) \text{A.N. } T_A = 7,77 \text{ N};$$

$$T_B = m\left(4\pi^2 RN^2 + g\right). \text{ A.N. } T_B = 9,77 \text{ N}.$$

$y = -\frac{1}{2}\frac{g}{v_o^2\cos^2\alpha}x^2 + x$ A.N. $y = -0,14x^2 + x$.

La cible ayant pour ordonnée $y = R\cos\alpha$,

on remplace dans l'équation de la trajectoire;

cela donne : $0,8x\cos 45° = -0,14x^2 + x$, soit $-0,14x^2 + x - 0,57 = 0$;

les deux solutions sont $x_1 = 0,626$m ; et $x_2 = 6,51$m;

on retient la deuxième solution.

La distance à partir de Ω est $d = x_2 + R\sin\alpha = 6,51 + 0,57 = 7,08$ m.

Exercice 11.

1/ $y = -\frac{1}{2}g\frac{x^2}{v_o^2(\cos\alpha)^2} + x\tan\alpha$. 2/ Le point E où le vecteur vitesse est horizontal est en fait la flèche ; la flèche est le point où la dérivée de l'équation de la trajectoire par rapport à x s'annule ; ce qui revient à dire que la composante verticale de la vitesse s'annule :

On a donc :

$$\frac{dy}{dx} = -\frac{gx}{v_o^2\cos^2\alpha} + \tan\alpha = 0 \Rightarrow x = \frac{v_o^2\cos^2\alpha\tan\alpha}{g} = \frac{v_o^2\sin\alpha\cos\alpha}{g} \;;$$

pour trouver l'ordonnée maximale, on remplace la valeur de x obtenue ci-dessus dans l'équation de la trajectoire

$$y = -\frac{1}{2}\frac{g}{v_o^2\cos^2\alpha}\frac{v_o^4\sin^2\alpha\cos^2\alpha}{g^2} + \frac{v_o^2\sin\alpha\cos\alpha}{g}\tan\alpha = \frac{v_o^2\sin^2\alpha}{2g} \;;$$

les cordonnées du point E qui est la flèche sont donc

$$\left| \begin{array}{l} x_E = \dfrac{v_o^2\sin\alpha\cos\alpha}{g} \\ y_E = \dfrac{v_o^2\sin^2\alpha}{2g} \end{array} \right.$$

; c'est un système de deux équations à deux inconnues, dont la résolution nous permettent de déterminer v_o et α . Pour résoudre cette équation on fait le rapport $\frac{x_E}{y_E} = \frac{2\cos\alpha}{\sin\alpha} = \frac{2}{\tan\alpha} \Rightarrow \tan\alpha = \frac{2y_E}{x_E}$; A.N. $\tan\alpha = 4/15$ donc $\alpha = 15°$

On tire la valeur de v_o de y_E $v_o = \sqrt{\frac{2gy_E}{\sin^2\alpha}}$. A.N. $v_o = 24{,}43\ m.s^{-1} = 87{,}95\ km.h^{-1}$.

3/ En E, $v_E = v_o\cos\alpha = 23{,}57\ m.s^{-1}$.

4/ $f' = \frac{mv_E^2}{2EF} + f = 2277{,}4\ N$.

Exercice 12.

1/ $v_o = \sqrt{2gl(1-\cos\theta)}$. A.N. $v_o = 6{,}84$ m/s. Le vecteur vitesse est tangent à la trajectoire ; au point O, il est horizontal et orienté de la gauche vers la droite. 2/ $T = m\left(g + \frac{v^2}{l}\right) = 1174{,}33$ N. 3.a/ L'équation de la trajectoire s'écrit : $y = \frac{1}{2}g\frac{x^2}{v_o^2}$; 3.b/. $h = \frac{1}{2}g\frac{d^2}{v_o^2} \Rightarrow d = v_o\sqrt{\frac{2h}{g}} = 48{,}37$ m.

Exercice 14.

1/ $\overrightarrow{OG}\left|\begin{array}{l} x=(v_o\cos\alpha)t \\ y=-\frac{1}{2}gt^2+(v_o\sin\alpha)t+h_A \end{array}\right.$; $y=-\frac{1}{2}g\frac{x^2}{v_o^2(\cos\alpha)^2}+x\tan\alpha+h_A$.

2/ Pour y = 3,05 et x = 6,25 m, on trouve $v_o = 8{,}43\ m.s^{-1}$.

3/ Le défenseur touche le ballon si le centre d'inertie du ballon se trouve à la hauteur y = 3,10 + 0,125 = 3,225m ; il faut ajouter le rayon du ballon à la hauteur maximale atteinte par les doigts du joueur ; en remplaçant y par la valeur trouvée ci-dessus dans l'équation de la trajectoire : $y = -0{,}1175x^2 + 0{,}839x + 2{,}40$, on obtient l'équation $-0{,}1175x^2 + 0{,}839x - 0{,}825 = 0$ dont les solutions sont : $x_1 = 1{,}18$ m et $x_2 = 5{,}95$ m. La dernière solution $x_2 = 5{,}95$ m est la valeur maximale recherchée.

Exercice 17.

2/ $V_A<V_B$ donc $U_{AB} < 0$

3/ $y=\frac{eEx^2}{2mv_o^2}$. c'est une parabole.

4/ A la sortie les protons ne sont soumis à aucune force ; d'après le principe de l'inertie, ils ont un mouvement rectiligne uniforme ; la trajectoire est donc une droite.

5/ $O'I=\frac{eU}{mv_o^2}\left(L-\frac{1}{2}\right)$ A.N. O'I = 8 cm.

Chapitre 9. Les oscillateurs électriques.

Exercice 14.

1/ il s'agit de la résonance. N_o = 215 Hz. 2/ $LC\omega_o^2=1 \Rightarrow C=\frac{1}{L\omega_o^2}=5{,}47.10^{-6}F$.

3/ $\frac{U_C}{U}=\frac{1}{RC\omega_o}=13{,}53$. 4/ $\Delta N = 17$ Hz. $Q=\frac{N_o}{\Delta N}=\frac{215}{17}=13{,}53$;

c'est le facteur qualité.

FORMULAIRE

(À remplir en guise de révision)

Grandeur		*Nature : vectorielle ou scalaire*	*Symbole*	*Formule s'il y a lieu*	*unité*	*Observations*
1. Elongation linéaire						
2. Elongation angulaire						Relation entre 3 et 4
3. Vitesse linéaire						
4. Vitesse angulaire						
5. Vitesse de rotation						
6. Fréquence						
7. période						
8. pulsation						
9. Quantité de mouvement d'un point matériel de masse m animé d'un mouvement de translation de vitesse v						
10. Moments d'inertie	Disque plein					Par rapport à un axe passant par le centre d'inertie et perpendiculaire aux plans des solides ou confondu avec l'axe de symétrie du cylindre
	Cerceau					
	Cylindre creux					
	Cylindre plein					
	Tige					
	Sphère					
11. Théorème de Huygens						
12. Moment cinétique d'un solide en rotation, et dont on connaît le moment d'inertie et la vitesse angulaire						
13. Energie cinétique de translation						
14. Energie cinétique de rotation						
15. Energie potentielle élastique de torsion						
16. Energie potentielle élastique de translation						
17. Raideur d'un ressort						
18. Constante de torsion						

19. Energie potentielle de pesanteur ; niveau du sol pris comme référence	Solide de masse m à une hauteur h du sol					
	Solide à une profondeur h					
20. Travail d'une force	translation					
	rotation					
21. Moment d'une force						
22. Moment d'un couple de forces						
23. Puissance mécanique	translation					
	rotation					
24. Couple de torsion						
25. Tension d'un ressort						
26. Poids d'un corps						
27. Champ de pesanteur						
28. Accélération de la pesanteur						
29. Accélération linéaire						
30. Accélération angulaire						Relation entre 29 et 30
31. Equation différentielle d'un mouvement sinusoïdal de rotation						
32. Equation différentielle d'un mouvement rectiligne sinusoïdal						
33. Equation horaire d'un mouvement rectiligne sinusoïdal						
34. Equation horaire d'un mouvement sinusoïdal de rotation						
35. Equation horaire d'un mouvement rectiligne uniformément varié						
36. Equation horaire d'un mouvement rectiligne uniforme						
37. Equation horaire d'un mouvement circulaire uniformément varié						
38. Equation horaire d'un mouvement circulaire uniforme						
39. Accélération tangentielle						

40. Accélération normale					
41. Equation différentielle d'un pendule pesant					
42. Pulsation d'un pendule pesant					
43. Période d'un pendule pesant					
44. Equation différentielle d'un pendule simple					
45. Pulsation d'un pendule simple					
46. Période d'un pendule simple					
47. Aire					
48. Volume					Equivalence entre multiples et sous multiples
49. Densité					
50. Masse volumique					
51. Champ électrique					
52. Charge électrique					
53. Tension électrique					
54. Champ magnétique					
55. Pression					
56. Résistance électrique					
57. Capacité d'un condensateur					
58. inductance					
59. impédance					
60. intensité du courant électrique					
61. Flux magnétique					
62. résistivité					

L'HARMATTAN, ITALIA
Via Degli Artisti 15 ; 10124 Torino

L'HARMATTAN HONGRIE
Könyvesbolt ; Kossuth L. u. 14-16
1053 Budapest

L'HARMATTAN BURKINA FASO
Rue 15.167 Route du Pô Patte d'oie
12 BP 226
Ouagadougou 12
(00226) 50 37 54 36

ESPACE L'HARMATTAN KINSHASA
Faculté des Sciences Sociales,
Politiques et Administratives
BP243, KIN XI ; Université de Kinshasa

L'HARMATTAN GUINÉE
Almamya Rue KA 028
En face du restaurant le cèdre
OKB agency BP 3470 Conakry
(00224) 60 20 85 08
harmattanguinee@yahoo.fr

L'HARMATTAN CÔTE D'IVOIRE
M. Etien N'dah Ahmon
Résidence Karl / cité des arts
Abidjan-Cocody 03 BP 1588 Abidjan 03
(00225) 05 77 87 31

L'HARMATTAN MAURITANIE
Espace El Kettab du livre francophone
N° 472 avenue Palais des Congrès
BP 316 Nouakchott
(00222) 63 25 980

L'HARMATTAN CAMEROUN
BP 11486
(00237) 458 67 00
(00237) 976 61 66
harmattancam@yahoo.fr

691660 - Décembre 2016
Achevé d'imprimer par
1livre.com
du rêve à la réalité !

www.ingramcontent.com/pod-product-compliance
Lightning Source LLC
LaVergne TN
LVHW011015061026
849535LV00006B/1891
* 9 7 8 2 2 9 6 0 4 2 9 9 5 *